21 世纪高等院校计算机基础教育规划教材

XINBIAN ZHONGWEN AutoCAD 2007 SHIYONG JIAOCHENG

新编中文 AutoCAD 2007 实用教程

（修订版）

刘广瑞　李容容　乔金莲　主编

西北工业大学出版社

西安

【内容简介】　本书为 21 世纪高等院校计算机基础教育规划教材，在详细剖析 AutoCAD 2007 功能点的难度和复杂程度后，通过一系列典型的实例帮助读者学习和掌握 AutoCAD 2007 的功能和使用方法。本书内容安排由浅入深，突出最为常用的实际操作，结构清楚，易学易懂，便于读者学习和上机操作。

　　本书思路全新、图文并茂、实例丰富，既可作为高等院校 AutoCAD 课程教材，也可作为高等职业院校、高等专科院校、成人院校、民办高校的 AutoCAD 课程教材，还可供 AutoCAD 开发技术人员参考。

图书在版编目（CIP）数据

新编中文 AutoCAD 2007 实用教程/刘广瑞，李客容，乔金莲
主编. —修订本. —西安：西北工业大学出版社，2018.9
　ISBN 978-7-5612-6206-1

　Ⅰ. ①新…　　　Ⅱ. ①刘…　②李…　③乔…
Ⅲ. AutoCAD 软件—教材　Ⅳ. ①TP391.72

　中国版本图书馆 CIP 数据核字（2018）第 194357 号

策划编辑：付高明
策划编辑：付高明

出版发行：西北工业大学出版社
通信地址：西安市友谊西路 127 号　　　　邮编：710072
电　　话：029-88493844　88491757
网　　址：www.nwpup.com
电子邮箱：computer@nwpup.com
印 刷 者：陕西向阳印务有限公司
开　　本：787 mm×1 092 mm　　　1/16
印　　张：20　　　　　　　　　　彩插：4
字　　数：529 千字
版　　次：2007 年 6 月第 1 版　　2018 年 9 月第 2 版　　2018 年 9 月第 1 次印刷
定　　价：58.00 元

前　言

AutoCAD 2007 是 Autodesk 公司推出的最出色的计算机辅助绘图软件。它提供了强大的绘制和编辑图形的工具，无论是专业设计人员，还是普通用户，都能使用 AutoCAD 2007 尽情地自由创作，因此它被广泛应用于机械、建筑、电子、航天、造船、石油化工、土木工程、冶金、地质、气象、纺织、轻工和商业等领域。

本书针对 AutoCAD 2007 软件由浅入深地进行讲解，通过大量的操作指导与具有代表性的行业实例，读者能快速直观地了解和掌握 AutoCAD 2007 的基本使用方法、操作技巧和行业实际应用。

为了编写好本书，笔者进行了广泛的调研，走访了许多具有代表性的高等院校，在广泛了解情况、探讨课程设置、研究课程体系的基础上，确定了本书的编写大纲。

【本书内容】

全书共分 17 章。第一章主要对 AutoCAD 2007 做了简单的介绍；第二章介绍了 AutoCAD 2007 的界面以及基本操作；第三章介绍了 AutoCAD 2007 中图层的使用与管理；第四章介绍了基本二维图形的绘制；第五章和第六章介绍了选择、编辑与精确绘制图形；第七章介绍了控制图形显示；第八章介绍了面域与图案填充；第九章介绍了块与外部参照；第十章介绍了文字标注与表格；第十一章介绍了标注图形尺寸；第十二章和第十三章分别介绍了基本三维对象和基本三维实体的绘制；第十四章介绍了三维实体的编辑；第十五章和第十六章讲解了行业实例应用；第十七章列出了上机实验。

【本书特点】

（1）结合高等院校培养学生的特点，具有鲜明的课程教材特色。本书的编者是长期在第一线从事计算机教育的行家，对高等院校学生的基本情况、特点和学习规律有着深入的了解，因此可以说，本书是计算机专业教学的经验总结。

（2）内容全面，结构合理，文字简练，实用性强。在编写过程中，严格遵循高等院校计算机教材的编写要求，力求从实际应用出发，尽量减少枯燥死板的理论概念，加强了应用性和可操作性。

（3）编写思路与传统教材的编写思路不同。本书的思路是引出让读者思考的问题，然后介绍解决问题的方法，最后总结出一般规律或概念，这样便能激发读者的学习兴趣。另外，本书的每一个章节都尽量用典型实例开头，然后分步介绍，将知识点融入到实例操作中，这样便增强了本书的实用性和可操作性。

（4）**实例经典、练习丰富，以理论为导向，以实例为手段**。本书在主要知识点后都附有实例，且每章后都编写了大量的练习题，书后还附有经典实例和上机实验，为学生提供了全方位的一流服务，让学生能迅速地将所学知识应用到社会实践中。

【读者对象】

本书是为高等院校 AutoCAD 课程而编写的教材，也可作为高等职业学院、高等专科院校、成人院校、民办高校的 AutoCAD 课程教材，同时也适合于 CAD 开发和技术人员使用。

由于水平有限，书中不足之处在所难免，欢迎广大读者批评指正。

编　者
2018 年 3 月

目　录

第一章 中文 AutoCAD 2007 简介

AutoCAD 是由美国 Autodesk 公司开发的通用计算机辅助设计软件，该软件不但操作简单，而且功能强大，已被广泛应用于机械、建筑、电子、航天、造船、石油化工、地质、服装、装饰等领域。中文 AutoCAD 2007 是该软件的最新中文版本。

本章主要内容：
- ➡ AutoCAD 简介。
- ➡ 使用配置。
- ➡ 图形文件操作。

第一节 AutoCAD 简介

AutoCAD 是目前世界上最流行的计算机辅助设计软件之一，由于其具有简单易学、精确无误的优点，一直深受工程设计人员的青睐。该产品已经从最初的 AutoCAD 1.0 版发展到目前的 AutoCAD 2007 版。

一、AutoCAD 的发展历史

自 1982 年 12 月 AutoCAD 1.0 问世以来，至今已更新了十余次，期间的版本有 AutoCAD V2.6，R9，R10，R11，R12，R13，R14，R2000，R2002，AutoCAD 2004，AutoCAD 2005，AutoCAD 2006 等，AutoCAD 从一个功能简单的绘图软件发展成为现在功能强大、性能稳定的 CAD 系统。

如今，Autodesk 公司又推出 AutoCAD 2007 中文版，该版本具有比较完善的三维参数化造型功能，创建的三维对象含有类似 3DS MAX 对象的夹点动态拖动旋转功能，渲染器内核和材质完全与 3DS MAX 兼容，支持 mentalray 渲染特性，更加出众的三维表现功能使得 AutoCAD 在三维建模方面的应用更加广泛。

二、AutoCAD 的基本功能

AutoCAD 主要用于辅助绘图，利用它可以绘制各种二维和三维图形，对绘制的图形进行编辑、标注和打印等操作。AutoCAD 的基本功能主要表现在以下几方面。

1. 绘制与编辑图形

绘制与编辑图形是 AutoCAD 最基本的功能。AutoCAD 为用户提供了丰富的绘制与编辑图形命令，使用"绘图"菜单中的各种命令可以绘制直线、构造线、多段线、圆、矩形、多边形、椭圆等基本二维图形和多段体、长方体、圆柱体、圆锥体、球体等三维模型，然后再用"修改"菜单中的各种命令对绘制的图形进行编辑，这样就可以绘制各种各样的二维图形和三维模型。如图 1.1.1 和图 1.1.2 所示分别是利用 AutoCAD 绘制的二维图形和三维模型。

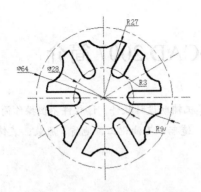 

图 1.1.1 利用 AutoCAD 绘制的二维图形　　　　图 1.1.2 利用 AutoCAD 绘制的三维模型

除了二维平面图形和三维模型外，还可以利用 AutoCAD 绘制轴测图来描述物体的特征。轴测图是一种以二维绘图技术来模拟三维对象沿特定视点产生的三维平行投影效果，但在绘制方法上不同于二维图形的绘制。轴测图的效果看似三维图形，但实际上是二维图形。如图 1.1.3 所示为利用 AutoCAD 绘制的轴测图。

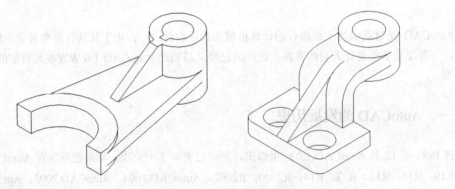

图 1.1.3 利用 AutoCAD 绘制的轴测图

2. 标注图形尺寸

为绘制的图形标注尺寸是绘制图形过程中不可缺少的一步。AutoCAD 为用户提供了一套完整的尺寸标注和编辑命令，使用"标注"菜单中的这些命令可以为绘制的各种图形标注尺寸。尺寸标注的类型有线性、半径和角度三种，可以进行水平、垂直、对齐、旋转、坐标、基线或连续等标注，此外，还可以进行引线标注、公差标注等。如图 1.1.4 所示为利用 AutoCAD 标注的二维图形和三维图形。

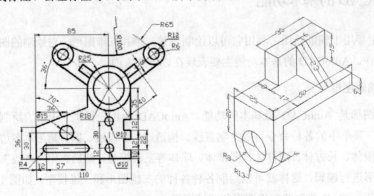

图 1.1.4 利用 AutoCAD 标注的二维图形和三维图形

3．渲染三维图形

在 AutoCAD 中，可以运用几何图形、光源和材质将模型渲染为具有真实感的图像。渲染时可以对全部对象进行渲染，也可以对局部图形进行渲染；如果需要快速查看设计的整体效果，则可以简单消隐或者着色图像。如图 1.1.5 所示为利用 AutoCAD 进行渲染的效果。

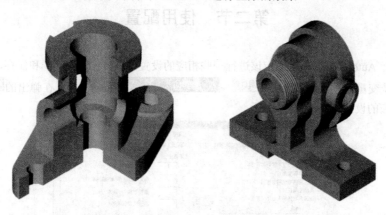

图 1.1.5 利用 AutoCAD 渲染的效果

4．输出与打印图形

AutoCAD 不仅允许将所绘图形以不同样式通过绘图仪或打印机输出，还能够将不同格式的图形导入 AutoCAD 或将 AutoCAD 图形以其他格式输出，增强了灵活性。因此，当图形绘制完成之后可以使用多种方法将其输出。例如，可以将图形打印在图纸上，或创建成文件以供其他应用程序使用。

三、AutoCAD 2007 的新增功能

AutoCAD 2007 是 Autodesk 公司推出的最新版本，其新增功能主要表现在三方面：创建三维对象、用户界面和增强的导航功能，下面进行详细介绍。

1．创建三维对象

AutoCAD 2007 具备了比较完善的三维创建功能，新增了多段体和螺旋体等三维实体，并可以通过扫掠和放样来创建三维实体。在 AutoCAD 2007 中创建三维实体时，用户可以通过拖动鼠标动态地观察三维实体的高度，创建的三维实体还具有类似 3DS MAX 对象的夹点，用户可以用鼠标拖动这些夹点改变实体的参数或旋转实体。在实体渲染方面，AutoCAD 2007 的渲染器内核和材质与 3DS MAX 完全兼容，支持 mentalray 渲染特性，渲染效果更加出众。

2．用户界面

AutoCAD 2007 为用户提供了两种标准的用户界面，一种是 AutoCAD 2007 经典界面，另一种是 AutoCAD 2007 三维建模界面。经典界面与以前版本的用户界面没有太大的区别，而在三维建模界面中，AutoCAD 2007 以网格的形式显示栅格，这样更增加了绘图的三维空间感，同时在"面板"选项板中集成了多个控制台，更方便了用户绘制图形。

3．增强的导航功能

在 AutoCAD 2007 中，用户可以在漫游和飞行模式下通过键盘和鼠标控制视图显示，创建导航动

画。在漫游或飞行模式下，系统会打开一个"定位器"选项板，该选项板类似于地图，在预览窗口中显示模型的 2D 视图，用户可以通过方向键或拖动鼠标来改变模型的显示效果。在漫游和飞行的过程中，用户还可以使用相机录制导航动画，并进行保存和回放。

第二节　使用配置

在首次运行 AutoCAD 时，用户应该进行一些相应的设置，诸如文件的打开和保存，颜色、字体、线型，以及系统变量的设置等。选择 工具(T) → 选项(N)... 命令，在弹出的 选项 对话框中可以进行相应的设置，如图 1.2.1 所示。

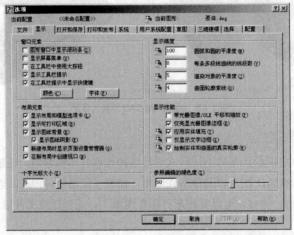

图 1.2.1　"选项"对话框

该对话框中有 10 个选项卡，分别用于设置不同的系统配置，以下分别进行介绍。

一、"文件"选项卡

单击 选项 对话框中的 文件 标签，打开该选项卡，如图 1.2.2 所示。

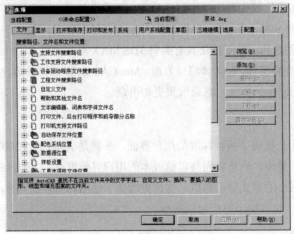

图 1.2.2　"文件"选项卡

在该选项卡中列出了 AutoCAD 2007 所用到的各种路径、文件名和文件位置，用户可以设置文件搜索路径、设备驱动程序文件搜索路径、菜单及帮助文件名称、文本编辑器、词典和字体文件名、打印支持文件、配色文件位置、图形样板设置、日志记录路径等。

二、"显示"选项卡

单击 选项 对话框中的 显示 标签，打开该选项卡，如图 1.2.3 所示。

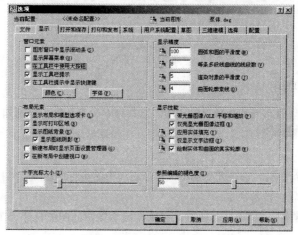

图 1.2.3 "显示"选项卡

在该选项卡中用户可以对窗口元素、布局元素、十字光标大小、显示性能以及显示精度和参照编辑的褪色度进行设置，其中各选项功能介绍如下。

1. "窗口元素"选项组

该选项组用于控制 AutoCAD 绘图环境特有的显示设置。各选项功能介绍如下：

（1）图形窗口中显示滚动条(S)：选中此复选框，在绘图窗口的底部和右侧显示滚动条。

（2）显示屏幕菜单(U)：选中此复选框，在绘图窗口的右侧显示屏幕菜单，如图 1.2.4 所示。

（3）在工具栏中使用大按钮：选中此复选框，以 32×30 像素的格式显示工具栏中的图标，系统默认显示尺寸为 15×16 像素。

（4）显示工具栏提示：选中此复选框，当光标移动到工具栏的按钮上时，显示工具栏提示。

（5）在工具栏提示中显示快捷键：选中此复选框，当光标移动到工具栏的按钮上时，显示快捷键。

（6）颜色(C)... 按钮：单击此按钮，弹出 图形窗口颜色 对话框，用户可以在这里设置窗口背景和各对象的颜色，如图 1.2.5 所示。

图 1.2.4 屏幕菜单　　　　图 1.2.5 "图形窗口颜色"对话框

（7）![按钮] 按钮：单击此按钮，弹出![命令行窗口字体] 对话框，用户可以在这里设置命令行窗口文字的字体、字形和字号，如图 1.2.6 所示。

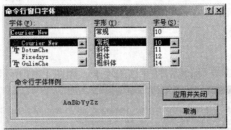

图 1.2.6　"命令行窗口字体"对话框

2．"布局元素"选项组

该选项组用于控制现有布局和新布局的选项。它共有 6 个复选框，分别如下：

（1）![显示布局和模型选项卡(L)]：选中此复选框，在绘图区域的底部显示"布局"和"模型"选项卡。

（2）![显示可打印区域(B)]：选中此复选框，显示布局中的可打印区域。可打印区域是指虚线内的区域，其大小由所选的输出设备决定。

（3）![显示图纸背景(K)]：选中此复选框，显示布局中指定的图纸尺寸。图纸尺寸和打印比例确定图纸背景的尺寸。

（4）![显示图纸阴影(E)]：选中此复选框，在布局中的图纸周围显示阴影。

（5）![新建布局时显示页面设置管理器(G)]：首次选择"布局"选项卡时，选中此复选框，将在"页面设置"对话框中显示"布局设置"选项卡，使用此对话框设置与图纸和打印设置相关的选项。

（6）![在新布局中创建视口(N)]：选中此复选框，在创建布局时自动创建单个视口。

3．"十字光标大小"选项组

该选项组用于设置绘图区十字光标的大小。用户可以在该选项组中的文本框中输入数值，或通过拖动滑块来改变十字光标的大小，文本框中的有效数值为全屏幕的 1%～100%。

4．"显示精度"选项组

该选项组用于控制对象的显示精度。各选项功能介绍如下：

（1）![圆弧和圆的平滑度(M)]：在数值框中输入数值，即可控制圆、圆弧和椭圆的平滑度。值越大，对象越平滑，相对重生成、平移和缩放时间也就越长，有效值为 1～20 000。

（2）![每条多段线曲线的线段数(V)]：在数值框中输入数值，即可设置每条多段线曲线生成的线段数目。数值越大，对性能的影响越大，有效值的范围为-32 767～32 767，默认设置为 8。

（3）![渲染对象的平滑度(J)]：在数值框中输入数值，即可控制着色和渲染曲面实体的平滑度。值越大，显示性能越差，渲染时间也越长，有效值范围为 0.01～10，默认设置为 0.5。

（4）![曲面轮廓素线(O)]：在数值框中输入数值，即可设置对象上每个曲面的轮廓线数目。数目越多，显示性能越差，渲染时间也越长，有效值的范围为 0～2 047，默认设置为 4。

5．"显示性能"选项组

该选项组用于控制影响 AutoCAD 性能的显示设置。各选项功能介绍如下：

（1）![带光栅图像/OLE 平移和缩放(P)]：选中此复选框，在使用实时 PAN 和 ZOOM 命令时显示光栅图像和 OLE 对象。

（2）☑ 仅亮显光栅图像边框(R)：选中此复选框，光栅图像被选中时只亮显图像边框。

（3）☑ 应用实体填充(Y)：选中此复选框，显示对象中的实体填充。要想使此设置生效，必须重新生成图形。

（4）☑ 仅显示文字边框(X)：选中此复选框，显示文字对象的边框而不显示文字对象。选择或取消选中此复选框后，必须使用 REGEN 更新显示。

（5）☑ 绘制实体和曲面的真实轮廓(W)：选中此复选框，三维实体对象的轮廓曲线显示为线框，同时当三维实体对象被隐藏时绘制网格。

6.“参照编辑的褪色度”选项组

该选项组指定在编辑参照的过程中对象的褪色度值。用户可以直接在该选项组中的文本框中输入数值，或通过拖动滑块来改变参照编辑的褪色度。参照编辑的褪色度有效值为 0～90%，系统默认设置为 50%。

三、“打开和保存”选项卡

单击 选项 对话框中的 打开和保存 标签，打开该选项卡，如图 1.2.7 所示。

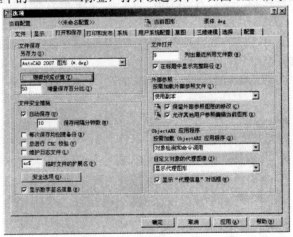

图 1.2.7　“打开和保存”选项卡

在该选项卡中可以设置有关 AutoCAD 2007 文件的打开和保存的相关内容，其中各选项功能介绍如下。

1.“文件保存”选项组

该选项组中各选项功能介绍如下：

（1）另存为(S)：下拉列表：单击该下拉列表框右边的 按钮，在弹出的下拉列表中选择文件另存时的文件格式。

（2）缩微预览设置(T)...按钮：单击此按钮，弹出 缩微预览设置 对话框，如图 1.2.8 所示，在该对话框中设置保存图形时是否更新缩微预览。

（3）增量保存百分比(I)：在数值框中输入数值，设置图形文件在保存时的增量百分比。

图 1.2.8　"缩微预览设置"对话框

2. "文件安全措施"选项组

该选项组用于帮助用户避免数据丢失以及检测错误。各选项功能介绍如下：

（1）☑ 自动保存(U)：选中此复选框，在 保存间隔分钟数(M) 数值框中输入保存间隔分钟数，AutoCAD 系统即会间隔这段时间自动保存文件。

（2）☑ 每次保存均创建备份(B)：选中此复选框，在保存图形时创建图形的备份副本。

（3）☑ 总进行 CRC 校验(V)：选中此复选框，在每次读入图形时执行循环冗余校验。

（4）☑ 维护日志文件(L)：选中此复选框，将文本窗口的内容写入日志文件。

（5）临时文件的扩展名(P) 文本框：为当前用户指定唯一的扩展名来标识网络环境中的临时文件，默认的扩展名是.ac$。

（6）安全选项(O)… 按钮：单击此按钮，弹出 安全选项 对话框，如图 1.2.9 所示，在此对话框中设置数字签名和密码选项。

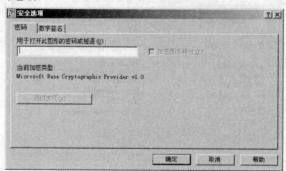

图 1.2.9　"安全选项"对话框

（7）☑ 显示数字签名信息(E)：选中此复选框，打开带有有效数字签名文件时显示数字签名信息。

3. "文件打开"选项组

该选项组用于控制与最近使用过的文件及打开的文件相关的设置。各选项的功能介绍如下：

（1）列出最近所用文件数(N)：在数值框中输入数值，控制"文件"菜单中所列出的最近使用过的文件的数目，以便快速访问，有效值为 0～9。

（2）☑ 在标题中显示完整路径(F)：选中此复选框，在图形的标题或 AutoCAD 标题栏中显示活动图形的完整路径。

4. "外部参照"选项组

该选项组用于控制与编辑、加载和外部参照有关的设置。各选项的功能介绍如下：

（1）按需加载外部参照文件(X)：下拉列表：控制外部参照的按需加载。通过单击下拉列表框右边

的 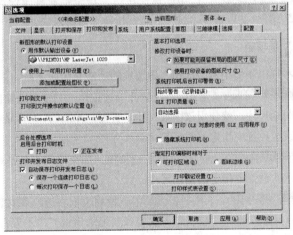 按钮，可在弹出的下拉列表中选择"禁用""启用"或"使用副本"选项。

（2）☑ 保留外部参照图层的修改(C)：选中此复选框，保存对外部参照图层的特性和状态的修改。

（3）☑ 允许其他用户参照编辑当前图形(R)：选中此复选框，如果当前图形被另一个或多个图形参照，则允许其他用户参照编辑当前图形文件。

5．"ObjectARX 应用程序"选项组

该选项组用于控制"AutoCAD 实时扩展"应用程序及代理图形的有关设置。各选项的功能介绍如下：

（1）按需加载 ObjectARX 应用程序(D)：下拉列表：当图形包含由第三方应用程序创建的自定义对象时，指定 AutoCAD 是否以及何时按需加载此应用程序。单击下拉列表框右边的 按钮，在弹出的下拉列表中选择"关闭按需加载""自定义对象检测""命令调用"或"对象检测和命令调用"选项。

（2）自定义对象的代理图像(J)：下拉列表：控制图形中自定义对象的显示方式。单击下拉列表右边的 按钮，在弹出的下拉列表中选择"不显示代理图形""显示代理图形"或"显示代理边框"选项。

（3）☑ 显示"代理信息"对话框(W)：选中此复选框，在打开包含自定义对象的图形时 AutoCAD 显示警告。

四、"打印和发布"选项卡

单击 选项 对话框中的 打印和发布 标签，打开该选项卡，如图 1.2.10 所示。

图 1.2.10　"打印和发布"选项卡

在该选项卡中设置有关打印图形文件的信息。各选项功能介绍如下：

1．"新图形的默认打印设置"选项组

该选项组控制新图形的默认打印设置。各选项的功能介绍如下：

（1）⊙ 用作默认输出设备(V)：选中此单选按钮，显示从打印机配置搜索路径中找到的所有绘图仪配置文件以及系统中配置的所有系统打印机。单击该下拉列表框右边的 按钮，在弹出的下拉列表中设置默认的输出设备。

（2）⊙ 使用上一可用打印设置(F)：选中此单选按钮，设定与上一次成功打印的设置相匹配的打

印设置。

（3）　添加或配置绘图仪(P)...　：单击此按钮打开"绘图仪管理器"Windows 系统窗口，在这里添加或配置绘图仪。

2. "打印到文件"选项组

该选项组为打印到文件操作指定默认位置。单击该下拉列表框右边的 … 按钮，在弹出的 为所有打印到文件的操作选择默认位置 对话框中指定新位置。

3. "后台处理选项"选项组

该选项组用于指定与后台打印和发布相关的选项。各选项功能介绍如下：

（1）　☑ 打印 ：选中此复选框，在后台处理打印作业。
（2）　☑ 正在发布 ：选中此复选框，在后台处理发布作业。

4. "打印并发布日志文件"选项组

该选项组控制将打印和发布日志文件保存为可以在电子表格程序中查看的逗号分隔值文件时的选项。各选项功能介绍如下：

（1）　☑ 自动保存打印并发布日志(A) ：选中此复选框，指定自动保存包含打印和发布作业信息的日志文件。
（2）　⊙ 保存一个连续打印日志(C) ：选中此单选按钮，指定自动保存包含打印和发布作业信息的一个日志文件。只有 ☑ 自动保存打印并发布日志(A) 复选框被选中时，此单选按钮才能被激活。
（3）　⊙ 每次打印保存一个日志(L) ：选中此单选按钮，指定每次打印保存一个日志文件。只有 ☑ 自动保存打印并发布日志(A) 复选框被选中时，此单选按钮才能被激活。

5. "基本打印选项"选项组

该选项组控制与基本打印环境相关的选项。各选项的功能介绍如下：

（1）　⊙ 如果可能则保留布局的图纸尺寸(K) ：选中此单选按钮，只要所选输出设备可以打印"页面设置"对话框中指定的图纸尺寸，就使用该图纸尺寸，否则，AutoCAD 将显示警告信息，并使用在绘图仪配置文件或默认系统设置中指定的图纸尺寸。

（2）　⊙ 使用打印设备的图纸尺寸(Z) ：选中此单选按钮，如果输出设备是系统打印机，则使用在绘图仪配置文件或系统默认设置中指定的图纸尺寸。

（3）　系统打印机后台打印警告(R): 下拉列表：单击下拉列表框右边的 ▼ 按钮，在弹出的下拉列表中分别选择"始终警告（记录错误）""仅在第一次警告（记录错误）""不警告（记录第一个错误）"或"不警告（不记录错误）"选项进行设置。

（4）　OLE 打印质量(Q): 下拉列表：单击下拉列表框右边的 ▼ 按钮，在弹出的下拉列表中分别选择"单色（例如电子表格）""低质量图形（例如彩色文字和拼图）""高质量图形（例如照片）"或"自动选择"选项进行设置。

（5）　☑ 打印 OLE 对象时使用 OLE 应用程序(U) ：选中此复选框，当打印一个包含 OLE 对象的图形时，启动创建 OLE 对象的应用程序。

（6）　☑ 隐藏系统打印机(H) ：选中此复选框，在"打印"和"页面设置"对话框中显示 Windows 系统打印机。

6. "指定打印偏移相对于"选项组

该选项组指定打印区域的偏移是从可打印区域的左下角开始，还是从图纸的边开始。各选项功能介绍如下：

（1）⊙ 可打印区域(B)：选中此单选按钮，指定打印偏移相对于可打印区域。

（2）⊙ 图纸边缘(G)：选中此单选按钮，指定打印偏移相对于图纸边沿。

7. "打印戳记设置"按钮

单击 [打印戳记设置(T)...] 按钮，弹出 [打印戳记] 对话框，如图 1.2.11 所示，在此对话框中指定打印戳记的设置。

8. "打印样式表设置"按钮

单击 [打印样式表设置(S)...] 按钮，弹出 [打印样式表设置] 对话框，如图 1.2.12 所示，在此对话框中指定打印样式表的设置。

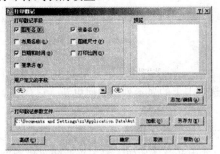 

图 1.2.11　"打印戳记"对话框　　　图 1.2.12　"打印样式表设置"对话框

五、"系统"选项卡

单击 [选项] 对话框中的 [系统] 标签，打开该选项卡，如图 1.2.13 所示。

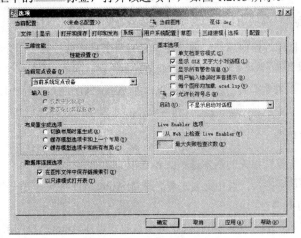

图 1.2.13　"系统"选项卡

在该选项卡中设置 AutoCAD 2007 的系统设置。各选项功能介绍如下：

1. "三维性能"选项组

单击 [性能设置(P)] 按钮，弹出 [自适应降级和性能调节] 对话框，如图 1.2.14 所示，用户可以在该对话框中控制三维显示性能。

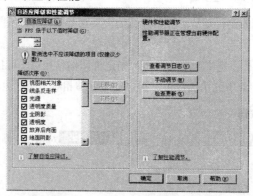

图 1.2.14 　"自适应降级和性能调节"对话框

2．"当前定点设备"选项组

显示可用的定点设备驱动程序的列表。单击该下拉列表框右边的 按钮，在弹出的下拉列表中选择定点设备驱动程序。

3．"布局重生成选项"选项组

该选项组确定"模型"选项卡和"布局"选项卡上的显示列表如何更新。它有 3 个单选按钮，其功能介绍如下：

（1）○ 切换布局时重生成(R)：选中此单选按钮，每次切换选项卡都会重生成图形。

（2）○ 缓存模型选项卡和上一个布局(Y)：选中此单选按钮，对于当前的"模型"选项卡和当前的上一个布局选项卡，将显示列表保存到内存，并且在两个选项卡之间切换时禁止重生成。对于其他所有的布局选项卡，切换到它们时仍然进行重生成。

（3）○ 缓存模型选项卡和所有布局(C)：选中此单选按钮，每一次切换到每个选项卡时重生成图形。对于绘图任务中的其他选项卡，显示列表保存到内存，切换到这些选项卡时禁止重生成。

4．"数据库连接选项"选项组

该选项组控制与数据库连接信息相关的选项。它有两个复选框，其功能介绍如下：

（1）☑ 在图形文件中保存链接索引(X)：选中此复选框，在 AutoCAD 图形文件中存储数据库索引。

（2）☑ 以只读模式打开表(T)：选中此复选框，在 AutoCAD 图形文件中以只读模式打开数据库表文件。

5．"基本选项"选项组

该选项组控制与系统设置相关的基本选项。各选项的功能介绍如下：

（1）☑ 单文档兼容模式(S)：选中此复选框，限制 AutoCAD 每次打开一个图形。如果不选中此项，AutoCAD 每次能打开多个图形。

（2）☑ 显示 OLE 文字大小对话框(L)：选中此复选框，当向 AutoCAD 图形插入 OLE 对象时，弹出"OLE 特性"对话框。

（3）☑ 显示所有警告信息(R)：选中此复选框，显示所有包括"不再显示此警告"选项的对话框。

（4）☑ 用户输入错误时声音提示(B)：选中此复选框，当 AutoCAD 检测到无效输入时，发出蜂鸣声警告用户。

（5）☑ 每个图形均加载 acad.lsp(V)：选中此复选框，AutoCAD 将 acad.isp 文件加载到每个图形中。

（6）☑ 允许长符号名(N)：选中此复选框，允许命名对象在图形定义表中使用长名称。对象名称最多可为 255 个字符，包括字母、数字、空格以及任何 Windows 与 AutoCAD 未做其他用途的特殊字符。

（7）启动(U)：下拉列表：控制启动 AutoCAD 或创建新图形时，是否显示"启动"对话框。单击下拉列表框右边的 ▼按钮，在弹出的下拉列表中选择"不显示'启动'对话框"或"显示'启动'对话框"选项。

6．"Live Enabler 选项"选项组

该选项组指定 AutoCAD 检查 Object Enabler 的方式。各选项功能介绍如下：

（1）☑ 从 Web 上检查 Live Enabler(W)：选中此复选框，控制 AutoCAD 是否从 Autodesk 网站中检查对象激活器。

（2）最大失败检查次数(K)：在数值框中输入数值，即可指定 AutoCAD 在失败时检查对象激活器的次数。

六、"用户系统配置"选项卡

单击 选项 对话框中的 用户系统配置 标签，打开该选项卡，如图 1.2.15 所示。

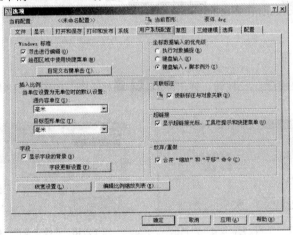

图 1.2.15　"用户系统配置"选项卡

在该选项卡中能够优化 AutoCAD 2007 的系统配置，使其在更好的状态下发挥功能，其中各选项功能介绍如下

1．"Windows 标准"选项组

该选项组用于控制单击和右键操作。各选项功能介绍如下：

（1）☑ 双击进行编辑(U)：选中此复选框，按照 Windows 标准解释键盘加速键。如果取消此复选框的选中，AutoCAD 将按照 AutoCAD 标准解释键盘加速键，而不是按照 Windows 标准进行解释。

（2）☑ 绘图区域中使用快捷菜单(M)：选中此复选框，当用鼠标右键单击定点设备时，在绘图区域显示快捷菜单。如果取消此复选框的选中，AutoCAD 将单击右键解释为 Enter。

（3）自定义右键单击(I)...按钮：单击此按钮，弹出 自定义右键单击 对话框，如图 1.2.16 所示，在此对话框中设置鼠标右键单击事件。

图 1.2.16　"自定义右键单击"对话框

2. "插入比例"选项组

该选项组用于控制使用设计中心或 i-drop 将对象拖入图形时的默认比例，用户可以在该选项组中的　当单位设置为无单位时的默认设置：　选项下的　源内容单位(S)：　和　目标图形单位(T)：　列表框中设置源内容单位与目标图形单位。

3. "字段"选项组

该选项组用于设置与字段相关的系统配置。选中该选项组中的　☑ 显示字段的背景(B)　复选框，单击　字段更新设置(F)...　按钮，在弹出的　字段更新设置　对话框中可以设置字段更新的选项，如图 1.2.17 所示。

4. "线宽设置"按钮

单击　线宽设置(L)...　按钮，弹出　线宽设置　对话框，如图 1.2.18 所示，在此对话框中可设置当前线宽。

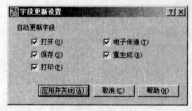

图 1.2.17　"字段更新设置"对话框

图 1.2.18　"线宽设置"对话框

5. "坐标输入的优先级"选项组

该选项组用于控制 AutoCAD 如何响应坐标数据的输入。各选项功能介绍如下：

（1）⊙ 执行对象捕捉(R)：选中此单选按钮，指定执行对象捕捉总是替代坐标输入。

（2）⊙ 键盘输入(K)：选中此单选按钮，指定坐标输入总是替代执行对象捕捉。

（3）⊙ 键盘输入，脚本例外(X)：选中此单选按钮，指定坐标输入替代执行对象捕捉，但是脚本例外。

6. "关联标注"选项组

选中该选项组中的　☑ 使新标注与对象关联(D)　复选框，则新的标注与对象关联。

7. "超链接"选项组

该选项组用于控制与超链接的显示特性相关的设置。

☑ 显示超链接光标、工具栏提示和快捷菜单(U) 复选框：当定点设备移到包含超链接的对象上时，显示超链接光标和工具栏提示。当选择包含超链接的对象并在绘图区域单击鼠标右键时，超链接快捷菜单会提供附加选项。如果取消此复选框的选中，将忽略图形中的超链接。

8．"放弃/重做"选项组

该选项组用于控制"缩放"和"平移"命令的"放弃"和"重做"功能，选中该选项组中的 ☑ 合并"缩放"和"平移"命令(C) 复选框，将把多个连续的缩放和平移命令合并为单个动作来进行放弃和重做操作。

七、"草图"选项卡

单击 选项 对话框中的 草图 标签，打开该选项卡，如图 1.2.19 所示。

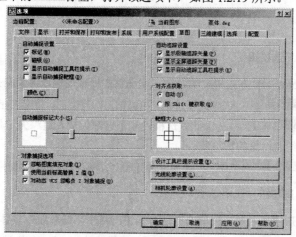

图 1.2.19　"草图"选项卡

该选项卡用于设置与捕捉、追踪等选项有关的内容，各选项功能介绍如下。

1．"自动捕捉设置"选项组

该选项组可控制使用对象捕捉时显示的形象化辅助工具的相关设置。各选项功能介绍如下：

（1）☑ 标记(M)：选中此复选框，显示自动捕捉标记。

（2）☑ 磁吸(G)：选中此复选框，自动磁吸打开。

（3）☑ 显示自动捕捉工具栏提示(T)：选中此复选框，显示自动捕捉工具栏提示。

（4）☑ 显示自动捕捉靶框(D)：选中此复选框，显示自动捕捉靶框。

（5）颜色(C)...按钮：单击此按钮，弹出 图形窗口颜色 对话框，如图 1.2.20 所示，用户可以在该对话框中设置自动捕捉标记的颜色。

2．自动捕捉标记大小

该选项设置自动捕捉标记的显示尺寸，拖动滑块即可改变自动捕捉标记的大小。

3．"对象捕捉选项"选项组

该选项组用于指定对象捕捉的选项。各选项功能介绍如下：

（1）☑ 忽略图案填充对象(I)：选中此复选框，当打开对象捕捉时，对象捕捉忽略填充图案。

（2）☑ 使用当前标高替换 Z 值(R)：选中此复选框，指定在对象捕捉时忽略对象捕捉位置的 Z 值，而使用当前 UCS 设置标高的 Z 值。

（3）☑ 对动态 UCS 忽略负 Z 对象捕捉(O)：选中此复选框，指定使用动态 UCS 期间对象捕捉忽略具有负 Z 值的几何体。

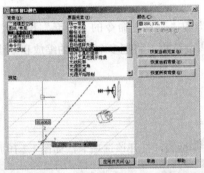

图 1.2.20　"图形窗口颜色"对话框

4．"自动追踪设置"选项组

该选项组控制与 AutoTrack 方式相关的设置，此设置在极轴追踪或对象捕捉追踪打开时可用。

（1）☑ 显示极轴追踪矢量(P)：选中此复选框，当极轴追踪打开时，将沿着指定角度显示一个矢量。

（2）☑ 显示全屏追踪矢量(F)：选中此复选框，显示追踪矢量。追踪矢量是辅助用户按特定角度或与其他对象特定关系绘制对象的构造线。

（3）☑ 显示自动追踪工具栏提示(K)：选中此复选框，显示自动追踪工具栏提示。

5．"对齐点获取"选项组

该选项组控制在图形中显示对齐矢量的方法。其中有两个单选按钮，具体功能介绍如下：

（1）⊙ 自动(U)：选中此单选按钮，当靶框移到对象捕捉上时，自动显示追踪矢量。

（2）⊙ 按 Shift 键获取(Q)：选中此单选按钮，当按住"Shift"键并将靶框移到对象捕捉上时，将显示追踪矢量。

6．靶框大小

该选项用于设置自动捕捉靶框的显示尺寸，拖动滑块即可改变靶框大小。

7．"设计工具栏提示设置"按钮

单击此按钮，弹出 工具栏提示外观 对话框，如图 1.2.21 所示，用户可以在该对话框中设置工具栏提示的外观。

8．"光线轮廓设置"按钮

单击此按钮，弹出 光线轮廓外观 对话框，如图 1.2.22 所示，用户可以在该对话框中设置光线轮廓的外观。

9．"相继轮廓设置"按钮

单击此按钮，弹出 相机轮廓外观 对话框，如图 1.2.23 所示，用户可以在该对话框中设置相机轮廓的外观。

图 1.2.21　"工具栏提示外观"对话框

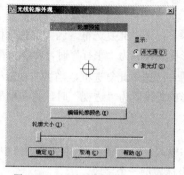
图 1.2.22　"光线轮廓外观"对话框

图 1.2.23　"相机轮廓外观"对话框

八、"三维建模"选项卡

单击 **选项** 对话框中的 **三维建模** 标签，打开该选项卡，如图 1.2.24 所示。

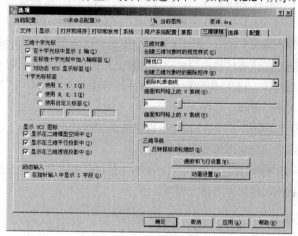
图 1.2.24　"三维建模"选项卡

该选项卡用于设置在三维建模中使用实体和曲面的选项，各选项功能介绍如下。

1. "三维十字光标"选项组

该选项组用于控制三维操作中十字光标指针的显示样式的设置。各选项功能介绍如下：

（1）**在十字光标中显示 Z 轴(Z)**：选中此复选框，十字光标指针显示 Z 轴。

（2）**在标准十字光标中加入轴标签(L)**：选中此复选框，坐标轴标签与十字光标指针一起显示。

（3）**对动态 UCS 显示标签(B)**：选中此复选框，即使不选中 **在标准十字光标中加入轴标签(L)** 复选框，仍然将在动态 UCS 的十字光标指针上显示坐标轴标签。

（4）**十字光标标签**：该选项用于选择与十字光标指针一起显示的标签。该选项下面有 3 个单选按钮，用户可以选中 **使用 X, Y, Z(X)** **使用 N, E, Z(E)** 或 **使用自定义标签(C)** 单选按钮，然后在文本框中输入自定义的标签即可。

2. "显示 UCS 图标"选项组

该选项组用于设置控制 UCS 图标的显示，各选项功能介绍如下：

（1）**显示在二维模型空间中(2)**：选中此复选框，当当前视觉样式设置为"二维线框"时，将在模型空间中显示 UCS 图标。

（2）☑ 显示在三维平行投影中(3)：选中此复选框，当当前视觉样式设置为"三维隐藏""三维线框""概念"或"真实"，并且投影样式设置为"平行"时，将在模型空间中显示 UCS 图标。

（3）☑ 显示在三维透视投影中(D)：选中此复选框，当当前视觉样式设置为"三维隐藏""三维线框""概念"或"真实"，并且投影样式设置为"透视"时，将在模型空间中显示 UCS 图标。

3．"动态输入"选项组

该选项组用于控制坐标项动态输入字段的显示。选中该选项组中的 ☑ 在指针输入中显示 Z 字段(0) 复选框，在使用动态输入时为 Z 坐标显示一个字段。

4．"三维对象"选项组

该选项组用于控制三维实体和曲面的显示设置。各选项功能介绍如下：

（1） 创建三维对象时的视觉样式(S) ：单击该下拉列表框右边的 ▼ 按钮，在弹出的下拉列表中选择合适的视觉样式。可供选择的视觉样式有"随视口""二维线框""三维隐藏""三维线框""概念"和"真实"6种。

（2） 创建三维对象时的删除控件(N) ：单击该下拉列表框右边的 ▼ 按钮，在弹出的下拉列表中指定三维对象创建后是自动删除创建实体和曲面时使用的定义几何体，还是提示用户删除该对象。可供选择的选项有"保留定义几何体""删除轮廓曲线""删除轮廓曲线和路径曲线""提示删除轮廓曲线"和"提示删除轮廓曲线和路径曲线"五种。

（3） 曲面和网格上的 U 素线(U) ：该选项用于设置曲面和网格在 U 方向上的素线特性。在该选项中的文本框中输入数值或拖动滑块即可进行设置。

（4） 曲面和网格上的 V 素线(V) ：该选项用于设置曲面和网格在 V 方向上的素线特性。在该选项中的文本框中输入数值或拖动滑块即可进行设置。

5．"三维导航"选项组

该选项组用于设置漫游、飞行和动画选项以显示三维模型。各选项功能介绍如下：

（1）☑ 反转鼠标滚轮缩放(R)：选中该复选框，通过鼠标滚轮反转缩放方向。

（2） 漫游和飞行设置(W)... ：单击此按钮，弹出 漫游和飞行设置 对话框，如图 1.2.25 所示，用户可以在该对话框中指定漫游和飞行设置。

（3） 动画设置(A)... ：单击此按钮，弹出 动画设置 对话框，如图 1.2.26 所示，用户可以在该对话框中指定用于录制三维导航动画的设置。

图 1.2.25　"漫游和飞行设置"对话框　　　　图 1.2.26　"动画设置"对话框

九、"选择"选项卡

单击 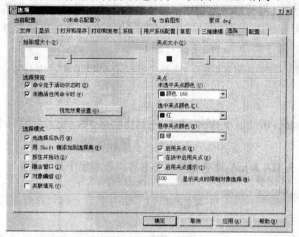选项 对话框中的 选择 标签，打开该选项卡，如图 1.2.27 所示。

图 1.2.27 "选择"选项卡

该选项卡用于设置选择对象的方法，各选项功能介绍如下。

1．拾取框大小

该选项控制 AutoCAD 拾取框的显示尺寸，拖动滑块即可改变拾取框的大小。

2．"选择预览"选项组

该选项组用于控制当拾取框光标滚动过对象时亮显对象的方式。各选项的功能介绍如下：

（1）☑ 命令处于活动状态时(S)：选中该复选框，仅当某个命令处于活动状态并显示"选择对象"提示时才会显示选择预览。

（2）☑ 未激活任何命令时(W)：选中该复选框，即使未激活任何命令时也可显示选择预览。

（3）视觉效果设置(G)...：单击此按钮，弹出 视觉效果设置 对话框，如图 1.2.28 所示，用户可以在该对话框中对视觉样式进行设置。

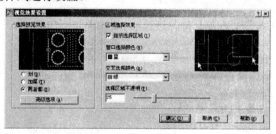

图 1.2.28 "视觉效果设置"对话框

3．"选择模式"选项组

该选项组用于控制与对象选择方法相关的设置。各选项的功能介绍如下：

（1）☑ 先选择后执行(N)：选中此复选框，允许在启动命令之前选择对象。被调用的命令对先前选定的对象产生影响。

（2）☑ 用 Shift 键添加到选择集(F)：选中此复选框，当按住"Shift"键并选择对象时，将从选择集中添加对象或从选择集中删除对象。

（3）☑ 按住并拖动(D)：选中此复选框，通过选择一点后将定点设备拖动至第二点来绘制选择窗口。如果未选择此选项，则可以用定点设备选择两个单独的点来绘制选择窗口。

（4）☑ 隐含窗口(I)：选中此复选框，当在对象外选择一点时，将会初始化选择窗口中的图形。

（5）☑ 对象编组(O)：选中此复选框，表示选择编组中的一个对象就选择了编组中的所有对象。使用 GROUP 命令，可以创建和命名一组选择对象。

（6）☑ 关联填充(V)：选中此复选框，选择关联填充时也选定边界对象。

4．夹点大小

该选项用于控制 AutoCAD 夹点的显示尺寸，拖动滑块即可改变夹点的大小。

5．"夹点"选项组

该选项组控制与夹点相关的设置。各选项的功能介绍如下：

（1）未选中夹点颜色(U)：确定未选中夹点的颜色。单击下拉列表框右边的▼按钮，在弹出的下拉列表中选择一种颜色。

（2）选中夹点颜色(C)：确定选中夹点的颜色。单击下拉列表框右边的▼按钮，在弹出的下拉列表中选择一种颜色。

（3）悬停夹点颜色(R)：确定光标悬停在夹点上时夹点显示的颜色。单击下拉列表框右边的▼按钮，在弹出的下拉列表中选择一种颜色。

（4）☑ 启用夹点(E)：选中此复选框，选择对象时在对象上显示夹点。

（5）☑ 在块中启用夹点(B)：选中此复选框，将显示块中每个对象的所有夹点。

（6）☑ 启用夹点提示(T)：选中此复选框，当光标悬停在支持夹点提示的自定义对象的夹点上时，显示夹点的特定提示。

（7）显示夹点时限制对象选择(M)：该选项用于控制选择集包括多于指定数目的对象时，限制夹点的显示。

十、"配置"选项卡

单击 🔲选项 对话框中的 配置 标签，打开该选项卡，如图 1.2.29 所示。

图 1.2.29　"配置"选项卡

该选项卡用于显示可用配置，各选项功能介绍如下。

（1）**可用配置 (P)**：该列表显示了当前所有可用配置。

（2）**置为当前 (C)**：单击此按钮，将选中的配置设置为当前设置。

（3）**添加到列表 (L)...**：单击此按钮，弹出**添加配置**对话框，如图 1.2.30 所示，在该对话框中用其他名称保存选定配置。

（4）**重命名 (N)...**：单击此按钮，弹出**修改配置**对话框，如图 1.2.31 所示，在该对话框中修改选定配置的名称和说明。

 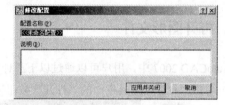

图 1.2.30　"添加配置"对话框　　　　　　图 1.2.31　"修改配置"对话框

（5）**删除 (D)**：单击此按钮，删除选定的配置，但不能删除当前配置。

（6）**输出 (E)...**：单击此按钮，将配置输出为扩展名为.arg 的文件，以便其他用户可以共享该文件。

（7）**输入 (I)...**：单击此按钮，输入用"输出"选项创建的配置（扩展名为.arg 的文件）。

（8）**重置 (R)**：单击此按钮，将选定配置中的值重置为系统默认设置。

第三节　图形文件操作

在 AutoCAD 中，图形文件操作包括新建图形文件、打开图形文件、保存图形文件和加密图形文件等，本节主要介绍这些基本操作的使用方法。

一、新建图形文件

在绘制图形之前，首先要创建一个新的图形文件，在 AutoCAD 2007 中，新建图形文件的方法有以下三种：

（1）单击"标注"工具栏中的"新建"按钮。

（2）选择**文件(F)** → **新建(N)...　　　CTRL+N** 命令。

（3）在命令行中输入命令 new。

执行新建图形文件命令后，弹出**选择样板**对话框，如图 1.3.1 所示。

图 1.3.1　"选择样板"对话框

在该对话框中的列表框中选中某一个样板文件，这时在其右边的 <u>预览</u> 框中将显示出该样板的预览图像。单击 <u>打开(O)</u> 按钮，即可以选中的样板文件为样板创建新图形。

样板文件通常包含与绘图相关的一些通用设置，如图层、线型、文件样式、尺寸标注样式等的设置。此外还可以包括一些通用图形对象，如标题栏、图幅框等。利用样板创建新图形，可以避免每当绘制新图形时要进行的有关绘图设置、绘制相同图形对象的重复操作，这样不仅提高了绘图效率，而且还保证了图形的一致性。

二、打开图形文件

在 AutoCAD 2007 中，用户可以通过以下三种方法打开已经保存的图形文件：

（1）单击"标注"工具栏中的"打开"按钮 <u>⊿</u>。

（2）选择 <u>文件(F)</u> → <u>打开(O)…　　　　CTRL+O</u> 命令。

（3）在命令行中输入命令 open。

执行打开图形文件命令后，弹出 <u>选择文件</u> 对话框，如图 1.3.2 所示。在该对话框中的"名称"列表框中选中一个图形文件后，单击 <u>打开(O)</u> ▼ 按钮，即可打开选中的图形文件。

图 1.3.2　　"选择文件"对话框

当图形文件太大时，用户还可以只打开局部图形，以减少打开图形文件和编辑图形文件时所耗费的时间。在 <u>选择文件</u> 对话框中的"名称"列表框中选中要打开的图形文件后，单击 <u>打开(O)</u> ▼ 按钮右侧的 ▼ 按钮，在打开的下拉列表中选择 <u>局部打开(P)</u> 命令，弹出 <u>局部打开</u> 对话框，如图 1.3.3 所示。在该对话框中的 <u>要加载几何图形的视图</u> 列表框中选择要打开图形的视图名称，然后在 <u>要加载几何图形的图层</u> 列表框中选择要打开图形的图层名称，最后单击 <u>打开(O)</u> 按钮，即可打开指定视图和图层的图形对象。

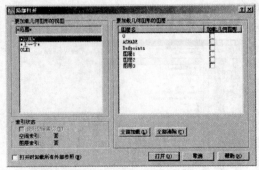

图 1.3.3　　"局部打开"对话框

三、保存图形文件

在 AutoCAD 2007 中，用户可以使用多种方法将绘制好的图形文件保存，具体方法有以下四种：

（1）单击"标注"工具栏中的"保存"按钮 ⊞。

（2）选择 文件(F) → 保存(S)　　　　　　CTRL+S 命令，快速保存文件。

（3）选择 文件(F) → 另存为(A)...　　　CTRL+SHIFT+S 命令，在弹出的 图形另存为 对话框中以新的名称保存图形文件，如图 1.3.4 所示。

图 1.3.4　"图形另存为"对话框

（4）在命令行中输入命令 qsave 快速保存文件，或输入命令 save 再以新的名称保存文件。

默认情况下，图形文件以"AutoCAD 2007 图形（*.dwg）"格式保存，用户也可以在 文件类型(T): 下拉列表中选择其他格式进行保存。

四、加密图形文件

在 AutoCAD 2007 中，用户可以对图形文件进行加密保存。具体操作方法为：当保存图形文件时，在 图形另存为 对话框中的 工具(L) ▼ 下拉列表中选择 安全选项(S)... 选项，弹出 安全选项 对话框，如图 1.3.5 所示。在该对话框中的 用于打开此图形的密码或短语(O): 文本框中输入密码，然后单击 确定 按钮，弹出 确认密码 对话框，如图 1.3.6 所示，在该对话框中的 再次输入用于打开此图形的密码(O): 文本框中输入确认密码即可。

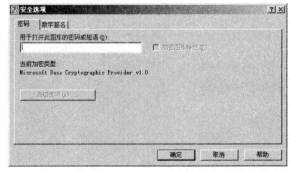

图 1.3.5　"安全选项"对话框

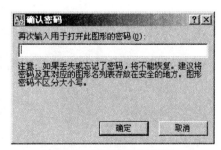

图 1.3.6　"确认密码"对话框

在打开加密的图形文件时，系统会弹出 密码 对话框，如图 1.3.7 所示，用户必须在该对话框中的文本框中输入正确的密码才能打开图形文件，否则无法打开。

图 1.3.7　"密码"对话框

习 题 一

一、填空题

1．AutoCAD 的基本功能主要包括绘制与编辑图形_____、_____、_____和_____。

2．在使用配置时，AutoCAD 2007 包括了 10 个选项卡，这些选项卡分别为_____、_____、_____、_____、_____、_____、_____、_____和_____。

二、选择题

1．在 AutoCAD 的发展过程中，（　）版本不曾出现过。

    A．AutoCAD 2002　　　　　　　　　　　B．AutoCAD 2003

    C．AutoCAD 2004　　　　　　　　　　　D．AutoCAD 2005

2．在 AutoCAD 中，图形文件的操作包括（　）。

    A．新建图形文件　　　　　　　　　　　B．打开图形文件

    C．保存图形文件　　　　　　　　　　　D．加密图形文件

第二章 认识界面与基本操作

中文 AutoCAD 2007 为用户提供了经典和三维建模两种工作界面，用户可以根据需要选择合适的工作界面进行操作。AutoCAD 的菜单栏包括了 AutoCAD 几乎所有的命令，了解菜单栏的组成对于掌握 AutoCAD 的命令有很重要的作用。坐标系统是 AutoCAD 中的一个重要工具，掌握坐标的表示和创建用户坐标系的方法是绘制精确图形的重要依据。

本章主要内容：

➡ 中文 AutoCAD 2007 经典界面组成。

➡ 菜单功能介绍。

➡ 坐标系统。

➡ 设置绘图环境。

第一节 中文 AutoCAD 2007 经典界面组成

启动 AutoCAD 2007 后选择进入经典界面，如图 2.1.1 所示。中文 AutoCAD 2007 经典界面主要由标题栏、菜单栏、工具栏、绘图窗口、命令栏、坐标系图标和状态栏等组成。

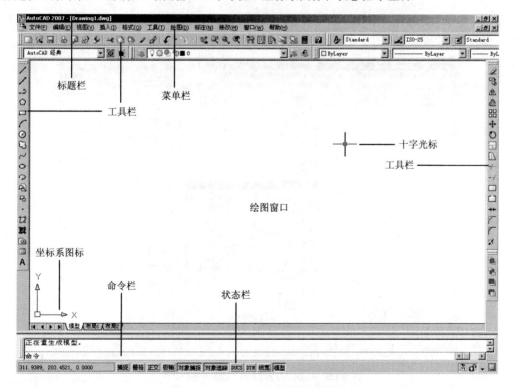

图 2.1.1 中文 AutoCAD 2007 经典界面

一、标题栏

标题栏显示了软件的名称及其版本，并显示了当前打开的图形文件的文件名称。如图 2.1.2 所示，软件名称为 AutoCAD，软件版本为 2007，当前打开的图形文件名称为 Drawing1.dwg。

图 2.1.2　标题栏

与其他 Windows 应用程序一样，AutoCAD 标题栏的最左边是一个控制按钮，单击该控制按钮，弹出其下拉菜单，如图 2.1.3 所示，该菜单中有还原、移动、最小化、最大化、关闭和下一个等命令。AutoCAD 标题栏的最右边是"最小化"、"最大化"（或"还原"）和"关闭"按钮。如果当前窗口没有处于最大化或最小化状态，用户可以单击相应的按钮，使窗口最大化或最小化。

图 2.1.3　下拉菜单

二、菜单栏

中文 AutoCAD 2007 的菜单栏由"文件""编辑""视图"等菜单组成，如图 2.1.4 所示。

图 2.1.4　菜单栏

这些菜单项几乎包含了 AutoCAD 中的所有功能和命令。单击某个菜单项，就会弹出相应的下拉菜单，部分下拉菜单还包含有子菜单，如图 2.1.5 所示为 AutoCAD 2007 的"绘图"下拉菜单。

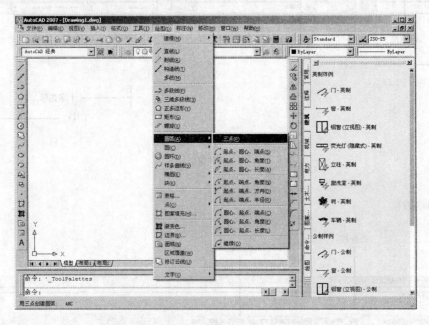

图 2.1.5　AutoCAD 2007 的"绘图"下拉菜单

在使用菜单栏中的命令时应注意以下几点：

（1）命令后跟有右三角符号■，表示该命令下还有子命令。

（2）命令后跟有快捷键，表示按下该快捷键即可执行该命令。

（3）命令后跟有组合键，表示直接按组合键即可执行该命令。

（4）命令后跟有省略号，表示选择该命令后会弹出相应的对话框。

（5）命令呈现灰色，表示该命令在当前状态下不可用。

在 AutoCAD 中还有另外一种菜单，叫做快捷菜单，在 AutoCAD 窗口的标题栏、工具栏、绘图窗口、"模型"与"布局"选项卡以及一些对话框上单击鼠标右键，就会弹出相应的快捷菜单，该菜单中的命令与 AutoCAD 的当前状态有关，如图 2.1.6 所示。使用快捷菜单可以在不必启动菜单栏的情况下快速、高效地完成某些操作。

绘图窗口中的快捷菜单　　　工具选项板中的快捷菜单

图 2.1.6　快捷菜单

三、工具栏

在工具栏中提供了执行 AutoCAD 命令的快捷方式，工具栏中的图标对应各种命令和功能，如图 2.1.7 所示。

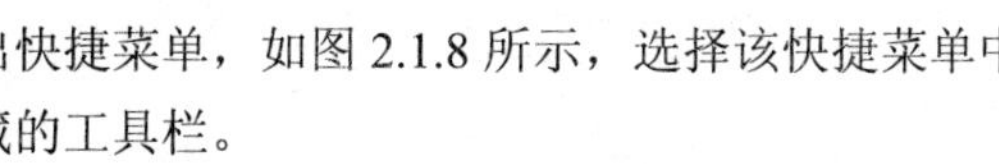

图 2.1.7　"绘图"工具栏和"修改"工具栏

单击工具栏中的按钮即可执行相应的 AutoCAD 命令。AutoCAD 2007 提供了 30 种"标准"工具栏，默认情况下只打开"标准""工作空间""绘图""绘图次序""特性""图层""修改"和"样式"八种工具栏，在任意工具栏上单击鼠标右键，即可弹出快捷菜单，如图 2.1.8 所示，选择该快捷菜单中的相应命令即可打开其他隐藏的工具栏。

除了系统提供的工具栏外，用户还可以通过选择 工具(T) → 自定义(C) → 界面(I)… 命令，在弹出的 自定义用户界面 对话框中自定义工具栏。

工具栏的状态有 3 种：浮动状态、固定状态和锁定状态，如图 2.1.9 所示。用户可以用鼠标拖动浮动或固定状态下的工具栏，使其在这两种状态下转换，还可以通过选择 窗口(W) → 锁定位置(K) 命令的子命令对工具栏进行锁定，实现浮动或固定状态与锁定状态的转换。锁定状态下无法移动工具栏的位置，这样就避免了因错误操作而移动工具栏位置的情况。

图 2.1.8　工具栏快捷菜单

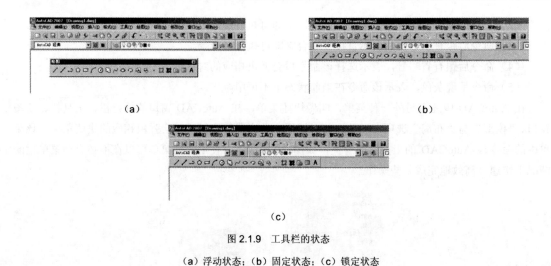

（a）　　　　　　　　　　　　　　　　　　　　　（b）

（c）

图 2.1.9　工具栏的状态

（a）浮动状态；（b）固定状态；（c）锁定状态

四、绘图窗口

绘图窗口是用户绘制图形的主要区域，所有的绘图结果都反映在这个窗口中。用户可以根据需要隐藏或关闭绘图窗口周围的选项板和工具栏来扩大绘图区域。对于 AutoCAD 的高级用户，还可以使用"专家模式"（按"Ctrl+0"键在"普通模式"和"专家模式"之间进行切换），在"专家模式"下，AutoCAD 窗口只显示菜单栏、绘图窗口、命令栏和状态栏，如图 2.1.10 所示。

在绘图窗口中有一个类似光标的十字线，称为十字光标，其交点反映了光标在当前坐标系中的位置，十字光标的方向与当前用户坐标系的 X 轴、Y 轴方向平行。绘图窗口的左下角显示了当前使用的坐标系类型以及坐标原点、X、Y、Z 轴的方向等。默认情况下，坐标系为世界坐标系（WCS）。在窗口的下方还有"模型"和"布局"选项卡，单击相应的选项卡可以在模型空间和布局空间进行切换。

图 2.1.10　绘图窗口的"专家模式"

五、命令栏

命令栏主要用于输入 AutoCAD 命令和显示 AutoCAD 的提示信息以及其他相关内容。用户可以用鼠标将命令栏拖动到绘图窗口的其他位置，使其悬浮在绘图窗口中，如图 2.1.11 所示。另外，按"F2"键可以打开 AutoCAD 文本窗口，如图 2.1.12 所示，当用户需要在命令栏中查询大量信息时，该窗口就会显得非常有用。

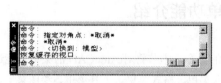

图 2.1.11 "命令行"提示窗口　　　　　图 2.1.12 AutoCAD 文本窗口

六、状态栏

状态栏在屏幕的底部，左端显示绘图区中光标定位点的坐标 X，Y，Z，在右侧依次是"捕捉""栅格""正交""极轴""对象捕捉""对象追踪""允许/禁止动态 UCS""动态输入""线宽控制"和"模型/图纸空间"开关按钮，如图 2.1.13 所示，这些按钮的功能将在后面的章节中进行介绍。

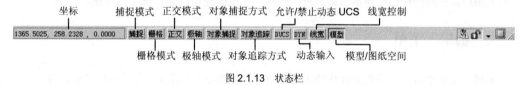

图 2.1.13 状态栏

七、AutoCAD 2007 三维界面组成

在 AutoCAD 2007 中，系统提供了两种工作空间可供用户选择，一种是"AutoCAD 经典"工作界面，另一种就是"三维建模"界面。选择 工具(T) ━━▶ 工作空间 ▶ 三维建模 命令，或在"工作空间"工具栏的下拉列表中选择 三维建模 选项，即可切换工作空间到"三维建模"界面，如图 2.1.14 所示。

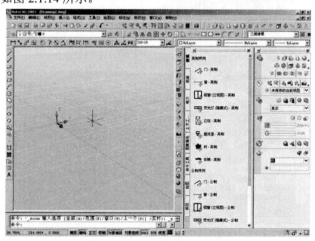

图 2.1.14 AutoCAD 2007 三维建模界面

在"三维建模"界面中，系统默认栅格以网格的形式显示，同时光标也变成了由 3 条相互垂直的直线组成的三维光标。另外，在"面板"选项板中集成了"三维制作控制台""三维导航控制台""光源控制台""视觉控制台""材质控制台"和"渲染控制台"等选项区域，从而为创建与编辑三维对象、创建动画提供了非常方便的环境。

第二节　菜单功能介绍

AutoCAD 的菜单栏包括了 AutoCAD 几乎所有的命令，本节将对 AutoCAD 的菜单功能进行详细的介绍，包括文件菜单、编辑菜单、视图菜单、插入菜单、格式菜单、工具菜单、绘图菜单、标注菜单、修改菜单、窗口菜单和帮助菜单等。

一、"文件"菜单

通过"文件"菜单，用户可以进行一些与文件相关的操作，如创建、打开、保存和关闭文件等。"文件"菜单如图 2.2.1 所示。

有关图形文件的操作已经在本书第一章中进行了详细的介绍，这里就不再赘述。

二、"编辑"菜单

"编辑"菜单中给出了编辑类操作的大部分命令，如图 2.2.2 所示。为了提高工作效率，快速执行各种编辑命令，用户可以使用表 2.1 的快捷键。

图 2.2.1　"文件"菜单　　　　图 2.2.2　"编辑"菜单

表 2.1 "编辑"菜单命令与快捷键

命 令	功 能	快捷键
放弃	放弃上一次操作	Ctrl+Z
重做	重复上一次操作	Ctrl+Y
剪切	把选定的内容复制到缓存中并删除该内容	Ctrl+X
复制	把选定的内容复制到缓存中并保留该内容	Ctrl+C
带基点复制	将复制对象粘贴到同一图形或其他图形时，使用基点能够精确定位对象	Ctrl+Shift+C
复制链接	将当前视图复制到剪贴板中以便链接到其他 OLE 应用程序	
粘贴超链接	对应于复制链接命令	
粘贴	将复制到剪贴板的对象粘贴到图形中指定的插入点	Ctrl+V
清除	清除选定的内容	Del
全选	全选整个绘图区域的内容	Ctrl+A
查找	使用名称、位置和修改日期等过滤器搜索文件	

三、"视图"菜单

"视图"菜单用于设置图形的显示、缩放、平移、动态观察、相机、漫游和飞行，以及工具栏的显示、坐标系统的显示等，如图 2.2.3 所示。

1．缩放图形

选择 视图(V) → 缩放(Z) 中的子命令，可以用不同的缩放形式缩放图形，如图 2.2.4 所示。可以通过"放大"或"缩小"命令修改视图的比例。缩放不会改变图形中对象的绝对大小，只改变视图的比例。

图 2.2.3 "视图"菜单　　图 2.2.4 "缩放"菜单子命令

使用"实时"选项，可以通过向上或向下移动鼠标进行动态缩放。单击鼠标右键，可以显示包含其他视图命令的快捷菜单。

"窗口缩放"通过指定要查看区域的两个对角，可以快速缩放某个矩形区域。

"范围缩放"使用尽可能大的、包含图形中所有对象的比例显示视图。

"全部缩放"显示用户定义的图形界限和图形范围，可以将图形中的指定点移动到绘图区域的中心。

"中心缩放"用于调整对象大小并将其移动到视口的中心，可以通过输入垂直图形单位数或相对于目前视图的放大比例指定大小。

2．平移视图

使用平移视图命令可以查看图形当前未显示的区域而不改变图形的显示比例。选择 视图(V) →

平移(P)　　　　　　▶ 中的子命令，即可执行各种平移命令，如图 2.2.5 所示。使用平移命令后，光标形状变成手形，此时单击并拖动鼠标，视图即可沿拖动的方向移动。

3. 重画、重生成和全部重生成

在绘制图形时，由于刷新频率的问题，有时会在窗口中残留一些点或线，这时使用重画、重生成或全部重生成命令即可消除这些点或线。重画是指刷新所有窗口中的显示，重生成是指在当前窗口重生成整个图形，全部重生成是指重生成图形并刷新所有视图窗口。

4. 视口

视口是显示用户模型不同视图的区域。在大型或复杂的图形中，显示不同的视图可以缩短在单一视图中缩放或平移的时间。选择 视图(V) → 视口(V)　　　　　▶ 中的子命令可以根据需要创建多个视口，如图 2.2.6 所示，在每个视口中，用户可以单独操作图形，或显示实体的不同形态，无论在哪个视口编辑图形，其余视口都会跟着变化。

图 2.2.5　"平移"菜单子命令　　　图 2.2.6　"视口"菜单子命令

四、"插入"菜单

"插入"菜单用于设置在图形中插入块、外部参照、光栅图像，以及 OLE 对象等，如图 2.2.7 所示，有关块与外部参照的操作将在第九章进行详细介绍。

五、"格式"菜单

"格式"菜单用于设置图层、颜色、线型、线宽、文字样式、标注样式、表格样式、点样式，以及多线样式等，如图 2.2.8 所示。

图 2.2.7　"插入"菜单　　　　　　图 2.2.8　"格式"菜单

有关图层的使用将在第三章中进行详细的介绍，文字样式、标注样式和表格样式将在第十章和第十一章中分别进行介绍。

六、"工具"菜单

"工具"菜单用于控制 AutoCAD 2007 中各种工具的设置，如图 2.2.9 所示。使用工具菜单中的命令，用户可以在各个工作空间进行切换，或打开各种选项板以提高工作效率，还可以在块编辑器中对块进行编辑等。

七、"绘图"菜单

"绘图"菜单用于调用各种绘图命令，如图 2.2.10 所示。绘图菜单包含了多种 AutoCAD 2007 绘制图形的命令，如绘制直线、射线、构造线、多线、多段线、三维多段线、正多边形、矩形、螺旋、圆弧、圆、圆环、样条曲线、椭圆等二维图形，使用该菜单还可以创建图案填充和面域等图形，选择 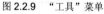 中的子命令，还可以创建各种三维模型，如图 2.2.11 所示。

图 2.2.9　"工具"菜单　　　　　图 2.2.10　"绘图"菜单　　　　　图 2.2.11　"建模"菜单子命令

八、"标注"菜单

"标注"菜单用于调用各种尺寸标注命令，并对标注的尺寸进行编辑，如图 2.2.12 所示。使用"标注"菜单可以创建线性、对齐、弧长、坐标、半径、折弯、直径、角度、基线、连续、引线、公差和圆心标记等标注，并对标注的尺寸线进行倾斜或对标注的文字位置进行调整，或对标注进行替代、更新和关联。

九、"修改"菜单

"修改"菜单用于调用各种修改命令，如图 2.2.13 所示。该菜单中包含了 AutoCAD 2007 中的多种修改命令，如删除、复制、镜像、偏移、阵列、移动、旋转、缩放、拉伸、拉长、修剪、延伸、打断、合并、倒角和圆角等，另外，使用该菜单中的"三维操作"子菜单命令和"实体编辑"子菜单命令可以对三维实体进行编辑，如图 2.2.14 和图 2.2.15 所示。

图 2.2.12　"标注"菜单　　　　图 2.2.13　"修改"菜单

图 2.2.14　"三维操作"子菜单命令　　　　图 2.2.15　"实体编辑"子菜单命令

十、"窗口"菜单

"窗口"菜单用于对 AutoCAD 的窗口进行设置，如图 2.2.16 所示。该菜单中列出了当前打开的多个绘图窗口名称，用户可以在这里进行各个绘图窗口的切换，也可以选择层叠、水平平铺或垂直平铺对打开的窗口进行调整，或关闭不需要的窗口。

十一、"帮助"菜单

"帮助"菜单用于提供有关 AutoCAD 2007 的各种帮助，如图 2.2.17 所示。用户可以在该菜单中打开 AutoCAD 2007 应用程序的帮助文件，或是打开信息选项板或新功能专题研习等。在新功能专题研习中，用户可以查看 AutoCAD 2004 到 AutoCAD 2007 所有的新增功能和使用方法。另外，使用"帮助"菜单还可以获得一些联机资源。

图 2.2.16 "窗口"菜单　　　　图 2.2.17 "帮助"菜单

第三节 坐标系统

图形中的任何对象都是基于某个坐标系而存在的，熟练掌握 AutoCAD 的坐标系统，将有利于用户控制图形的位移和显示。

一、认识坐标系

在 AutoCAD 2007 中，系统提供了两种坐标系供用户选择使用，一种是世界坐标系（WCS），另一种是用户坐标系（UCS），以下分别进行介绍。

1. 世界坐标系

世界坐标系是系统默认的坐标系，它由 3 个相互垂直的坐标轴和坐标原点组成。坐标轴分别为 X 轴、Y 轴和 Z 轴，X 轴是水平的，Y 轴是垂直的，Z 轴垂直于 XY 平面。3 个坐标轴在图形中的交点即为坐标原点。世界坐标系保持固定不变，图形中任何对象的位移量都是以坐标原点为基点进行计算的，同时规定向 3 个坐标轴正方向的测量值为正，负方向测量值为负。

2. 用户坐标系

如果用户为了更加容易地处理图形的特定部分，而移动或旋转世界坐标系，此时的坐标系即为用户坐标系。使用用户坐标系可以帮助用户在三维或旋转视图中指定点，提高绘图精度。

二、点坐标的表示方法

在 AutoCAD 2007 中，点坐标的输入方法有 4 种，分别为绝对直角坐标、相对直角坐标、绝对极坐标和相对极坐标，以下分别进行介绍。

1. 绝对直角坐标

绝对直角坐标是指以当前坐标系原点（0，0，0）为出发点定义其他点的坐标。图形中任何对象中的点在坐标系内都可以表示为（X，Y，Z）的形式，其中 X，Y，Z 表示该点的坐标值，如 A（6，8，10）。

2. 相对直角坐标

相对直角坐标是以上一个点的坐标为当前坐标系的原点来确定下一个点的坐标，其输入格式为（@X，Y，Z）。例如，上一个点的坐标是（6，8，10），如果此时输入（@4，-4，-10），则确定了点

（6+4，8-4，10-10），即（10，4，0）的坐标。

3．绝对极坐标

绝对极坐标是指通过相对于极点的距离和角度来定义坐标点。默认情况下，系统按逆时针方向测量角度，水平向右的角度为 0，垂直向上的角度为 90°，水平向左的角度为 180°，垂直向下的角度为 270°。绝对极坐标输入的格式为（L<α），其中 L 为相对于极点的距离，α 为输入点于极点之间的连线与 0 度角之间的夹角。例如，10<45，表示该点到极点的距离为 10，该点与极点之间的连线与 0 度角之间的夹角为 45°。

4．相对极坐标

相对极坐标是指以上一个点的坐标为极点来确定下一个极点坐标。相对极坐标的输入格式为（@L<α），其中 L 表示极轴的长度，α 表示角度。例如，（@100<30）表示相对于上一个点的极轴长度为 100，角度为 30°。

三、控制坐标的显示

当十字光标在绘图窗口中移动时，状态栏上将动态显示当前十字光标的坐标。在 AutoCAD 2007 中，坐标的显示与当前的模式和程序中运行的命令有关，系统将其分为以下 3 种：

（1）模式 0，"关"：在该模式下，状态栏上显示的坐标为上一个拾取点的绝对坐标。只有当用户拾取新点的坐标时，该坐标值才进行更新。

（2）模式 1，"绝对"：在该模式下，状态栏上显示的坐标为光标的绝对坐标，该坐标值随着十字光标的移动而动态更新，默认情况下，该模式为打开状态。

（3）模式 2，"相对"：在该模式下，状态栏上显示一个相对极坐标。如果当前处在拾取点状态，则系统将显示光标所在位置相对于上一个点的距离和角度。当离开拾取点状态时，系统将恢复到模式 1。

在实际绘图过程中，用户可以根据需要通过按"F6"键、"Ctrl+D"组合键或单击状态栏中的坐标显示区域，在 3 种方式之间进行切换，如图 2.3.1 所示。

-15.7844，-92.3282，0.0000	-15.7844，-92.3282，0.0000	63.4137< 0 ，0.0000
模式 0，关	模式 1，绝对	模式 2，相对

图 2.3.1　坐标的 3 种显示方式

四、创建与使用用户坐标系

在绘图过程中，灵活使用用户坐标系，可以提高绘图的速度和精度。在 AutoCAD 2007 中，用户可以创建、移动、命名和正交用户坐标系。

1．创建用户坐标系

在 AutoCAD 2007 中，执行创建用户坐标系的方法有以下两种：

（1）选择 工具(T) → 新建 UCS(W) 命令下的子命令，如图 2.3.2 所示。

（2）在命令行中输入命令 ucs 后按回车键，然后在命令行的提示下选择"新建"命令选项。

无论执行哪一种方法，都会出现许多命令选项，这些命令选项功能介绍如下：

1）指定新 UCS 的原点：选择此命令选项，通过移动当前 UCS 的原点，保持其 X，Y 和 Z 轴方向不变，从而定义新的 UCS。

图 2.3.2 "新建 UCS（W）"子菜单命令

2）Z 轴(ZA)：选择此命令选项，用特定的 Z 轴正半轴定义 UCS。

3）三点(3)：选择此命令选项，指定新 UCS 的原点及其 X 轴和 Y 轴的正方向，Z 轴由右手定则确定。

4）对象(OB)：选择此命令选项，根据选定的三维对象定义新的坐标系。根据选择对象的不同，定义的新 UCS 也不一样，具体介绍见表 2.2。

表 2.2　根据对象定义新 UCS

对　象	确定 UCS 的方法
圆弧	圆弧的圆心成为新 UCS 的原点，X 轴通过离选择点最近的圆弧端点
圆	圆的圆心成为新 UCS 的原点，X 轴通过选择点
标注	标注文字的中点成为新 UCS 的原点，新 X 轴的方向平行于当绘制该标注时生效的 UCS 的 X 轴
直线	离选择点最近的端点成为新 UCS 的原点，将设置新的 X 轴，使该直线位于新 UCS 的 XZ 平面上，在新 UCS 中，该直线的第二个端点的 Y 坐标为零
点	该点成为新 UCS 的原点
二维多段线	多段线的起点成为新 UCS 的原点，X 轴沿从起点到下一顶点的线段延伸
实体	二维实体的第一点确定新 UCS 的原点，新 X 轴沿前两点之间的连线方向
宽线	宽线的"起点"成为新 UCS 的原点，X 轴沿宽线的中心线方向
三维面	取第一点作为新 UCS 的原点，X 轴沿前两点的连线方向，Y 的正方向取自第一点和第四点，Z 轴由右手定则确定
形、文字、块参照、属性定义	该对象的插入点成为新 UCS 的原点，新 X 轴由对象绕其拉伸方向旋转定义，用于建立新 UCS 的对象在新 UCS 中的旋转角度为零

5）面(F)：选择此命令选项，将实体对象中选定面所在的平面作为 UCS 的 XY 平面。

6）视图(V)：选择此命令选项，以垂直于观察方向（平行于屏幕）的平面为 XY 平面，建立新的坐标系，UCS 原点保持不变。

7）X/Y/Z：选择此命令选项，将绕指定轴旋转当前 UCS。

2．移动用户坐标系

移动坐标系是指不改变坐标轴的方向，只移动坐标系的原点位置。在 AutoCAD 2007 中，执行移动坐标系命令的方法有以下两种：

（1）选择 工具(T) → 移动 UCS(V)... 命令。

（2）在命令行中输入命令 UCS，然后在命令行的提示下选择"移动"命令选项。

执行该命令后，命令行提示如下：

指定新原点或 [Z 向深度(Z)] <0,0,0>:

其中命令选项"Z 向深度(Z)"是指确定 UCS 原点在 Z 轴上移动的距离。在绘制图形的过程中，尤其是在绘制三维图形的过程中，灵活地移动 UCS 可以简化绘图过程。

3．命名用户坐标系

在 AutoCAD 2007 中，用户可以将当前 UCS 进行命名，以便在绘制图形的过程中重复调用。选

择 工具(T) → 命名 UCS(U)... 命令，弹出 UCS 对话框，如图 2.3.3 所示。

　　在用户坐标系下打开该对话框，如果当前用户坐标系还没有保存，则会出现一个名称为"未命名"的坐标系，在该坐标系名称上单击鼠标右键，在弹出的快捷菜单中选择 重命名(R) 命令，即可对该未命名的坐标系命名。另外还有一个名称为"世界"和一个名称为"上一个"的坐标系，这两个坐标系是系统默认的，不能删除也不能重新命名。

　　在该对话框的列表框中选择一个坐标系，然后单击 置为当前(C) 按钮，即可将选中的坐标系设置为当前坐标系。在列表框中选中一个坐标系，单击该对话框中的 详细信息(T) 按钮，弹出 UCS 详细信息 对话框，该对话框中显示了相对于在该对话框中的 相对于: 下拉列表中选择的 UCS 的原点、X 轴、Y 轴和 Z 轴的值，如图 2.3.4 所示。

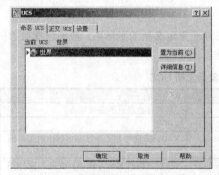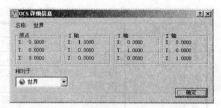

图 2.3.3 "UCS"对话框　　　　　　　　图 2.3.4 "UCS 详细信息"对话框

4. 正交用户坐标系

　　在 AutoCAD 2007 中，系统为用户提供了 6 种正交用户坐标系，分别为俯视、仰视、主视、后视、左视和右视。使用正交用户坐标系，用户可以方便地从多个角度观察图形的不同部分。

　　设置相对于 WCS 的正交 UCS 有以下 3 种方法：

　　（1）单击"视图"工具栏中的相应按钮，如图 2.3.5 所示。

　　（2）选择 工具(T) → 正交 UCS(H) ▶ 命令中的子命令，如图 2.3.6 所示。

图 2.3.5 "视图"工具栏　　　　　　　　图 2.3.6 "正交 UCS（H）"子菜单命令

　　（3）选择 工具(T) → 正交 UCS(H) ▶ → 预置(P)... 命令，在弹出的 UCS 对话框中打开 正交 UCS 选项卡，如图 2.3.7 所示，在该对话框中的 当前 UCS: 列表中选择需要使用的正交坐标系。

图 2.3.7 "正交 UCS"选项卡

第四节 设置绘图环境

一般来讲，使用 AutoCAD 2007 的默认配置就可以绘制图形，但为了使用定点设备或打印机，以及提高绘图效率，在使用 AutoCAD 之前，用户需要对绘图环境进行必要设置。

一、设置参数选项

参数选项是对 AutoCAD 的系统参数进行的设置，选择 工具(T) → 选项(N)... 命令，在弹出的 选项 对话框中即可对各项参数进行设置，如图 2.4.1 所示。

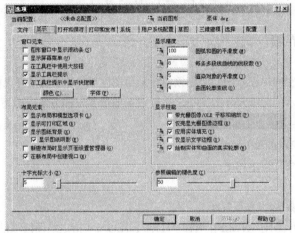

图 2.4.1 "选项"对话框

该对话框中共有 10 个选项卡，分别用于设置文件、显示、打开和保存、打印和发布、系统、用户系统配置、草图、三维建模、选择和配置等相关参数，各选项卡中的选项功能详见第一章。

二、设置图形单位

图形单位规定了在绘图过程中使用的点、线、面的单位，用户可以在绘图前对这些参数进行设置。选择 格式(O) → 单位(U)... 命令，弹出 图形单位 对话框，如图 2.4.2 所示。

图 2.4.2 "图形单位"对话框

该对话框中各选项功能介绍如下：

（1） 长度 选项组：该选项组用于设置长度的类型和精度。

（2）████角度████选项组：该选项组用于设置角度的类型和精度。

（3）████插入比例████选项组：该选项组用于设置缩放插入内容的单位。

（4）████ 方向(D)... ████按钮：单击此按钮，弹出████ 方向控制 ████对话框，如图 2.4.3 所示，该对话框用于设置零角度的方向。

图 2.4.3　"方向控制"对话框

三、设置图形界限

图形界限是在模型空间中设置的一个想象的矩形绘图区域，该区域是可见栅格指示的区域，同时也标明了绘图窗口中显示的图纸尺寸的大小，执行设置图形界限的方法有以下两种：

（1）选择████ 格式(O) ████→████ 图形界限(A) ████命令。

（2）在命令行中输入命令 limits。

执行该命令后，命令行提示如下：

命令: limits

重新设置模型空间界限:（系统提示）

指定左下角点或 [开(ON)/关(OFF)] <110.9711,-71.0139>:（指定绘图区域的左下角点坐标）

指定右上角点 <196.4040,81.2988>:（指定绘图区域的右上角点坐标）

习　题　二

一、填空题

1. 中文 AutoCAD 2007 的工作界面主要由_____、_____、_____、绘图窗口、_____、_____和_____等组成。

2. 在 AutoCAD 2007 中，系统提供了两种坐标系供用户选择使用，一种是_____，另一种是_____。

二、选择题

1. 如果要测量图形中两点间的距离，需要选择（　　）菜单中的命令。

A．文件　　　　　　　　　　　　　　B．绘图

C．修改　　　　　　　　　　　　　　D．标注

2. （　　）属于相对直角坐标表示的点。

A．（12，10，14）　　　　　　　　　B．（@ 12，10，14）

C．（60 < 30）　　　　　　　　　　　D．（@ 60 < 30）

第三章　使用与管理图层

图层是用来组织和管理图形最有效的工具之一，在 AutoCAD 中，任何图形对象都具有图层属性，掌握好图层的使用方法可以极大地提高绘图效率。

本章主要内容：

➡ 　创建和设置图层。

➡ 　管理图层。

第一节　创建和设置图层

在绘制图层之前，首先要创建不同的图层，使不同的图形对象附着在不同的图层上，并对图层的属性进行设置，以便能够方便地区分各图层对象。

一、图层的特点

图层就像一层透明的薄片，各层之间完全对齐。不同的图层可以具有相同的或不同的线型和颜色，用户可以对每一类图形创建一个图层，在该图层上创建具有相同属性的对象，这样将各个图层叠加在一起就形成了一幅完整的图形。在使用图层绘制图形时，应注意以下几个特点：

（1）在一个图形文件中，系统对创建的图层数量没有限制，每个图层上绘制的图形对象的数量也没有限制。虽然可以创建任意数量的图层，但每个图层的名称都必须唯一。默认情况下，系统会自动生成一个名称为"0"的图层。

（2）每一个图层都必须具有线型和颜色属性，用户可以为不同的图层指定相同的线型和颜色，也可以为其指定不同的线型和颜色。

（3）在绘制图形时，用户只能在当前图层上进行操作。通过"图层"工具栏可以在各个图层之间进行切换，将其他图层设置为当前图层。

（4）各图层具有相同的坐标系、绘图界限和显示时的缩放倍数。用户可以对位于不同图层上的对象同时进行编辑操作。

（5）用户可以对图层进行打开、关闭、冻结、解冻、锁定和解锁等操作，以决定该层的可见性和可操作性。

（6）利用"图层转换器"可以改变当前图形中的图层以与另一图形中的图层或标准文件中的图层相匹配。还可以使用"图层转换器"控制绘图区域中图层的可见性以及从图形中删除所有的非参照图层。

二、创建新图层

打开 图层特性管理器 对话框后，系统会自动创建一个"0"层，该图层不能被删除和重命名，但可以设置该图层的颜色、线型、线宽等属性。单击"新建图层"按钮![icon]，创建一个名为"图层 1"的图层，用户可以设置该图层的所有属性。继续单击"新建图层"按钮![icon]，依次创建名为"图层 2""图层 3"…"图层 *n*"的新图层，用户可以设置这些图层的所有属性，如图 3.1.1 所示。

图 3.1.1　设置图层属性

三、设置图层的颜色

图层的颜色是指在该图层上绘制图形对象时采用的颜色，每层都有一个相应的颜色，不同图层的颜色可以相同也可以不同。在 AutoCAD 2007 中为不同的图层设置不同的颜色，可以很方便地区分图层。单击 图层特性管理器 对话框中 颜色 列表下的小方块，弹出 选择颜色 对话框，该对话框中共有 3 个选项卡，分别为 索引颜色 、 真彩色 和 配色系统 ，如图 3.1.2~图 3.1.4 所示，这是系统的 3 种配色方法，用户可以根据不同的需要使用不同的配色方案。

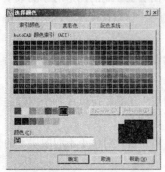　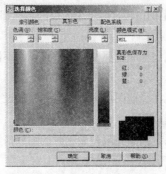　

图 3.1.2　"索引颜色"选项卡　　　图 3.1.3　"真彩色"选项卡　　　图 3.1.4　"配色系统"选项卡

四、设置图层的线型

图层的线型是指在该图层上绘制图形对象时采用的线型，每层都有一个相应的线型。不同的图层可以设置为相同的线型也可以设置为不同的线型。AutoCAD 2007 提供了标准的线型库，用户可以从中选择，也可以自定义，系统默认的线型为"CONTINUOUS"。单击 图层特性管理器 对话框中 线型 列表中的线型名称，弹出 选择线型 对话框，如图 3.1.5 所示，在该对话框中选择需要的线型；如果 选择线型 对话框中没有需要的线型，可以单击 加载(L)… 按钮，在弹出的 加载或重载线型 对话框中选择合适的线型，如图 3.1.6 所示。

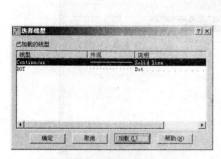

图 3.1.5　"选择线型"对话框　　　　　　　　图 3.1.6　"加载或重载线型"对话框

五、设置图层的线宽

图层的线宽是指在该图层上绘制图形对象时采用的线宽，每层都有一个相应的线宽。不同的线宽在工程图中有着不同的意义。单击 图层特性管理器 对话框 线宽 列表中的 ———默认 图标，弹出 线宽 对话框，如图 3.1.7 所示。通过该对话框，用户可以设置线宽。另外，还可以通过选择 格式(O) → 线宽(W)... 命令，在弹出的 线宽设置 对话框中设置线宽的显示和显示比例，如图 3.1.8 所示。

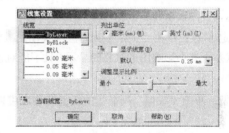

图 3.1.7　"线宽"对话框　　　　　　　　图 3.1.8　"线宽设置"对话框

第二节　管理图层

在 AutoCAD 2007 中，用户不仅可以创建图层，设置图层的颜色、线型和线宽，还可以对图层进行有效的管理。

一、设置图层特性

图层的特性是指图层的状态、名称、打开/关闭、冻结/解冻、锁定/解锁、线型、颜色、线宽、打印样式、打印和说明等特性，选择 格式(O) → 图层(L)... 命令或单击"图层"工具栏中的"图层特性管理器"按钮 ，在弹出的 图层特性管理器 对话框中可以查看和修改图层的这些特性，如图 3.2.1 所示。

图层特性功能介绍如下：

（1）状态：显示图层和过滤器的状态。

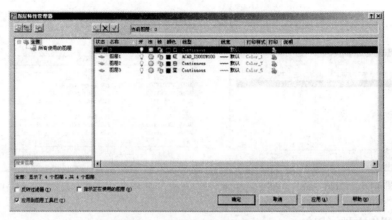

图 3.2.1　"图层特性管理器"对话框

（2）名称：图层的名称，是图层的唯一标识。默认情况下，图层的名称按图层 0、图层 1、图层2……的编号依次递增，可以根据需要为图层重新定义名称。

（3）打开/关闭：单击"开"列对应的小灯泡图标![图标]，可以打开或关闭图层。在打开状态下，灯泡的颜色为黄色，图层上的图层可以显示，也可以在输出设备上打印；在关闭状态下，灯泡的颜色为灰色，图层上的图层不能显示，也不能打印输出。

（4）冻结/解冻：单击图层"冻结"列对应的雪花![图标]或太阳![图标]图标，可以冻结或解冻图层。图层被冻结时，图层上的图形对象不能被显示、打印输出和编辑修改；图层被解冻时，图层上的图形对象能够被显示、打印输出和编辑。

（5）锁定/解锁：单击"锁定"列对应的关闭![图标]或打开![图标]小锁图标，可以锁定或解锁图层。图层在锁定状态下并不影响图形对象的显示，且不能对该图层中已有的图形对象进行编辑，但可以绘制新图形对象。

（6）线型：单击"线型"列显示的线型名称，可以使用打开的![选择线型]对话框来选择需要的线型。

（7）颜色：单击"颜色"列显示的颜色图标，可以使用打开的![选择颜色]对话框来选择需要的颜色。

（8）线宽：单击"线宽"列显示的线宽值，可以使用打开的![线宽]对话框来选择需要的线宽。

（9）打印样式：通过"打印样式"列确定各图层的打印样式，如果使用的是彩色绘图仪，则不能改变这些打印样式。

（10）打印：单击"打印"列对应的打印机图标，可以设置图层是否能够被打印，在保持图层显示可见性不变的前提下控制图形的打印特性。打印功能只对没有冻结和关闭的图层起作用。

（11）说明：单击"说明"列两次，可以为图层或组过滤器添加必要的说明信息。

二、切换当前图层

在 AutoCAD 2007 中，用户必须在当前图层中绘制图形对象，所以，在绘制图形之前，首先要将需要的图层设置为当前图层。切换当前图层的方法主要有两种：一种是在![图层特性管理器]中进行设置；另一种是通过"图层"工具栏和"特性"工具栏进行设置。

（1）选择![格式(O)] ![图层(L)…]命令，弹出![图层特性管理器]对话框，在该对话框中的图层列表中选中需要的图层后，单击该对话框中的"置为当前"按钮![图标]，即可将选中的图层切换为当前图层，在被切换为当前图层的状态列表中会出现一个 符号。

（2）通过"图层"工具栏和"对象特性"工具栏可以快速地切换图层，如图 3.2.2 所示，此时只需要选择要将其设置为当前图层的图层名称即可。

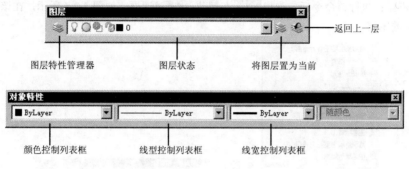

图 3.2.2　"图层"和"对象特性"工具栏

三、过滤图层

当图形中含有大量图层时，可以使用 AutoCAD 2007 改进的图层过滤功能方便用户操作图层。单击 图层特性管理器 对话框中的"新特性过滤器"按钮 ，弹出 图层过滤器特性 对话框，如图 3.2.3 所示。使用该对话框，用户可以根据图层特性创建图层过滤器。

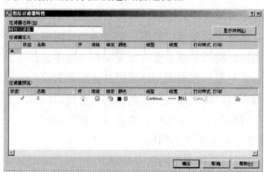

图 3.2.3　"图层过滤器特性"对话框

该对话框中各选项的功能介绍如下：

（1） 过滤器名称[N] 文本框：输入过滤器的名称。

（2） 过滤器定义：列表：该列表用于设置过滤条件。单击列表中的文本框，可以在下拉列表或对话框中设置过滤条件。用户可以设置多行列表，每一行中的条件是"与"的关系，行与行之间是"或"的关系。当指定图层名称时，可采用通配符的形式，其中"？"表示任意一个字符，"*"表示任意多个字符。

（3） 过滤器预览：列表框：列出所有符合过滤条件的图层。

四、图层工具

在 AutoCAD 2007 中，还可以通过图层工具对图层进行管理，选择 格式(O) → 图层工具(A) ▶ 中的子命令，如图 3.2.4 所示，使用这些命令可以对图层进行进一步的管理。

（1）将对象的图层置为当前图层：将选定对象所在的图层设置为当前图层，执行该命令后，在绘图窗口中选择需要设置为当前图层的对象即可。

（2）上一个图层：放弃对图层设置所做的上一个或一组更改。

（3）层漫游：执行该命令后，弹出 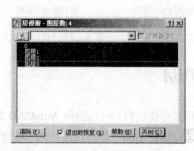 对话框，如图 3.2.5 所示，在该对话框中动态显示图形中的图层。

图 3.2.4　"图层工具"菜单子命令　　　图 3.2.5　"层漫游-图层数：4"对话框

（4）图层匹配：更改选定对象所在的图层，以使其匹配目标图层。

（5）更改为当前图层：将选定对象所在的图层更改为当前图层。

（6）将对象复制到新图层：将一个或多个对象复制到其他图层。

（7）图层隔离：隔离选定对象所在的图层以关闭其他所有图层。

（8）将图层隔离到当前视口：将对象的图层隔离到当前视口。

（9）图层取消隔离：打开使用上一个 LAYISO 命令关闭的图层。

（10）图层关闭：关闭选定对象所在的图层。

（11）打开所有图层：打开当前图形中的所有图层。

（12）图层冻结：冻结选定对象所在的图层。

（13）解冻所有图层：解冻当前图形中的所有图层。

（14）图层锁定：锁定选定对象所在的图层。

（15）图层解锁：解锁选定对象所在的图层。

（16）图层合并：将选定的图层合并到目标图层。

（17）图层删除：删除选定对象所在的图层。

五、保存与恢复图层状态

设置完图层的状态和特性后，用户还可以在 图层特性管理器 对话框中单击"图层状态管理器"按钮 ，在弹出的 图层状态管理器 对话框中管理所有图层的状态，如图 3.2.6 所示。

1. 保存图层状态

单击 图层状态管理器 对话框中的 新建(N)... 按钮，弹出 要保存的新图层状态 对话框，如图 3.2.7 所示，在该对话框中的 新图层状态名(L): 文本框中输入要保存的新图层状态名称，在 说明(D) 文本框中输入备注文字，然后单击 确定 按钮返回到 图层状态管理器 对话框，在该对话框中的 要恢复的图层设置 选项组中选中要保存的图层状态前的复选框，单击 恢复(R) 按钮即可保存 图层特性管理器 对话框中的图层特性。

 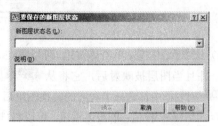

图 3.2.6 "图层状态管理器"对话框   图 3.2.7 "要保存的新图层状态"对话框

2. 恢复图层状态

改变图层的显示状态后，还可以对其进行恢复。单击 图层特性管理器 对话框中的"图层状态管理器"按钮，在弹出的 图层状态管理器 对话框中选择需要恢复的图层状态，然后单击 恢复(R) 按钮即可。

六、转换图层

使用图层转换器可以修改图形的图层，使其与用户设置的图层标准相匹配。选择 工具(T) → CAD 标准(S) → 图层转换器(L)... 命令，弹出 图层转换器 对话框，如图 3.2.8 所示。

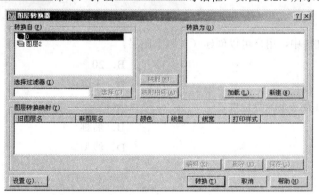

图 3.2.8 "图层转换器"对话框

该对话框中各选项功能介绍如下：

（1） 转换自(F) 列表框：显示了当前图形中即将被转换的图层结构，用户可以在列表框中选择，也可以通过 选择过滤器(I) 选择。

（2） 转换为(O) 列表框：显示将当前图层转换成其他图层的名称。单击 加载(L)... 按钮，弹出 选择图形文件 对话框，在该对话框中可以选择作为图层标准的图形文件，并将该图层结构显示在 转换为(O) 列表框中；单击 新建(N)... 按钮，弹出 新图层 对话框，如图 3.2.9 所示。在该对话框中可创建新的图层作为转换匹配图层，新建的图层也会显示在 转换为(O) 列表框中。

图 3.2.9　"新图层"对话框

（3）映射(M)按钮：单击该按钮，可以将在转换自(F)列表框中选中的图层映射到转换为(O)列表框中，并且当图层被映射后，它将从转换自(F)列表框中被删除。只有在转换自(F)列表框和转换为(O)列表框中都选择了对应的转换图层后，映射(M)按钮才可以使用。

（4）映射相同(A)按钮：单击该按钮，可以将转换自(F)列表框和转换为(O)列表框中名称相同的图层进行转换映射。

（5）转换(T)按钮：单击该按钮，开始转换图层，并关闭图层转换器对话框。

习 题 三

一、填空题

1. 不同的图层可以具有相同的_____。

2. 利用"对象特性"工具栏可以控制当前图层上选定对象的_____、_____和_____属性。

二、选择题

1. 在一个图形文件中，用户可以创建（　）个图层。

　A. 10　　　　　　　　　　　　　B. 20

　C. 30　　　　　　　　　　　　　D. 无限多

2. 每个图层都具有（　）等特性。

　A. 状态　　　　　　　　　　　　B. 名称

　C. 颜色　　　　　　　　　　　　D. 线型

第四章 绘制基本二维图形

绘制与编辑图形是 AutoCAD 的基本功能之一，AutoCAD 2007 为用户提供了多种基本二维图形的绘制命令，使用这些命令可以绘制各种二维图形。

本章主要内容：
- 绘图方法。
- 绘制点和线。
- 绘制矩形和正多边形。
- 绘制圆和圆弧。
- 绘制椭圆和椭圆弧。
- 绘制与编辑多线、多段线和样条曲线。
- 徒手画线、修订云线和区域覆盖对象。

第一节 绘图方法

在 AutoCAD 2007 中，绘制基本二维图形的方法很多，用户可以使用"绘图"菜单、"绘图"工具栏以及命令行等方法执行绘制图形命令。

一、绘图菜单

"绘图"菜单是绘制图层最基本、最常用的方法。在 AutoCAD 2007 中，"绘图"菜单包含了绝大部分绘图命令，选择"绘图"菜单中的命令或子命令就可以执行绘制图形命令，如图 4.1.1 所示。例如，要绘制一条直线，可以选择 绘图(D) → 直线(L) 命令。

二、绘图工具栏

利用"绘图"工具栏可以快速执行绘图命令。"绘图"工具栏中的图标按钮与"绘图"菜单中的绘图命令相对应，单击"绘图"工具栏中的图标按钮即可执行相应的绘图命令，如图 4.1.2 所示。默认情况下，单击"绘图"工具栏中的图标按钮，系统会以默认的方法绘制图形，但同时也可以在命令行中选择其他命令选项，以另外的方法绘制图形。例如，单击"绘图"工具栏中的"圆"按钮 ⊙，命令行提示如下：

命令: _circle

指定圆的圆心或 [三点(3P)/两点(2P)/相切、相切、半径(T)]:

如果用户需要用"三点"法来绘制圆，可以在命令行中输入 3p 后按回车键，如果需要用"相切、相切、半径"法绘制圆，可以在命令行中输入 T 后按回车键，依此类推。

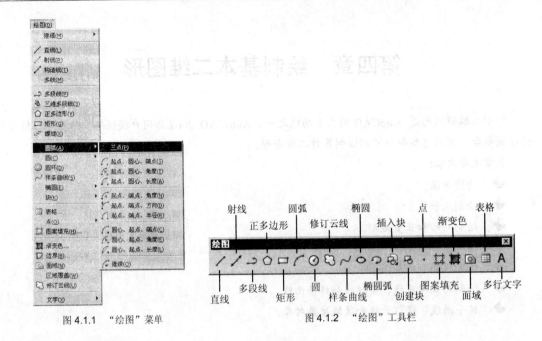

图 4.1.1　"绘图"菜单　　　　　　　图 4.1.2　"绘图"工具栏

三、屏幕菜单

在 AutoCAD 2007 中还可以通过屏幕菜单来执行绘图命令。选择 工具(T) → 选项(N)... 命令，弹出 选项 对话框，在该对话框中的 显示 选项卡中选中 ☑ 显示屏幕菜单(U) 复选框，打开屏幕菜单，如图 4.1.3 所示。选择该菜单中的子菜单. 绘制1 和 绘制2 中的命令，如图 4.1.4 所示，即可执行绘制图形命令。

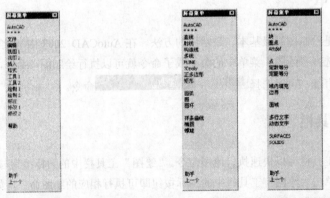

图 4.1.3　屏幕菜单　　　　　　图 4.1.4　屏幕菜单中的"绘制 1"和"绘制 2"子菜单

四、绘图命令

以上 3 种绘制图形的方法都是调用绘图命令的方式，无论采用哪种方法绘制图形，都会对应一个绘图命令。在 AutoCAD 2007 中绘制每一种图形都只有一个命令，而执行绘制图形命令的方式可以有多种。利用绘图命令绘制图形是一种快捷、准确性高的方法，尤其是在专家模式中，这种方法的优越性更为突出，但前提是用户必须熟练掌握各种绘图命令及其命令选项的使用方法。

第二节 绘 制 点

点是所有图形对象中最简单的对象，选择 格式(O) → 点样式(P)... 命令，在弹出的 点样式 对话框中可以设置点的样式和显示点标记的大小，如图4.2.1所示。

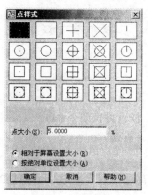

图 4.2.1 "点样式"对话框

在AutoCAD 2007中，用户可以方便地绘制单点、多点、定数等分点和定距等分点。

一、绘制单点和多点

在AutoCAD 2007中，选择 绘图(D) → 点(O) → 单点(S) 命令，然后在命令行的提示下在绘图窗口中指定单点的位置，即可绘制单点。

绘制多点是指执行一次命令后可以连续创建多个点对象。在AutoCAD 2007中，执行绘制多点命令的方法有以下3种：

（1）单击"绘图"工具栏中的"点"按钮 。

（2）选择 绘图(D) → 点(O) → 多点(P) 命令。

（3）在命令行中输入命令point。

执行绘制单点或多点命令后，用户可以通过输入坐标值或在绘图窗口中单击鼠标左键来确定点的位置。绘制单点和多点的效果如图4.2.2所示。

图 4.2.2 绘制单点和多点

二、绘制定数等分点

定数等分点是指在指定的对象上绘制等分点或在等分点处插入块。在AutoCAD 2007中，执行绘制定数等分点命令的方法有以下两种：

（1）选择 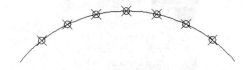 命令。

（2）在命令行中输入命令 divide。

执行以上命令后，选择要等分的对象，然后在命令行的提示下输入等分数，按回车键后即可将选中的对象分成 N 等份，即生成 N－1 个点。使用定数等分命令绘制点时，一次只能等分一个对象。如图 4.2.3 所示为定数等分的效果。

图 4.2.3　定数等分圆弧

三、绘制定距等分点

定距等分是指将对象按相同的距离进行划分。在 AutoCAD 2007 中，执行绘制定距等分命令的方法有以下两种：

（1）选择 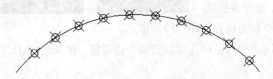 命令。

（2）在命令行中输入命令 measure。

执行以上命令后，选择要等分的对象，然后在命令行的提示下输入指定等分的距离，按回车键后即可将选中的对象按指定的距离进行等分。如图 4.2.4 所示为定距等分的效果。

图 4.2.4　定距等分圆弧

第三节　绘　制　线

线性对象是绘图过程中最常用、也是最简单的一组对象，本节主要介绍直线、射线、构造线的绘制方法。

一、绘制直线

直线是图形中最基本、最常见的实体，常用于表示图形对象的轮廓。执行绘制直线命令的方法有以下 3 种：

（1）单击"绘图"工具栏中的"直线"按钮 。

（2）选择 绘图(D)　直线(L) 命令。

（3）在命令行中输入命令 line。

执行该命令后，命令行提示如下：

命令:_line

指定第一点:（指定直线的起点）

指定下一点或 [放弃(U)]:（指定直线的终点）

指定下一点或 [放弃(U)]:（指定下一段直线的终点或按回车键结束命令）

指定下一点或 [闭合(C)/放弃(U)]:（指定下一段直线的终点或选择输入 C 按回车键使图形闭合）

例如用直线命令绘制如图 4.3.1 所示的图形，具体操作方法如下：

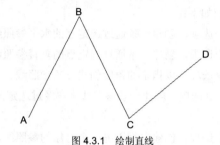

图 4.3.1　绘制直线

单击"绘图"工具栏中的"直线"按钮 ，执行绘制直线命令，命令行提示如下：

命令: _line

指定第一点:（指定如图 4.3.1 所示图形中的 A 点）

指定下一点或 [放弃(U)]:（指定如图 4.3.1 所示图形中的 B 点）

指定下一点或 [放弃(U)]:（指定如图 4.3.1 所示图形中的 C 点）

指定下一点或 [闭合(C)/放弃(U)]:（指定如图 4.3.1 所示图形中的 D 点）

指定下一点或 [闭合(C)/放弃(U)]:（按回车键结束命令）

二、绘制射线

射线是一端固定，另一端无限延伸的直线，常用做创建其他对象的参照。在 AutoCAD 2007 中，执行绘制射线命令的方法有以下两种：

（1）选择 绘图(D) → 射线(R) 命令。

（2）在命令行中输入命令 ray。

执行绘制射线命令后，命令行提示如下：

命令: _ray

指定起点:（指定射线的起点）

指定通过点:（指定射线通过的点）

指定通过点:（按回车键结束命令）

指定射线的起点后，每指定一个射线的通过点，即可绘制一条射线。

三、绘制构造线

构造线是一条向两边无限延伸的直线，没有起点和端点，常用做创建其他对象的参照。在 AutoCAD 2007 中，执行绘制构造线命令的方法有以下三种：

（1）单击"绘图"工具栏中的"构造线"按钮 。

（2）选择 绘图(D) → 构造线(T) 命令。

（3）在命令行中输入命令 xline。

执行绘制构造线命令后，命令行提示如下：

命令: _xline

指定点或 [水平(H)/垂直(V)/角度(A)/二等分(B)/偏移(O)]：（指定构造线通过的第一点）

指定通过点：（指定构造线通过的第二点）

指定通过点：（按回车键结束命令）

其中各命令选项的功能介绍如下：

（1）水平(H)：选择该命令选项，创建一条通过选定点的水平参照线。

（2）垂直(V)：选择该命令选项，创建一条通过选定点的垂直参照线。

（3）角度(A)：选择该命令选项，以指定的角度创建一条参照线。

（4）二等分(B)：选择该命令选项，创建一条参照线，它经过选定的角顶点，并且将选定的两条线之间的夹角平分。

（5）偏移(O)：选择该命令选项，创建平行于另一个对象的参照线。

第四节　绘制矩形和正多边形

矩形和正多边形是常用的平面图形，本节详细介绍这两种图形的绘制方法。

一、绘制矩形

矩形是基本二维图形中的一种重要图形对象，在 AutoCAD 2007 中，用户可以直接绘制倒角矩形、圆角矩形、有厚度的矩形等多种矩形。执行绘制矩形命令的方法有以下三种：

（1）单击"绘图"工具栏中的"矩形"按钮 □ 。

（2）选择 绘图(D) → 矩形(G) 命令。

（3）在命令行中输入命令 rectang。

执行绘制矩形命令后，命令行提示如下：

命令: _rectang

指定第一个角点或 [倒角(C)/标高(E)/圆角(F)/厚度(T)/宽度(W)]：

指定另一个角点或 [面积(A)/尺寸(D)/旋转(R)]：

其中各命令选项功能介绍如下：

（1）指定第一个角点：选择此命令选项，将指定矩形的两个角点绘制矩形，如图 4.4.1 所示。

（2）倒角(C)：选择此命令选项，绘制带倒角的矩形，如图 4.4.2 所示。

（3）标高(E)：选择此命令选项，设置矩形所在平面的高度，默认情况下矩形在 XOY 平面内，该选项用于绘制三维图形。

（4）圆角(F)：选择此命令选项，绘制带圆角的矩形，如图 4.4.3 所示。

（5）厚度(T)：选择此命令选项，设置矩形的厚度，如图 4.4.4 所示，该选项用于绘制三维图形。

（6）宽度(W)：选择此命令选项，设置矩形的线宽，如图 4.4.5 所示。

（7）面积(A)：使用面积与长度或宽度创建矩形。

（8）尺寸(D)：选择此命令选项，设置矩形的长度和宽度。

（9）旋转(R)：按指定的旋转角度创建矩形，如图 4.4.6 所示。

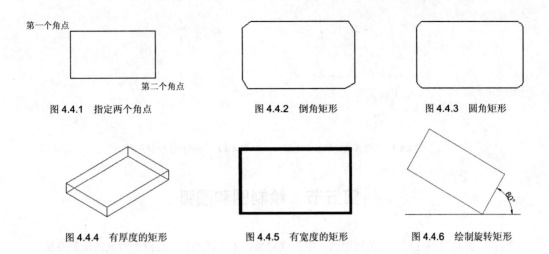

图 4.4.1　指定两个角点　　　　　图 4.4.2　倒角矩形　　　　　图 4.4.3　圆角矩形

图 4.4.4　有厚度的矩形　　　　　图 4.4.5　有宽度的矩形　　　　　图 4.4.6　绘制旋转矩形

二、绘制正多边形

正多边形在绘制平面图形时也会经常用到，在 AutoCAD 2007 中，执行绘制正多边形命令的方法有以下三种：

（1）单击"绘图"工具栏中的"正多边形"按钮 ⬠ 。

（2）选择 绘图(D) → ⬠ 正多边形(Y) 命令。

（3）在命令行中输入命令 polygon。

执行此命令后，命令行提示如下：

命令：_polygon

输入边的数目 <4>:（输入正多边形的边数或按回车键）

指定正多边形的中心点或 [边(E)]:（指定正多边形的中心点或选择其他命令选项）

输入选项 [内接于圆(I)/外切于圆(C)] <I>: I　（选择绘制正多边形的方式）

指定圆的半径:（输入圆的半径）

其中各命令选项的功能介绍如下：

（1）边(E)：选择此命令选项，通过指定第一条边的端点来定义正多边形。命令行提示如下：

指定边的第一个端点:（指定正多边形边的第一个端点）

指定边的第二个端点:（指定正多边形边的第二个端点）

（2）内接于圆(I)：选择此命令选项，在要绘制的正多边形外边会出现一个假想的虚线圆，如图 4.4.7 所示，正多边形的所有顶点都在此圆周上，指定该圆的半径后即可创建正多边形。命令行提示如下：

指定圆的半径:（输入圆的半径）

如图 4.4.7 所示为内接于圆法绘制正多边形。

（3）外切于圆(C)：选择此命令选项，在要绘制的正多边形的里边会出现一个假想的圆，如图 4.4.8 所示的虚线圆，正多边形各边切点都在此圆周上，指定该圆的半径后即可创建正多边形。命令行提示如下：

指定圆的半径:（输入圆的半径）

如图 4.4.8 所示为用外切于圆法绘制正多边形。

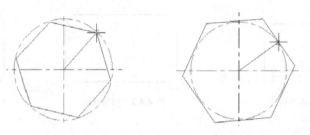

图 4.4.7　内接圆法绘制正多边形　　　　图 4.4.8　外切圆法绘制正多边形

第五节　绘制圆和圆弧

圆和圆弧是绘图过程中经常使用的一组弧线对象，本节详细介绍这两个对象的绘制方法。

一、绘制圆

在 AutoCAD 2007 中，系统提供了 6 种绘制圆的方法，单击"绘图"工具栏中的"圆"按钮 ⊘，或选择 绘图(D) → 圆(C) 中的子命令，如图 4.5.1 所示，即可执行绘制圆命令。

图 4.5.1　"圆"菜单子命令

（1）圆心、半径法绘制圆：圆心、半径法绘制圆是 AutoCAD 2007 默认的绘制圆的方法，也是最基本的绘制圆的方法。选择 绘图(D) → 圆(C) → 圆心、半径(R) 命令，命令行提示如下：

命令: _circle 指定圆的圆心或 [三点(3P)/两点(2P)/相切、相切、半径(T)]:（指定圆的圆心）

指定圆的半径或 [直径(D)] < 6.0000>:（输入圆的半径）

如图 4.5.2 所示为用圆心、半径法绘制的圆。

（2）圆心、直径法绘制圆：圆心、直径法绘制圆需要用户指定圆的圆心和直径两个值，选择 绘图(D) → 圆(C) → 圆心、直径(D) 命令，命令行提示如下：

命令: _circle 指定圆的圆心或 [三点(3P)/两点(2P)/相切、相切、半径(T)]:（指定圆的圆心）

指定圆的半径或 [直径(D)] <6.0000>: _d 指定圆的直径 < 24.0000>:（指定圆的直径）

如图 4.5.3 所示为用圆心、直径法绘制的圆。

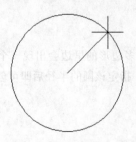 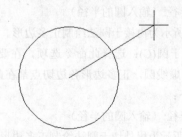

图 4.5.2　"圆心、半径"法绘制圆　　　　图 4.5.3　"圆心、直径"法绘制圆

（3）两点法绘制圆：两点法绘制圆需要确定直径的两个端点，通过确定直径的端点来确定圆的位置和大小。选择 绘图(D) → 圆(C) → 两点(2) 命令，命令行提示如下：

命令: _circle 指定圆的圆心或 [三点(3P)/两点(2P)/相切、相切、半径(T)]: _2p（系统提示）

指定圆直径的第一个端点:（指定圆直径的第一个端点）

指定圆直径的第二个端点:（指定圆直径的第二个端点）

如图 4.5.4 所示为用两点法绘制的圆。

（4）三点法绘制圆：三点法绘制圆需要确定圆周上的三个点，通过确定三个点的值来确定圆的位置和大小。选择 绘图(D) → 圆(C) → 三点(3) 命令，命令行提示如下：

命令: _circle 指定圆的圆心或 [三点(3P)/两点(2P)/相切、相切、半径(T)]: _3p（系统提示）

指定圆上的第一个点:（指定圆上的第一个点）

指定圆上的第二个点:（指定圆上的第二个点）

指定圆上的第三个点:（指定圆上的第三个点）

如图 4.5.5 所示为用三点法绘制的圆。

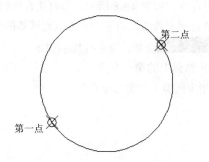
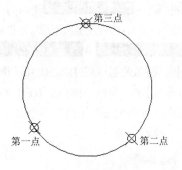

图 4.5.4 "两点"法绘制圆   图 4.5.5 "三点"法绘制圆

（5）相切、相切、半径法绘制圆：相切、相切、半径法绘制的圆是两个实体的公切圆，用这种方法绘制圆需要确定圆与两个实体的切点和圆的半径。选择 绘图(D) → 圆(C) → 相切、相切、半径(T) 命令，命令行提示如下：

命令: _circle 指定圆的圆心或 [三点(3P)/两点(2P)/相切、相切、半径(T)]: _ttr（系统提示）

指定对象与圆的第一个切点:（指定第一个切点）

指定对象与圆的第二个切点:（指定第二个切点）

指定圆的半径 <8.0000>:（指定圆的半径）

如图 4.5.6 所示为用相切、相切、半径法绘制的圆。

（6）相切、相切、相切法绘制圆：相切、相切、相切法绘制的圆是 3 个实体的公切圆，用这种方法绘制圆需要确定圆与 3 个实体的切点。选择 绘图(D) → 圆(C) → 相切、相切、相切(A) 命令，命令行提示如下：

命令: _circle 指定圆的圆心或 [三点(3P)/两点(2P)/相切、相切、半径(T)]: _3p（系统提示）

指定圆上的第一个点: _tan 到（指定圆上的第一个切点）

指定圆上的第二个点: _tan 到（指定圆上的第二个切点）

指定圆上的第三个点: _tan 到（指定圆上的第三个切点）

如图 4.5.7 所示为用相切、相切、相切法绘制的圆。

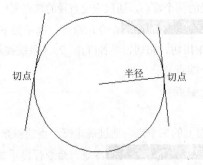

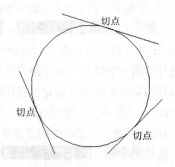

图 4.5.6　"相切、相切、半径"法绘制圆　　　　图 4.5.7　"相切、相切、相切"法绘制圆

二、绘制圆弧

在 AutoCAD 2007 中，系统提供了 11 种绘制圆弧的方法，单击"绘图"工具栏中的"圆弧"按钮 ，或选择 绘图(D) → 圆弧(A) 菜单的子命令，如图 4.5.8 所示，即可执行绘制圆弧命令。

（1）三点法绘制圆弧：三点法绘制圆弧是指通过指定圆弧上的三个点来确定圆弧的位置和长度。选择 绘图(D) → 圆弧(A) → 三点(P) 命令，命令行提示如下：

命令: _arc 指定圆弧的起点或 [圆心(C)]:（指定圆弧上的第一个点）

指定圆弧的第二个点或 [圆心(C)/端点(E)]:（指定圆弧上的第二个点）

指定圆弧的端点:（指定圆弧上的第三个点）

绘制的圆弧如图 4.5.9 所示。

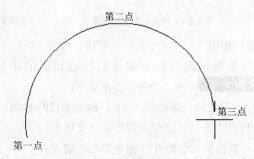

图 4.5.8　"圆弧"菜单子命令　　　　　图 4.5.9　"三点"法绘制圆弧

（2）起点、圆心、端点法绘制圆弧：此方法通过指定圆弧的起点、圆心和端点来确定圆弧的位置和长度。选择 绘图(D) → 圆弧(A) → 起点、圆心、端点(S) 命令，命令行提示如下：

命令: _arc 指定圆弧的起点或 [圆心(C)]:（指定圆弧的起点）

指定圆弧的第二个点或 [圆心(C)/端点(E)]: _c 指定圆弧的圆心:（指定圆弧的圆心）

指定圆弧的端点或 [角度(A)/弦长(L)]:（指定圆弧的端点）

绘制的圆弧如图 4.5.10 所示。

（3）起点、圆心、角度法绘制圆弧：此方法通过确定圆弧的起点、圆心和角度来确定圆弧的位置和长度。选择 绘图(D) → 圆弧(A) → 起点、圆心、角度(T) 命令，命令行提示如下：

命令: _arc 指定圆弧的起点或 [圆心(C)]:（指定圆弧的起点）

指定圆弧的第二个点或 [圆心(C)/端点(E)]: _c 指定圆弧的圆心:（指定圆弧的圆心）

指定圆弧的端点或 [角度(A)/弦长(L)]: _a 指定包含角:（指定圆弧包含的角度）

绘制的圆弧如图 4.5.11 所示。

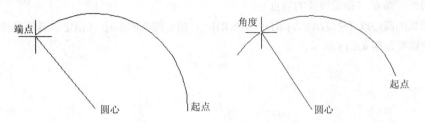

图 4.5.10　"起点、圆心、端点"法绘制圆弧　　图 4.5.11　"起点、圆心、角度"法绘制圆弧

（4）起点、圆心、长度法绘制圆弧：此方法通过确定圆弧的起点、圆心和弧长来确定圆弧的位置和长度。选择 绘图(D) ➡ 圆弧(A) ▶ 起点、圆心、长度(A) 命令，命令行提示如下：

命令: _arc 指定圆弧的起点或 [圆心(C)]:（指定圆弧的起点）

指定圆弧的第二个点或 [圆心(C)/端点(E)]: _c 指定圆弧的圆心:（指定圆弧的圆心）

指定圆弧的端点或 [角度(A)/弦长(L)]: _l 指定弦长:（指定圆弧的弧长）

绘制的圆弧如图 4.5.12 所示。

（5）起点、端点、角度法绘制圆弧：此方法通过指定圆弧的起点、端点和角度来确定圆弧的位置和长度。选择 绘图(D) ➡ 圆弧(A) ▶ 起点、端点、角度(N) 命令，命令行提示如下：

命令: _arc 指定圆弧的起点或 [圆心(C)]:（指定圆弧的起点）

指定圆弧的第二个点或 [圆心(C)/端点(E)]: _e（系统提示）

指定圆弧的端点:（指定圆弧的端点）

指定圆弧的圆心或 [角度(A)/方向(D)/半径(R)]: _a 指定包含角:（指定圆弧包含的角度）

绘制的圆弧如图 4.5.13 所示。

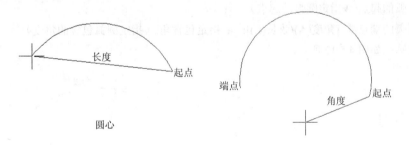

图 4.5.12　"起点、圆心、长度"法绘制圆弧　　图 4.5.13　"起点、端点、角度"法绘制圆弧

（6）起点、端点、方向法绘制圆弧：此方法通过指定圆弧的起点、端点和方向来确定圆弧的位置和长度。选择 绘图(D) ➡ 圆弧(A) ▶ 起点、端点、方向(D) 命令，命令行提示如下：

命令: _arc 指定圆弧的起点或 [圆心(C)]:（指定圆弧的起点）

指定圆弧的第二个点或 [圆心(C)/端点(E)]: _e（系统提示）

指定圆弧的端点:（指定圆弧的端点）

指定圆弧的圆心或 [角度(A)/方向(D)/半径(R)]: _d 指定圆弧的起点切向:（指定圆弧的方向）

绘制的圆弧如图 4.5.14 所示。

（7）起点、端点、半径法绘制圆弧：此方法通过指定圆弧的起点、端点和半径来确定圆弧的位置和长度。选择 绘图(D) ➡ 圆弧(A) ▶ 起点、端点、半径(R) 命令，命令行提示如下。

命令: _arc 指定圆弧的起点或 [圆心(C)]:（指定圆弧的起点）

指定圆弧的第二个点或 [圆心(C)/端点(E)]: _e（系统提示）

指定圆弧的端点:（指定圆弧的端点）

指定圆弧的圆心或 [角度(A)/方向(D)/半径(R)]: _r 指定圆弧的半径:（指定圆弧的半径）

绘制的圆弧如图 4.5.15 所示。

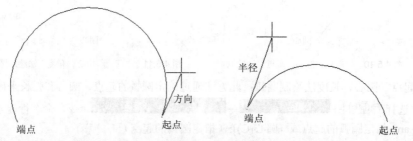

图 4.5.14　"起点、端点、方向"法绘制圆弧　　图 4.5.15　"起点、端点、半径"法绘制圆弧

（8）圆心、起点、端点法绘制圆弧：此方法通过指定圆弧的圆心、起点和端点来确定圆弧的位置和长度。选择 绘图(D) → 圆弧(A) ▶ → 圆心、起点、端点(C) 命令，命令行提示如下：

命令: _arc 指定圆弧的起点或 [圆心(C)]: _c 指定圆弧的圆心:（指定圆弧的圆心）

指定圆弧的起点:（指定圆弧的起点）

指定圆弧的端点或 [角度(A)/弦长(L)]:（指定圆弧的端点）

绘制的圆弧如图 4.5.16 所示。

（9）圆心、起点、角度法绘制圆弧：此方法通过指定圆弧的圆心、起点和角度来确定圆弧的位置和长度。选择 绘图(D) → 圆弧(A) ▶ → 圆心、起点、角度(E) 命令，命令行提示如下：

命令: _arc 指定圆弧的起点或 [圆心(C)]: _c 指定圆弧的圆心:（指定圆弧的圆心）

指定圆弧的起点:（指定圆弧的起点）

指定圆弧的端点或 [角度(A)/弦长(L)]: _a 指定包含角:（指定圆弧包含的角度）

绘制的圆弧如图 4.5.17 所示。

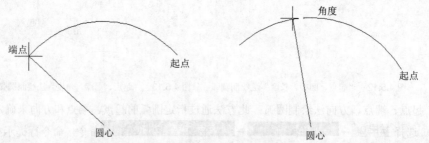

图 4.5.16　"圆心、起点、端点"法绘制圆弧　　图 4.5.17　"圆心、起点、角度"法绘制圆弧

（10）圆心、起点、长度法绘制圆弧：此方法通过指定圆弧的圆心、起点和弦长来确定圆弧的位置和长度。选择 绘图(D) → 圆弧(A) ▶ → 圆心、起点、长度(L) 命令，命令行提示如下：

命令: _arc 指定圆弧的起点或 [圆心(C)]: _c 指定圆弧的圆心:（指定圆弧的圆心）

指定圆弧的起点:（指定圆弧的起点）

指定圆弧的端点或 [角度(A)/弦长(L)]: _l 指定弦长:（指定圆弧的弦长）

绘制的圆弧如图 4.5.18 所示。

（11）继续法绘制圆弧：此命令用于衔接上一步操作，不能单独使用。

选择 绘图(D) ━━▶ 圆弧(A) ▶ 继续(O) 命令，命令行提示如下：

命令: _arc 指定圆弧的起点或 [圆心(C)]:（指定圆弧的起点）

指定圆弧的端点:（指定圆弧的端点）

绘制的圆弧如图 4.5.19 所示。

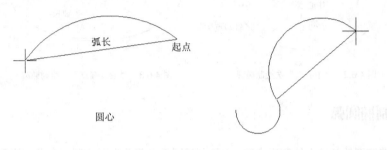

图 4.5.18 "圆心、起点、长度"法绘制圆弧　　图 4.5.19 "继续"法绘制圆弧

第六节　绘制椭圆和椭圆弧

椭圆和椭圆弧是 AutoCAD 中另外一组重要的曲线对象，本节将详细介绍这两种曲线的绘制方法。

一、绘制椭圆

在 AutoCAD 2007 中，系统提供了两种绘制椭圆的方法，单击"绘图"工具栏中的"椭圆"按钮，或选择 绘图(D) ━━▶ 椭圆(E) ▶ 菜单的子命令，如图 4.6.1 所示，即可执行绘制椭圆命令。

图 4.6.1 "椭圆"菜单子命令

（1）中心点法绘制椭圆：用这种方法绘制椭圆，是指通过指定椭圆的中心点、一条轴的端点和另一条半轴的长度来确定椭圆的位置和大小。选择 绘图(D) ━━▶ 椭圆(E) ▶ 中心点(C) 命令，命令行提示如下：

命令: _ellipse 指定椭圆的轴端点或 [圆弧(A)/中心点(C)]: _c（执行中心点法绘制椭圆命令）

指定椭圆的中心点:（指定椭圆的中心点）

指定轴的端点:（指定椭圆一条轴的端点）

指定另一条半轴长度或 [旋转(R)]:（指定椭圆另一条半轴的长度）

用该方法绘制椭圆的示意图如图 4.6.2 所示。

（2）轴、端点法绘制椭圆：用这种方法绘制椭圆，是指通过指定椭圆一条轴的两个端点和另一条半轴的长度来确定椭圆的位置和大小。选择 绘图(D) ━━▶ 椭圆(E) ▶ 轴、端点(E) 命令，命令行提示如下：

命令: _ellipse 指定椭圆的轴端点或 [圆弧(A)/中心点(C)]:（指定椭圆轴的一个端点）

指定轴的另一个端点:（指定椭圆轴的另一个端点）

指定另一条半轴长度或 [旋转(R)]:（指定椭圆的另一条半轴长度）

用该方法绘制的椭圆如图 4.6.3 所示。

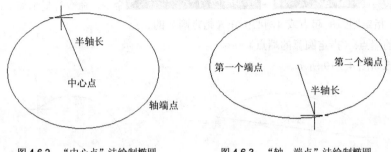

图 4.6.2　"中心点"法绘制椭圆　　　　　图 4.6.3　"轴、端点"法绘制椭圆

二、绘制椭圆弧

椭圆弧是在椭圆的基础上绘制出来的，在绘制椭圆弧之前首先要绘制一个虚拟的椭圆，然后指定椭圆弧的起点和终点。

在 AutoCAD 2007 中，单击"绘图"工具栏中的"椭圆弧"按钮 ⌒，或选择 绘图(D) →

椭圆(E) ▶ ⌒ 圆弧(A) 命令即可执行绘制椭圆弧命令，命令行提示如下：

命令: _ellipse

指定椭圆的轴端点或 [圆弧(A)/中心点(C)]: _a（系统提示）

指定椭圆弧的轴端点或 [中心点(C)]:（指定椭圆弧的轴端点）

指定轴的另一个端点:（指定椭圆弧的另一个轴端点）

指定另一条半轴长度或 [旋转(R)]:（指定另一条半轴长度）

指定起始角度或 [参数(P)]:（指定椭圆弧的起始角度）

指定终止角度或 [参数(P)/包含角度(I)]:（指定椭圆弧的终止角度）

其中部分命令选项的功能介绍如下：

（1）参数(P)：此选项是 AutoCAD 绘制椭圆弧的另一种模式。选择此项后，命令行提示如下：

指定起始参数或[角度(A)]:（指定起始参数）

指定终止参数或[角度(A)/包含角度(I)]:（指定终止参数）

使用"起始参数"选项可以从"角度"模式切换到"参数"模式。

（2）包含角度(I)：定义从起始角度开始的包含角度。选择此项后，命令行提示如下：

指定弧的包含角度<180>:（输入椭圆弧包含的角度值）

绘制的椭圆弧如图 4.6.4 所示。

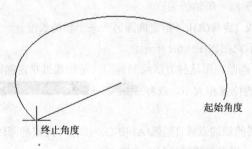

图 4.6.4　绘制椭圆弧

第七节　绘制与编辑多线

多线是由 1～16 条平行线组合而成的特殊的图形对象，多线常用来表示建筑图形中的墙体、电子线路图等平行线对象。

一、绘制多线

在 AutoCAD 2007 中，执行绘制多线命令的方法有以下两种：

（1）选择 **绘图(D)** → **多线(M)** 命令。

（2）在命令行中输入命令 mline。

执行绘制多线命令后，命令行提示如下：

命令: _mline

当前设置: 对正 = 上，比例 = 1.00，样式 = 墙线（系统提示）

指定起点或 [对正(J)/比例(S)/样式(ST)]:（指定多线的起点）

指定下一点:（指定多线的端点）

指定下一点或 [放弃(U)]:（按回车键结束命令）

其中各命令选项的功能介绍如下：

（1）对正(J)：该选项用于指定绘制多线的基准。选择该命令选项，命令行提示如下：

输入对正类型 [上(T)/无(Z)/下(B)] <上>:

系统提供了 3 种对正类型，分别为"上"、"无"和"下"，其中，"上"表示以多线上侧的线为基线，依次类推。

（2）比例(S)：该选项用于指定多线间的宽度，选择该命令选项，命令行提示："输入多线比例<20.00>"，要求用户输入平行线间的距离。输入值为零时平行线重合，值为负时多线的排列倒置。

（3）样式(ST)：该选项用于设置当前使用的多线样式。

例如，用多线命令绘制如图 4.7.1 所示的图形，具体操作如下：

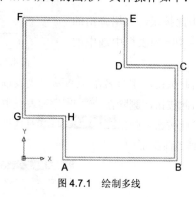

图 4.7.1　绘制多线

命令: _mline

当前设置: 对正 = 上，比例 = 20.00，样式 = STANDARD（系统提示）

指定起点或 [对正(J)/比例(S)/样式(ST)]: j（选择"对正"命令选项）

输入对正类型 [上(T)/无(Z)/下(B)] <上>: z（选择"无"命令选项）

当前设置: 对正 = 无，比例 = 20.00，样式 = STANDARD（系统提示）

指定起点或 [对正(J)/比例(S)/样式(ST)]: s（选择"比例"命令选项）

输入多线比例 <20.00>: 50（输入多线比例）

当前设置: 对正 = 无，比例 = 50.00，样式 = STANDARD（系统提示）

指定起点或 [对正(J)/比例(S)/样式(ST)]: 800,0（指定多线的起点 A）

指定下一点: 2 200,0（指定多线的下一个点 B）

指定下一点或 [放弃(U)]: 2 200,1 800（指定多线的下一个点 C）

指定下一点或 [闭合(C)/放弃(U)]: 2 000,1 800（指定多线的下一个点 D）

指定下一点或 [闭合(C)/放弃(U)]: 2 000,2 700（指定多线的下一个点 E）

指定下一点或 [闭合(C)/放弃(U)]: 0,2 700（指定多线的下一个点 F）

指定下一点或 [闭合(C)/放弃(U)]: 0,800（指定多线的下一个点 G）

指定下一点或 [闭合(C)/放弃(U)]: 800,800（指定多线的下一个点 H）

指定下一点或 [闭合(C)/放弃(U)]: c（选择"闭合"命令闭合绘制的多线）

二、创建与修改多线样式

在 AutoCAD 2007 中，用户可以根据需要创建多线样式，在多线样式中可以设置多线的线条数目和拐角方式。选择 格式(O) → 多线样式(M)... 命令或在命令行中输入命令 mlstyle，都可弹出 多线样式 对话框，如图 4.7.2 所示。

该对话框中各个选项功能介绍如下：

（1） 样式(S): 列表框：该列表框中列出了当前图形中的所有多线样式。

（2） 置为当前(U) 按钮：在 样式(S): 列表框中选中一个多线样式后，单击此按钮即可将其设置为当前样式。

（3） 新建(N)... 按钮：单击此按钮，利用弹出的创建新的多线样式 对话框创建新的多线样式，如图 4.7.3 所示。

（4） 修改(M)... 按钮：单击此按钮，利用弹出的修改多线样式: 对话框修改在 样式(S): 列表框中选中的多线样式。

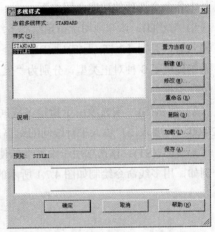

图 4.7.2 "多线样式"对话框

（5） 重命名(R) 按钮：单击此按钮，重命名在 样式(S): 列表框中选中的多线样式名称。

（6） 删除(D) 按钮：单击此按钮，删除在 样式(S): 列表框中选中的多线样式。

（7） 加载(L)... 按钮：单击此按钮，弹出 加载多线样式 对话框，如图 4.7.4 所示，可以在该对话框中选取多线样式并将其加载到当前图形中。

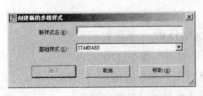

图 4.7.3 "创建新的多线样式"对话框

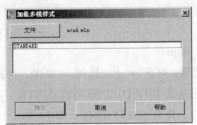

图 4.7.4 "加载多线样式"对话框

（8）保存(A) 按钮：单击此按钮，利用弹出的 保存多线样式 对话框将当前的多线样式保存为一个多线文件（*.mln）。

1．创建多线样式

在 多线样式 对话框中单击 新建(N) 按钮，弹出 创建新的多线样式 对话框，在该对话框中的新样式名(N)：文本框中输入多线样式名称，然后单击 继续 按钮，弹出 新建多线样式: STYLE1 对话框，如图4.7.5所示。

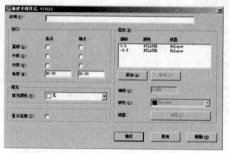

图4.7.5　"新建多线样式：STYLE1"对话框

该对话框中各选项功能介绍如下：

（1）说明(P)：文本框：该文本框用于为多线样式添加说明，最多可以输入255个字符。

（2）封口 选项组：该选项组用于控制多线起点和端点封口。多线的封口方式可以分为4种，分别为直线、外弧、内弧和角度，如图4.7.6所示，选中 起点 或 端点 对应的复选框即可设置多线的封口方式。

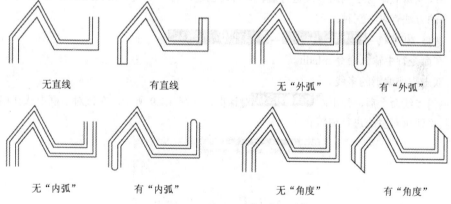

无直线　　　　有直线　　　　无"外弧"　　　　有"外弧"

无"内弧"　　　有"内弧"　　　　无"角度"　　　　有"角度"

图4.7.6　多线的封口方式

（3）填充 下拉列表：该下拉列表用于控制多线的背景填充。

（4）显示连接(J)：复选框：该复选框用于控制每条多线顶点处连接的显示，显示连接与不显示连接的效果如图4.7.7所示。

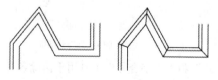

显示连接效果　　　　不显示连接效果

图4.7.7　显示连接与不显示连接的效果

（5） **图元(E)** 选项组：该选项组用于设置新的和现有的多线元素的元素特性，例如偏移、颜色和线型。

2．修改多线样式

创建多线样式后，如果需要对"多线样式"进行修改，可以在 **多线样式** 对话框中单击 **修改(M)...** 按钮，在弹出的 **修改多线样式：STYLE1** 对话框中对已经创建的多线样式进行修改，如图 4.7.8 所示。

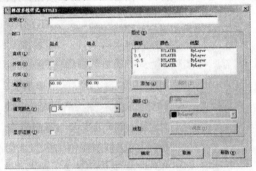

图 4.7.8　"修改多线样式：STYLE1"对话框

该对话框中各选项的功能与 **创建新的多线样式** 对话框中相同，用户可以参照创建多线样式的方法对多线样式进行修改。

三、编辑多线

利用多线编辑命令对绘制的多线进行编辑，可以创建出各种多线。在 AutoCAD 2007 中，执行编辑多线命令的方法有以下三种：

（1）选择 **修改(M)** → **对象(O)** ▶ → **多线(M)...** 命令。

（2）在命令行中输入命令 mledit。

（3）双击需要编辑的多线。

执行编辑多线命令后，弹出 **多线编辑工具** 对话框，如图 4.7.9 所示，在该对话框中选择相应的多线编辑工具，即可对多线进行编辑。

图 4.7.9　"多线编辑工具"对话框

其中"十字闭合""十字打开"和"十字合并"工具用于消除各种十字相交线，效果如图 4.7.10 所示，"T 形闭合""T 形打开""T 形合并"和"角点结合"工具用于消除各种 T 形相交线，效果如图 4.7.11 所示。

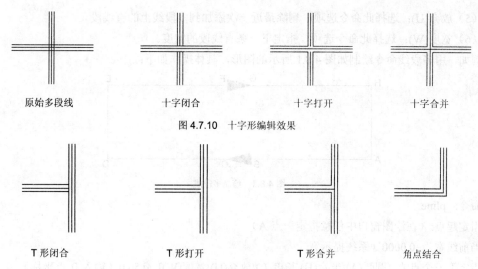

图 4.7.10 十字形编辑效果

T形闭合   T形打开   T形合并   角点结合

图 4.7.11 T形编辑效果

另外,用户还可以使用"添加顶点"和"删除顶点"工具为多线添加或删除顶点,还可以使用"单个剪切"、"全部剪切"和"全部接合"工具对多线进行剪切和接合。

第八节 绘制与编辑多段线

多段线是由直线和圆弧构成的复杂的实体对象,多段线提供单个直线所不具备的编辑功能。例如,可以调整多段线的宽度和曲率。多段线作为一个单独的实体,可以统一对其进行编辑。

一、绘制多段线

在 AutoCAD 2007 中,执行绘制多段线命令的方法有以下三种:

(1)单击"绘图"工具栏中的"多段线"按钮 。

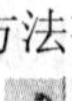

(2)选择 绘图(D) → 多段线(P) 命令。

(3)在命令行中输入命令 pline。

执行绘制多段线命令后,命令行提示如下:

命令:_pline

指定起点:(指定多段线的起点)

当前线宽为 0.0000(系统提示)

指定下一个点或 [圆弧(A)/半宽(H)/长度(L)/放弃(U)/宽度(W)]:(指定多段线的下一个端点或选择其他命令选项)

指定下一点或 [圆弧(A)/闭合(C)/半宽(H)/长度(L)/放弃(U)/宽度(W)]:(按回车键结束命令)

其中各命令选项功能介绍如下:

(1)圆弧(A):选择此命令选项,将弧线段添加到多段线中。

(2)闭合(C):选择此命令选项,绘制封闭多段线并结束命令。

(3)半宽(H):选择此命令选项,指定具有宽度的多段线的线段中心到其一边的宽度。

(4)长度(L):选择此命令选项,用于确定多段线线段的长度。

（5）放弃(U)：选择此命令选项，删除最近一次添加到多段线上的直线段。

（6）宽度(W)：选择此命令选项，指定下一条直线段的宽度。

例如，用多段线命令绘制如图 4.8.1 所示的图形，具体操作如下：

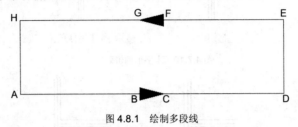

图 4.8.1　绘制多段线

命令: _pline

指定起点：（在绘图窗口中任意指定一点 A）

当前线宽为 0.0000（系统提示）

指定下一个点或 [圆弧(A)/半宽(H)/长度(L)/放弃(U)/宽度(W)]: @50,0（输入 B 点坐标）

指定下一点或 [圆弧(A)/闭合(C)/半宽(H)/长度(L)/放弃(U)/宽度(W)]:w（选择"宽度"命令选项）

指定起点宽度 <0.0000>: 5（输入多段线的起点宽度）

指定端点宽度 <5.0000>: 0（输入多段线的端点宽度）

指定下一点或 [圆弧(A)/闭合(C)/半宽(H)/长度(L)/放弃(U)/宽度(W)]: @10,0（输入 C 点坐标）

指定下一点或 [圆弧(A)/闭合(C)/半宽(H)/长度(L)/放弃(U)/宽度(W)]: @50,0（输入 D 点坐标）

指定下一点或 [圆弧(A)/闭合(C)/半宽(H)/长度(L)/放弃(U)/宽度(W)]: @0,30（输入 E 点坐标）

指定下一点或 [圆弧(A)/闭合(C)/半宽(H)/长度(L)/放弃(U)/宽度(W)]: @-50,0（输入 F 点坐标）

指定下一点或 [圆弧(A)/闭合(C)/半宽(H)/长度(L)/放弃(U)/宽度(W)]:w（选择"宽度"命令选项）

指定起点宽度 <0.0000>: 5（输入多段线起点宽度）

指定端点宽度 <5.0000>: 0（输入多段线端点宽度）

指定下一点或 [圆弧(A)/闭合(C)/半宽(H)/长度(L)/放弃(U)/宽度(W)]: @-10,0（输入 G 点坐标）

指定下一点或 [圆弧(A)/闭合(C)/半宽(H)/长度(L)/放弃(U)/宽度(W)]: @-50,0（输入 H 点坐标）

指定下一点或 [圆弧(A)/闭合(C)/半宽(H)/长度(L)/放弃(U)/宽度(W)]: c（选择"闭合"命令闭合绘制的多段线）

二、编辑多段线

在 AutoCAD 2007 中，可以一次编辑一条或多条多段线，执行编辑二维多段线命令的方法有以下两种：

（1）选择 修改(M) → 对象(O) → 多段线(P) 命令。

（2）在命令行中输入命令 pedit。

执行编辑多段线命令后，命令行提示如下：

命令: _pedit

选择多段线或 [多条(M)]:（选择要编辑的多段线）

输入选项 [闭合(C)/合并(J)/宽度(W)/编辑顶点(E)/拟合(F)/样条曲线(S)/非曲线化(D)/线型生成(L)/放弃(U)]:（选择编辑方式）

其中各命令选项的功能介绍如下：

（1）闭合(C)：创建多段线的闭合线，将首尾连接。

（2）合并(J)：选择该命令选项，在开放的多段线的尾端点添加直线、圆弧或多段线和从曲线拟合多段线中删除曲线拟合。

（3）宽度(W)：选择该命令选项，为整个多段线指定新的统一宽度。

（4）编辑顶点(E)：选择该命令选项，编辑多段线的顶点。

（5）拟合(F)：选择该命令选项，将多段线用双圆弧曲线进行拟合。

（6）样条曲线(S)：选择该命令选项，用样条曲线对多段线进行拟合，此时多段线的各个顶点作为样条曲线的控制点。

（7）非曲线化(D)：选择该命令选项，删除由拟合曲线或样条曲线插入的多余顶点，拉直多段线的所有线段。

（8）线型生成(L)：选择该命令选项，生成经过多段线顶点的连续图案线型。关闭此选项，将在每个顶点处以点画线开始和结束生成线型，该选项不能用于线宽不统一的多段线。

（9）放弃(U)：选择该命令选项，撤销上一步操作，可一直返回到编辑多段线任务的开始状态。

第九节　绘制与编辑样条曲线

样条曲线是一种高级的光滑曲线，它可以理解成经过一系列指定点的光滑曲线，也可以在指定的公差范围内把光滑的曲线拟合成一系列的点。样条曲线多用来表示机械图形的断切面及地形外貌轮廓线等。

一、绘制样条曲线

在 AutoCAD 2007 中，执行绘制样条曲线命令的方法有以下三种：

（1）单击"绘图"工具栏中的"样条曲线"按钮 。

（2）选择 绘图(D) → 样条曲线(S) 命令。

（3）在命令行中输入命令 spline。

执行绘制样条曲线命令后，命令行提示如下：

命令：_spline

指定第一个点或 [对象(O)]：（指定样条曲线的第一个点）

指定下一点：（指定样条曲线的下一点）

指定下一点或 [闭合(C)/拟合公差(F)] <起点切向>：（指定样条曲线的下一点）

指定下一点或 [闭合(C)/拟合公差(F)] <起点切向>：（按回车键结束指定）

指定起点切向：（拖动鼠标指定起点切向）

指定端点切向：（拖动鼠标指定端点切向）

其中各命令选项功能介绍如下：

（1）对象：选择此命令选项，将二维或三维的二次或三次样条拟合多段线转换成等价的样条曲线并删除多段线。

（2）闭合(C)：选择此命令选项，将最后一点定义为与第一点一致并使它在连接处相切，这样可以闭合样条曲线。

（3）拟合公差(F)：选择此命令选项，修改拟合当前样条曲线的公差。

例如，用样条曲线命令绘制如图 4.9.1 所示的断切面，具体操作如下：

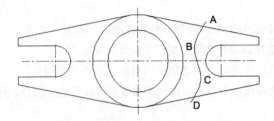

图 4.9.1　绘制断切面

命令：_spline

指定第一个点或 [对象(O)]：（捕捉 A 点）

指定下一点：（指定 B 点）

指定下一点或 [闭合(C)/拟合公差(F)] <起点切向>：（指定 C 点）

指定下一点或 [闭合(C)/拟合公差(F)] <起点切向>：（捕捉 D 点）

指定下一点或 [闭合(C)/拟合公差(F)] <起点切向>：（按回车键）

指定起点切向：（拖动鼠标到合适位置后按回车键）

指定端点切向：（拖动鼠标到合适位置后按回车键）

二、编辑样条曲线

在 AutoCAD 2007 中，用户可以使用编辑样条曲线命令对样条曲线的各种特征参数进行编辑。执行编辑样条曲线命令的方法有以下三种：

（1）单击"修改Ⅱ"工具栏中的"编辑样条曲线"按钮 。

（2）选择 修改(M) → 对象(O) → 样条曲线(S) 命令。

（3）在命令行中输入命令 splinedit。

执行编辑样条曲线命令后，命令行提示如下：

命令：_splinedit

选择样条曲线：（选择要编辑的样条曲线）

输入选项 [拟合数据(F)/闭合(C)/移动顶点(M)/精度(R)/反转(E)/放弃(U)]：（选择编辑方式）

其中各命令选项功能介绍如下：

（1）拟合数据(F)：该选项用于编辑样条曲线通过的控制点。选择此命令选项，命令行提示如下：

输入拟合数据选项[添加(A)/闭合(C)/删除(D)/移动(M)/清理(P)/相切(T)/公差(L)/退出(X)] <退出>：

其中各命令选项功能介绍如下：

1）添加(A)：该选项用于在样条曲线中增加拟合点。

2）闭合(C)：该选项用于闭合开放的样条曲线，使其在端点处切向连续（平滑）。如果选定的样条曲线是闭合的，AutoCAD 将用"打开"选项来代替"闭合"选项。

3）删除(D)：该选项用于从样条曲线中删除拟合点并且用其余点重新拟合样条曲线。

4）移动(M)：该选项用于将拟合点移动到新位置。

5）清理(P)：该选项用于从图形数据库中删除样条曲线的拟合数据。

6）相切(T)：该选项用于编辑样条曲线的起点和端点切向。

　　7）公差(L)：该选项用于使用新的公差值将样条曲线重新拟合至现有点。

　　8）退出(X)：该选项用于返回到编辑样条曲线的主提示。

　　（2）闭合(C)：该选项用于用光滑的曲线闭合样条曲线。

　　（3）移动顶点(M)：该选项用于移动样条曲线的顶点以改变样条曲线的形状。选择此命令选项，命令行提示如下：

　　指定新位置或 [下一个(N)/上一个(P)/选择点(S)/退出(X)] <下一个>:

　　其中各命令选项功能介绍如下：

　　1）新位置：该选项用于将选定点移动到指定的新位置。

　　2）下一个(N)：该选项用于将选定点移动到下一点。

　　3）上一个(P)：该选项用于将选定点移回前一点。

　　4）选择点(S)：该选项用于从控制点集中选择点。

　　5）退出(X)：该选项用于返回到编辑样条曲线的主提示。

　　（4）精度(R)：该选项用于对样条曲线进行更精确的编辑。选择此命令选项，命令行提示如下：

　　输入精度选项 [添加控制点(A)/提高阶数(E)/权值(W)/退出(X)] <退出>:

　　其中各命令选项功能介绍如下：

　　1）精度：该选项用于输入数值精确调整样条曲线。

　　2）添加控制点(A)：该选项用于增加控制部分样条的控制点数。

　　3）提高阶数(E)：该选项用于增加样条曲线上控制点的数目。

　　4）权值(W)：该选项用于修改不同样条曲线控制点的权值。较大的权值将样条曲线拉近控制点。

　　5）退出(X)：该选项用于返回到编辑样条曲线的主提示。

　　（5）反转(E)：该选项用于反转样条曲线的方向。

　　（6）放弃(U)：该选项用于取消上次对样条曲线的编辑。

第十节　徒手画线

　　在 AutoCAD 2007 中，用户可以使用徒手画线命令（sketch）绘制一些不规则的图形。徒手绘制对于创建不规则边界或使用数字化仪追踪非常有用。用 sketch 命令绘制的图形是一些线段的组合，这些线段的长度通过记录增量来控制。在命令行中输入命令 sketch，按回车键后，命令行提示如下：

　　命令: sketch

　　记录增量 <0.6345>:（指定增量的长度）

　　徒手画. 画笔(P)/退出(X)/结束(Q)/记录(R)/删除(E)/连接(C)（指定画线的起点）

　　<笔落>（拖动鼠标绘制图形）

　　<笔提>（按回车键结束命令）

　　已记录 2 条直线（系统提示）

　　其中各命令选项功能介绍如下：

　　（1）画笔(P)：选择该命令选项，提笔和落笔。在用定点设备选取菜单项前必须提笔。

　　（2）退出(X)：选择该命令选项，记录及报告临时徒手画线段数并结束命令。

　　（3）结束(Q)：选择该命令选项，放弃从开始调用 sketch 命令或上一次使用"记录"选项时所有临时的徒手画线段，并结束命令。

（4）记录(R)：选择该命令选项，永久记录临时线段且不改变画笔的位置。

（5）删除(E)：删除临时线段的所有部分，如果画笔已落下则提起画笔。

（6）连接(C)：选择该命令选项，落笔继续从上次所画线段的端点或上次删除线段的端点开始画线。

如图 4.10.1 所示为用徒手画线命令绘制的图形。

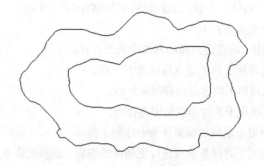

图 4.10.1　徒手绘制图形

第十一节　修订云线

修订云线是由连续圆弧组成的多段线，可在检查或用线条标注图形时使用。在 AutoCAD 2007 中，执行绘制修订云线命令的方法有以下三种：

（1）单击"绘图"工具栏中的"修订云线"按钮 。

（2）选择 绘图(D) → 修订云线(U) 命令。

（3）在命令行中输入命令 revcloud。

执行此命令后，命令行提示如下：

命令: _revcloud

最小弧长: 12　　最大弧长: 12　　样式: 普通（系统提示）

指定起点或 [弧长(A)/对象(O)/样式(S)] <对象>：（指定修订云线的起点）

沿云线路径引导十字光标...（拖动鼠标绘制修订云线）

修订云线完成（系统提示）

其中各命令选项功能介绍如下：

（1）弧长(A)：指定云线中弧线的长度。系统规定最大弧长不能大于最小弧长的三倍。选择此命令选项后，命令行提示如下：

指定最小弧长 <0.5000>：（指定最小弧长的值）

指定最大弧长 <0.5000>：（指定最大弧长的值）

沿云线路径引导十字光标...（系统提示）

修订云线完成（系统提示）

（2）对象(O)：指定要转换为云线的对象。选择此命令选项后，命令行提示如下：

选择对象：（选择要转换为修订云线的闭合对象）

反转方向 [是(Y)/否(N)]：（输入 Y 以反转修订云线中的弧线方向，或按回车键保留弧线的原样）

修订云线完成（系统提示）

（3）样式(S)：指定修订云线的样式。选择此命令选项后，命令行提示如下：

选择圆弧样式 [普通(N)/手绘(C)] <默认/上一个>:（选择修订云线的样式）

当拖动鼠标绘制修订云线时，一旦形成闭合区域，绘制修订云线命令即结束，如图 4.11.1 所示。

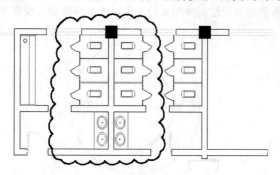

图 4.11.1 绘制修订云线

第十二节 绘制区域覆盖对象

区域覆盖对象是一块多边形区域，它由一系列点指定的多边形区域组成，使用区域覆盖对象可以使用当前背景色屏蔽底层的对象。在 AutoCAD 2007 中，执行区域覆盖对象命令的方法有以下两种：

（1）选择 绘图(D) → 区域覆盖(W) 命令。

（2）在命令行中输入命令 wipeout。

执行该命令后，命令行提示如下：

命令: _wipeout

指定第一点或 [边框(F)/多段线(P)] <多段线>:

其中各命令选项功能介绍如下：

（1）第一点：选择该命令选项，通过指定构成多段线的端点来确定区域覆盖。

（2）边框(F)：选择该命令选项，确定是否显示所有区域覆盖对象的边。

（3）多段线(P)：选择该命令选项，根据选定的多段线确定区域覆盖对象的多边形边界。

如图 4.12.1 所示为区域覆盖对象的效果。

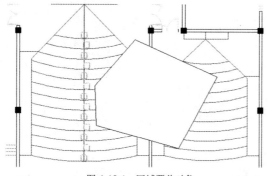

图 4.12.1 区域覆盖对象

第十三节　绘制平面图形

本节综合运用本章所学的知识绘制如图 4.13.1 所示的平面图形，操作步骤如下：

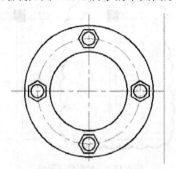

图　4.13.1

（1）单击"图层"工具栏中的"图层特性管理器"按钮 ，在弹出的 图层特性管理器 对话框中新建"轮廓层"和"轴线层"两个新图层，参数设置如图 4.13.2 所示。

图　4.13.2

（2）设置"轴线层"为当前图层，单击"绘图"工具栏中的"直线"按钮 ，在绘图窗口中绘制两条相互垂直的直线，效果如图 4.13.3 所示。

（3）单击"绘图"工具栏中的"圆"按钮 ，以绘制的辅助线的交点为圆心，绘制半径为 40 的圆，效果如图 4.13.4 所示。

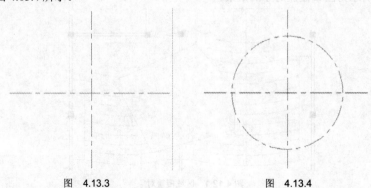

图　4.13.3　　　　　　　　　　　　图　4.13.4

（4）切换"轮廓层"为当前图层，继续执行绘制圆命令，仍然以辅助线交点为圆心，分别绘制半径为 30 和 50 的两个圆，效果如图 4.13.5 所示。

（5）单击"绘图"工具栏中的"正多边形"按钮 ，以半径为 40 的圆与辅助线的交点为圆心，分别绘制 4 个外接圆半径为 8 的正六边形，效果如图 4.13.6 所示。

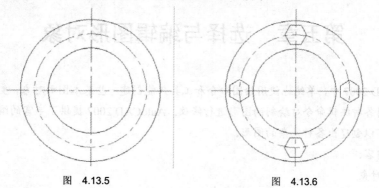

图　4.13.5　　　　　　　　　　图　4.13.6

（6）再次执行绘制圆命令，分别以半径为 30 的圆与辅助线的交点为圆心，绘制 4 个半径为 5 的圆，效果如图 4.13.1 所示。

习 题 四

一、填空题

1. AutoCAD 2007 中提供了六种绘制圆的方法，分别为_____法，圆心、直径法，_____法，_____法，_____法，_____法和相切、相切、相切法。

2. 多线是由_____条平行线组合而成的特殊图形对象，多线常用来表示建筑图形中的墙体。

二、选择题

1. 在 AutoCAD 2007 中，系统提供了（　　）种绘制圆弧的方法。

　　A．9　　　　　　　　　　　　　　B．10

　　C．11　　　　　　　　　　　　　D．12

2. （　　）命令是执行绘制矩形的命令。

　　A．line　　　　　　　　　　　　B．circle

　　C．rectang　　　　　　　　　　D．ellipse

三、上机操作

绘制如题图 4.1 所示的图形。

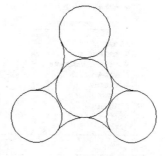

题图　4.1

第五章　选择与编辑图形对象

在 AutoCAD 2007 中，单纯地使用绘图命令和工具只能创建一些基本图形对象，要绘制复杂的图形，就必须使用各种编辑命令对绘制的图形进行修改。AutoCAD 2007 提供了丰富的编辑工具，使用这些编辑工具可以创建出各种复杂的图形。

本章主要内容：

- ➥ 选择对象。
- ➥ 删除、移动、旋转和对齐对象。
- ➥ 复制、阵列、偏移和镜像对象。
- ➥ 修改对象的形状和大小。
- ➥ 倒角、圆角和打断。
- ➥ 使用夹点编辑对象。
- ➥ 编辑对象特性。

第一节　选择对象

在 AutoCAD 中，选择对象的方法有很多种，可以根据不同的需要使用不同的方法来选择对象，被选中的对象会以虚线亮显，从而构成选择集。

一、设置对象的选择模式

用户可以通过选择 工具(T) → 选项(N)... 命令，在弹出的 选项 对话框中打开 选择 选项卡，在该选项卡中设置选择的模式，如图 5.1.1 所示。

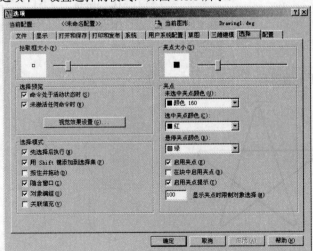

图 5.1.1　"选择"选项卡

二、选择对象的方法

在 AutoCAD 2007 中，选择对象的方法有很多种，用户可以通过鼠标点取的方法逐个选择对象，或用矩形窗口和交叉窗口选择多个对象，也可以选择图形中的所有对象。

在编辑对象时，如果命令行提示"选择对象"，此时输入"？"按回车键，命令行提示如下：

需要点或窗口(W)/上一个(L)/窗交(C)/框(BOX)/全部(ALL)/栏选(F)/圈围(WP)/圈交(CP)/编组(G)/添加(A)/删除(R)/多个(M)/前一个(P)/放弃(U)/自动(AU)/单个(SI) 选择对象：

其中各命令选项的功能介绍如下：

（1）窗口(W)：选择矩形框中的所有对象。拖动鼠标从左到右指定角点创建窗口选择，如图 5.1.2 所示，拖动鼠标从右到左指定角点则创建窗交选择。

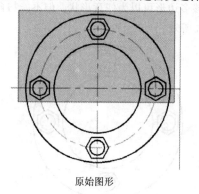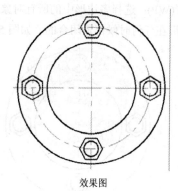

原始图形 效果图

图 5.1.2 "窗口"选择对象

（2）上一个(L)：选择最近一次创建的可见对象。

（3）窗交(C)：选择区域框内部或与之相交的所有对象。窗交显示的方框为虚线或高亮度方框，这与窗口选择框不同。拖动鼠标从左到右指定角点创建窗交选择，如图 5.1.3 所示。拖动鼠标从右到左指定角点则创建窗口选择。

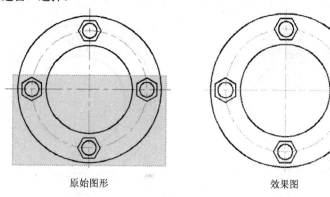

原始图形 效果图

图 5.1.3 "窗交"选择对象

（4）框(BOX)：选择矩形框内部或与之相交的所有对象。如果矩形的点是从右至左指定的，框选与窗交等价。否则，框选与窗口选择效果相同。

（5）全部(ALL)：选择解冻的图层上的所有对象。

（6）栏选(F)：选择与选择栏相交的所有对象。栏选方法与圈交方法相似，只是栏选不闭合，并且栏选线可以相交，如图 5.1.4 所示。

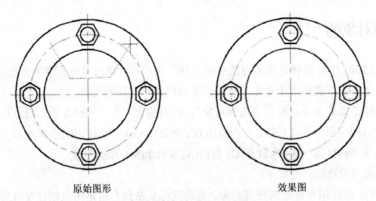

原始图形　　　　　　　　　　　效果图

图 5.1.4　"栏选"选择对象

（7）圈围(WP)：选择多边形中的所有对象。该多边形可以为任意形状，但不能与自身相交或相切，且该多边形在任何时候都是闭合的，如图 5.1.5 所示。

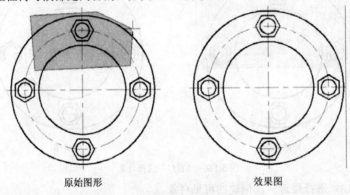

原始图形　　　　　　　　　　　效果图

图 5.1.5　"圈围"选择对象

（8）圈交(CP)：选择多边形（通过在待选对象周围指定点来定义）内部或与之相交的所有对象。该多边形可以为任意形状，但不能与自身相交或相切，且该多边形在任何时候都是闭合的，如图 5.1.6 所示。

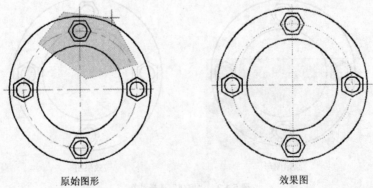

原始图形　　　　　　　　　　　效果图

图 5.1.6　"圈交"选择对象

（9）编组(G)：选择指定组中的全部对象。

（10）添加(A)：切换到"添加"模式，可以使用任何对象选择方法将选定对象添加到选择集。"自动"和"添加"为默认模式。

（11）删除(R)：切换到"删除"模式，可以使用任何对象选择方法从当前选择集中删除对象。"删除"模式的替换模式是在选择单个对象时按住"Shift"键，或者使用"自动"选项。

（12）多个(M)：指定多次选择而不高亮显示对象，从而加快对复杂对象的选择过程。如果两次指定相交对象的交点，"多个"也将选中这两个相交对象。

（13）前一个(P)：选择最近创建的选择集。

（14）放弃(U)：放弃选择最近添加到选择集中的对象。

（15）自动(AU)：切换到"自动"模式，指向一个对象即可选择该对象。指向对象内部或外部的空白区，将形成框选方法定义的选择框的第一个角点。

（16）单个(SI)：切换到"单个"模式，选择指定的第一个或第一组对象而不继续提示进一步选择对象。

三、快速选择

在 AutoCAD 2007 中，可以通过快速选择来选择多个具有相同属性的对象来构建选择集。执行快速选择命令的方法有以下 4 种：

（1）选择 工具(T) → 快速选择(K)... 命令。

（2）在命令行中输入命令 qselect。

（3）在绘图窗口中单击鼠标右键，在弹出的快捷菜单中选择 快速选择(Q)... 命令。

（4）选择 工具(T) → 特性(P) CTRL+1 命令，在打开的 特性 面板中单击"快速选择"按钮 。

执行该命令后，弹出 快速选择 对话框，如图 5.1.7 所示。在该对话框中设置选择条件后即可快速创建选择集。

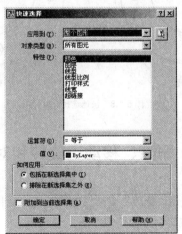

图 5.1.7 "快速选择"对话框

该对话框中各选项的含义如下：

（1）应用到(Y): 下拉列表框：单击该下拉列表框右边的下三角按钮 ，可在弹出的下拉列表中选择过滤条件应用的范围。

（2）对象类型(B): 下拉列表框：单击该下拉列表框右边的下三角按钮 ，在弹出的下拉列表中选择包含在过滤条件中的对象类型。

（3）特性(P): 列表：在该列表中选择对象的特性，指定过滤器的对象特性。

（4）运算符(U): 下拉列表框：单击该下拉列表框右边的下三角按钮 ，在弹出的下拉列表中选择控制过滤的范围，包括"等于""不等于""大于""小于"和"*通配符匹配"5 个选项。

（5） 值(V) ：下拉列表框：单击该下拉列表框右边的下三角按钮 ▼，在弹出的下拉列表中选择指定过滤器的特性值。

（6） 如何应用 ：选项组：指定将符合给定过滤条件的对象包括在新选择集之内还是排除在新选择集之外。选中 ⊙ 包括在新选择集中(I) 单选按钮，将创建其中只包含符合过滤条件的对象的新选择集；选中 ⊙ 排除在新选择集之外(E) 单选按钮，将创建其中只包含不符合过滤条件的对象的新选择集。

（7） ☑ 附加到当前选择集(A) 复选框：选中此复选框，将快速选择命令创建的选择集附加到当前选择集。

例如，可以用快速选择法选择如图 5.1.8 所示图形中的所有粗线图层上的圆，具体操作如下：

（1）选择 工具(T) → 快速选择(K)... 命令，弹出 快速选择 对话框。

（2）在该对话框中的 应用到(Y) ：下拉列表框中选择"整个图形"选项，在 对象类型(B) ：下拉列表框中选择"圆"选项。

（3）在 特性(P) 列表框中选择"图层"选项，在 运算符(O) ：下拉列表框中选择"＝"选项，在 值(V) ：下拉列表框中选择"0"选项。

（4）在 如何应用 ：选项组中选中 ⊙ 包括在新选择集中(I) 单选按钮，最后单击 确定 按钮即可选中所有需要的圆，效果如图 5.1.8 所示。

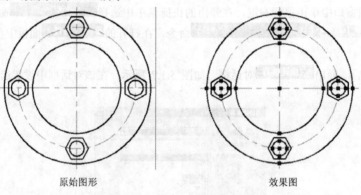

原始图形　　　　　　　　　　　　　　　　效果图

图 5.1.8　快速选择对象

第二节　删除、移动、旋转和对齐对象

在 AutoCAD 2007 中，可以使用"修改"工具栏中的工具对图形对象进行删除、移动、旋转和对齐操作，本节将详细介绍这几种编辑命令的使用方法。

一、删除对象

在绘制图形时，有时因为误操作需要将已经绘制的图形删除，此时可以使用 AutoCAD 中的删除命令。执行删除命令的方法有以下 3 种：

（1）单击"修改"工具栏中的"删除"按钮 。

（2）选择 修改(M) → ✐ 删除(E) 命令。

（3）在命令行中输入命令 erase。

执行此命令后，命令行提示如下：

命令：_erase

选择对象：（选择要删除的对象）

选择对象：（按回车键结束命令）

另外，选中要删除的图形对象后，按"Delete"键也可以删除对象。

二、移动对象

在 AutoCAD 2007 中，使用移动命令可以将选中的对象移动到指定的位置，而不改变对象的形状和大小。执行移动命令的方法有以下 3 种：

（1）单击"修改"工具栏中的"移动"按钮 ✛。

（2）选择 修改(M) ━━▶ 移动(V) 命令。

（3）在命令行中输入命令 move。

执行移动命令后，命令行提示如下：

命令：_move（执行移动命令）

选择对象：（选择要移动的对象）

选择对象：（按回车键结束对象选择）

指定基点或 [位移(D)] <位移>：（指定移动对象的基点）

指定第二个点或 <使用第一个点作为位移>：（指定移动对象的目标点）

例如，用移动命令移动如图 5.2.1 左图所示的圆，效果如图 5.2.1 右图所示，具体操作如下：

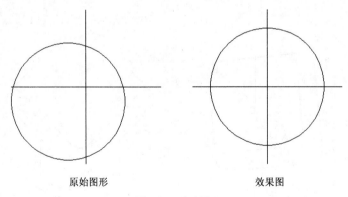

原始图形　　　　　　　　　　　　　　效果图

图 5.2.1　移动图形

命令：_move

选择对象：（选中如图 5.2.1 所示图形中的圆）

选择对象：（按回车键结束对象选择）

指定基点或 [位移(D)] <位移>：（捕捉如图圆的圆心）

指定第二个点或 <使用第一个点作为位移>：（捕捉如图直线的交点）

三、旋转对象

在 AutoCAD 2007 中，使用旋转命令可以将选中的图形对象绕基点旋转指定的角度。执行旋转命令的方法有以下 3 种：

（1）单击"修改"工具栏中的"旋转"按钮 。

（2）选择 修改(M) → 旋转(R) 命令。

（3）在命令行中输入命令 rotate。

执行旋转命令后，命令行提示如下：

命令: _rotate

UCS 当前的正角方向： ANGDIR=逆时针　ANGBASE=0（系统提示）

选择对象:（选择要旋转的对象）

选择对象:（按回车键结束对象选择）

指定基点:（捕捉对象的旋转基点）

指定旋转角度，或 [复制(C)/参照(R)] <0>:（指定旋转角度）

其中各命令选项的功能介绍如下：

（1）复制(C):选择此命令选项，在旋转对象的同时以原对象为样本复制对象。

（2）参照(R):选择此命令选项，在图形中指定参照角度，以新角度旋转对象，命令行提示如下：

指定旋转角度，或 [复制(C)/参照(R)] <30>: r（选择"参照"命令选项）

指定参照角 <30>:（指定参照角的第一点）

指定第二点:（指定参照角的第二点）

指定新角度或 [点(P)] <60>:（拖动鼠标指定新角度）

例如，用旋转命令旋转如图 5.2.2 左图所示的图形，旋转后的效果如图 5.2.2 右图所示，具体操作如下：

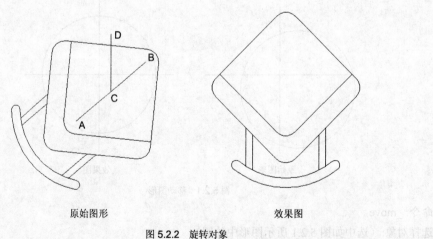

原始图形　　　　　　　　　　　　效果图

图 5.2.2　旋转对象

单击"直线"工具栏中的"直线"按钮 ，用直线连接如图 5.2.2 左图所示图形中圆弧的圆心 A 点和 B 点，然后再以绘制直线的中点为起点，绘制一条垂直的直线，如图 5.2.2 左图所示。

单击"修改"工具栏中的"旋转"按钮 ，执行旋转命令，命令行提示如下：

命令: _rotate

UCS 当前的正角方向： ANGDIR=逆时针　ANGBASE=0（系统提示）

选择对象:（指定捕捉窗口的第一个角点）

指定对角点: 找到 17 个（用捕捉窗口框选择如图 5.2.2 左图所示的图形）

选择对象:（按回车键结束对象选择）

指定基点:（捕捉直线 AB 的中点 C）

指定旋转角度，或 [复制(C)/参照(R)] <0>:R（选择"参照"命令选项）

指定参照角 <128>:（捕捉 C 点）

指定第二点:（捕捉 B 点）

指定新角度或 [点(P)] <0>:（捕捉 D 点）

四、对齐对象

在 AutoCAD 2007 中，使用对齐命令可以使选中的二维对象或三维对象与其他对象对齐。选择

修改(M) → 三维操作(3) → 对齐(L) 命令即可执行对齐命令。

在对齐对象时，可以使用一对、两对或三对对齐点（源点和目标点）来对齐选中的对象，使用对齐点的个数不同，操作的过程也不相同。

如果使用一对原点和对齐点，命令行提示如下：

命令: _align

选择对象:（选择要对齐的对象）

选择对象:（按回车键结束对象选择）

指定第一个源点:（指定第一个源点）

指定第一个目标点:（指定第一个目标点）

指定第二个源点:（按回车键结束命令）

如图 5.2.3 所示为使用一对对齐点对齐对象的效果。

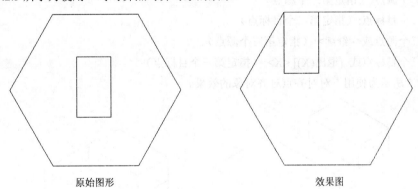

原始图形　　　　　　　　　　　　　　　　　　　　　　效果图

图 5.2.3　使用一对对齐点对齐对象

如果使用两对对齐点，命令行提示如下：

命令: _align

选择对象:（选择要对齐的对象）

选择对象:（按回车键结束对象选择）

指定第一个源点:（指定第一个源点）

指定第一个目标点:（指定第一个目标点）

指定第二个源点:（指定第二个源点）

指定第二个目标点:（指定第二个目标点）

指定第三个源点或 <继续>:（按回车键）

是否基于对齐点缩放对象？[是(Y)/否(N)] <否>:（选择是否缩放对象）

如果不使用缩放，则对齐后的效果与使用一对对齐点的效果相同。如图 5.2.4 所示为使用两对对齐点对齐对象的效果。

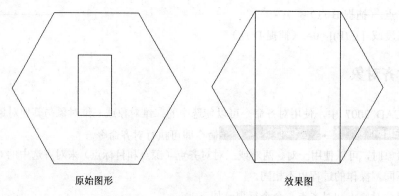

原始图形　　　　　　　　　　　　效果图

图 5.2.4　使用两对对齐点对齐对象

如果使用三对对齐点，命令行提示如下：

命令:_align

选择对象:（选择要对齐的对象）

选择对象:（按回车键结束对象选择）

指定第一个源点:（指定第一个源点）

指定第一个目标点:（指定第一个目标点）

指定第二个源点:（指定第二个源点）

指定第二个目标点:（指定第二个目标点）

指定第三个源点或 <继续>:（指定第三个源点）

指定第三个目标点或 [退出(X)] <X>:（指定第三个目标点）

如图 5.2.5 所示为使用三对对齐点对齐对象的效果。

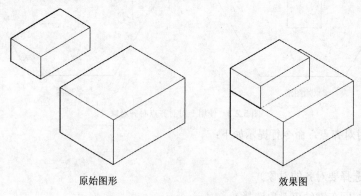

原始图形　　　　　　　　　　　　效果图

图 5.2.5　使用三对对齐点对齐对象

第三节　复制、阵列、偏移和镜像对象

在 AutouCAD 2007 中，可以使用"修改"工具栏中的工具对图形对象进行复制、阵列、偏移和

镜像操作，从而创建与原对象相同或相似的图形，本节将详细介绍这些工具的使用方法。

一、复制对象

在 AutoCAD 2007 中，使用复制命令可以创建与原对象相同的图形对象。执行复制命令的方法有以下 3 种：

（1）单击"修改"工具栏中的"复制"按钮 。

（2）选择 修改(M) → 复制(Y) 命令。

（3）在命令行中输入命令 copy。

执行以上命令后，命令行提示如下：

命令: _copy

选择对象:（选择要复制的对象）

选择对象:（按回车键结束对象选择）

指定基点或 [位移(D)] <位移>:（指定复制对象的基点）

指定第二个点或 <使用第一个点作为位移>:（指定复制对象的目标点）

指定第二个点或[退出(E)/放弃(U)]<退出>:（按回车键结束命令）

使用复制命令复制对象时，还可以根据需要将新创建的对象放置到指定的位置。

二、阵列对象

在 AutoCAD 2007 中，使用阵列命令可以按矩形或环形的方式创建多个与原对象相同的图形对象。执行阵列命令的方法有以下 3 种：

（1）单击"修改"工具栏中的"阵列"按钮 。

（2）选择 修改(M) → 阵列(A)... 命令。

（3）在命令行中输入命令 array 或 ar。

执行阵列命令后，弹出 阵列 对话框，如图 5.3.1 所示。

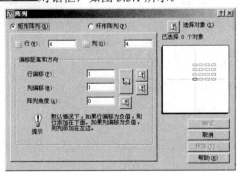

图 5.3.1　"阵列"对话框

阵列的方式有两种，矩形阵列和环形阵列，选中 阵列 对话框中的 矩形阵列(R) 单选按钮则执行矩形阵列，选中该对话框中的 环形阵列(P) 单选按钮则执行环形阵列。

1．矩形阵列

矩形阵列是以矩阵的方式创建与原对象相同的图形对象，在阵列的同时还可以调整新对象之间的距离和旋转角度。选中 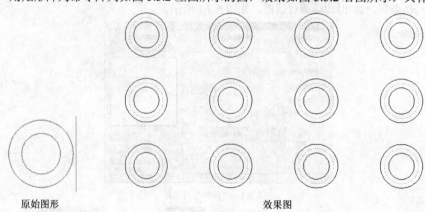（编注：此处为行内按钮图标）**阵列** 对话框中的 **⊙ 矩形阵列(R)** 单选按钮时的对话框如图 5.3.1 所示。该对话框中各选项功能介绍如下：

（1）**行(W)**：文本框：指定阵列的行数。

（2）**列(O)**：文本框：指定阵列的列数。

（3）**偏移距离和方向** 选项组：指定偏移的距离和方向。该选项组中各项功能如下：

1）**行偏移(F)**：文本框：指定行间距。向上添加行，需指定正值；向下添加行，需指定负值。

2）**列偏移(M)**：文本框：指定列间距。要向右边添加列，需指定值为正；要向左边添加列，需指定值为负。

3）**阵列角度(A)**：文本框：指定旋转角度。此角度通常为 0，因此行和列与当前 UCS 的 X 和 Y 坐标轴正交。

4）"拾取两个偏移" 按钮 ：单击此按钮，拾取两个偏移按钮。临时关闭 "阵列" 对话框，切换到绘图窗口，在图形中指定两个角点确定的矩形框，确定行与列的距离和方向。

5）"拾取行偏移" 按钮 ：单击此按钮，拾取行偏移。临时关闭 "阵列" 对话框，切换到绘图窗口，AutoCAD 提示用户指定两个点，并使用这两个点之间的距离和方向来指定 "行偏移" 中的值。

6）"拾取列偏移" 按钮 ：单击此按钮，拾取列偏移。临时关闭 "阵列" 对话框，切换到绘图窗口，AutoCAD 提示用户指定两个点，并使用这两个点之间的距离和方向来指定 "列偏移" 中的值。

7）"拾取阵列的角度" 按钮 ：单击此按钮，拾取阵列的角度。临时关闭 "阵列" 对话框，切换到绘图窗口，这样可以输入值或使用定点设备指定两个点，从而指定旋转角度。

8）"选择对象" 按钮 ：单击此按钮，指定用于构造阵列的对象。可以在 "阵列" 对话框显示之前或之后选择对象。

9）**预览(V)<** 按钮：单击此按钮，显示当前设置下的预览图形。临时关闭 "阵列" 对话框切换到绘图窗口，显示当前阵列复制的图形效果。

例如，用矩形阵列命令阵列如图 5.3.2 左图所示的圆，效果如图 5.3.2 右图所示，具体操作如下：

原始图形　　　　　　　　　　　效果图

图 5.3.2　矩形阵列图形

（1）单击 "修改" 工具栏中的 "阵列" 按钮 ，在弹出的 **阵列** 对话框中选中 **⊙ 矩形阵列(R)** 单选按钮。

（2）在该对话框中的 **行偏移(F)**：文本框中输入行偏移的距离为 150，在该对话框中的 **列偏移(M)**：

文本框中输入列偏移的距离为 200。

（3）单击 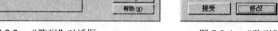 阵列 对话框中的"选择对象"按钮 ，系统切换到绘图窗口，选择如图 5.3.2 左图所示图形，按回车键返回到 阵列 对话框，如图 5.3.3 所示。

（4）单击 阵列 对话框中的 预览(V) < 按钮，弹出 阵列 提示框，如图 5.3.4 所示，同时在绘图窗口中显示阵列后的效果。

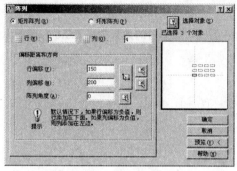

图 5.3.3 "阵列"对话框　　　　图 5.3.4 "阵列"提示框

（5）如果对阵列后的效果满意，则单击 接受 按钮结束阵列操作；如果对阵列后的效果不满意，则单击 修改 按钮返回到 阵列 对话框，重新设置阵列参数。

2．环形阵列

环形阵列是指以指定的一点为中心点，环绕该点创建多个与原对象相同的图形。执行环形阵列时，用户还可以指定环形阵列的数目以及是否旋转创建的对象。在 阵列 对话框中选中 ⊙ 环形阵列(P) 单选按钮，则执行环形阵列命令，如图 5.3.5 所示。

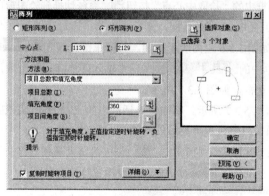

图 5.3.5 "环形阵列"选项设置

该对话框中各选项功能介绍如下：

（1） 中心点: 文本框：该文本框用于指定环形阵列的中心点。输入 X 和 Y 坐标值，或单击此文本框右边的"拾取中心点"按钮 ，在绘图窗口中指定中心点。

（2） 方法和值 选项组：用于设置环形阵列的排列方式。该选项组中各选项功能如下：

1） 方法(M): 下拉列表框：设置定位对象所用的方法。单击下拉列表框右边的 按钮，在弹出的下拉列表中选择定位对象的方法。

2） 项目总数(I):文本框：设置在阵列结果中显示的对象数目，默认值为 4。

3） 填充角度(F):文本框：通过定义阵列中第一个和最后一个元素的基点之间的包含角度来设置阵列大小，正值指逆时针旋转，负值指顺时针旋转。默认值为 360，值不允许为 0。

4）项目间角度(B): 文本框：设置阵列对象的基点和阵列中心之间的包含角。输入的值必须为正值，默认值为 90。

（3）☑ 复制时旋转项目(T) 复选框：设置阵列时是否旋转对象。选中此复选框，阵列时每个对象都朝向中心点；若不选中此复选框，则阵列时每个对象都保持原方向。

（4）详细(D) ▼ 按钮：单击此按钮，打开或关闭"阵列"对话框中附加选项的显示，其中的附加选项为设置对象基点的默认值。

例如，用环形阵列阵列如图 5.3.6 左图所示的圆，阵列后的效果如图 5.3.6 右图所示，具体操作如下：

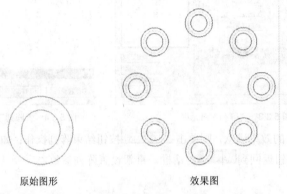

原始图形　　　　　　　　　　　　效果图

图 5.3.6　环形阵列

（1）单击"修改"工具栏中的"阵列"按钮 ▦，在弹出的 阵列 对话框中选中 ⊙ 环形阵列(P) 单选按钮。

（2）单击 阵列 对话框中的"拾取中心点"按钮 ⬚，系统切换到绘图窗口，捕捉如图 5.3.6 左图所示圆的圆心，系统自动返回到 阵列 对话框，然后再次单击该对话框中的"选择对象"按钮 ⬚，系统切换到绘图窗口，选择如图 5.3.6 左图所示的圆，按回车键返回到 阵列 对话框。

（3）在 阵列 对话框中的 项目总数(I): 文本框中输入环形阵列的个数，同时选中该对话框下边的 ☑ 复制时旋转项目(T) 复选框，如图 5.3.7 所示。

（4）其他参数设置如图 5.3.7 所示。单击该对话框中的 预览(V) < 按钮，弹出 阵列 提示框，如图 5.3.8 所示，同时在绘图窗口中显示阵列后的效果。

（5）如果对阵列后的效果满意，则单击 接受 按钮结束阵列操作；如果对阵列后的效果不满意，则单击 修改 按钮返回到 阵列 对话框，重新设置阵列参数。

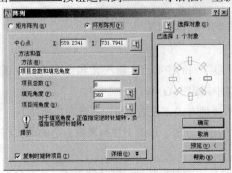

图 5.3.7　"阵列"对话框

图 5.3.8　"阵列"提示框

三、偏移对象

在 AutoCAD 2007 中，使用偏移命令可以创建平行线或等距离分布的图形。执行偏移命令的方法有以下 3 种：

（1）单击"修改"工具栏中的"偏移"按钮 。

（2）选择 修改(M) → 偏移(S) 命令。

（3）在命令行中输入命令 offset。

执行偏移命令后，命令行提示如下：

命令: _offset

当前设置: 删除源=否　图层=源　OFFSETGAPTYPE=0（系统提示）

指定偏移距离或[通过(T)/删除(E)/图层(L)]<通过>:（指定偏移距离）

选择要偏移的对象，或 [退出(E)/放弃(U)] <退出>:（选择要偏移的对象）

指定要偏移的那一侧上的点，或 [退出(E)/多个(M)/放弃(U)] <退出>:（指定偏移的方向）

选择要偏移的对象，或 [退出(E)/放弃(U)] <退出>:（按回车键结束命令）

其中部分命令选项功能介绍如下：

（1）通过(T)：选择此命令选项，将指定对象偏移通过的点。

（2）删除(E)：选择此命令选项，偏移后将删除源对象。

（3）图层(L)：选择此命令选项，确定将偏移对象创建在当前图层上还是源对象所在的图层上。

例如，绘制如图 5.3.9 左图所示图形，并用偏移命令创建如图 5.3.9 右图所示图形，具体操作如下：

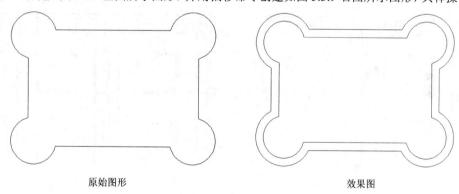

原始图形　　　　　　　　　　　　　　　　效果图

图 5.3.9　偏移对象

单击"绘图"工具栏中的"多段线"按钮 ，在绘图窗口中绘制如图 5.3.9 左图所示图形。然后单击"修改"工具栏中的"偏移"按钮 ，命令行提示如下：

命令: _offset（执行偏移命令）

当前设置: 删除源=否　图层=源　OFFSETGAPTYPE=0（系统提示）

指定偏移距离或 [通过(T)/删除(E)/图层(L)] <通过>:2（输入偏移距离）

选择要偏移的对象，或 [退出(E)/放弃(U)] <退出>:（选择如图 5.3.9 左边所示的图形）

指定要偏移的那一侧上的点，或 [退出(E)/多个(M)/放弃(U)] <退出>:（在该图形的外侧单击鼠标左键）

选择要偏移的对象，或 [退出(E)/放弃(U)] <退出>:（按回车键结束命令）

偏移后的效果如图 5.3.9 右图所示。

四、镜像对象

在 AutoCAD 2007 中，使用镜像命令可以将选中的对象以指定的直线为镜像线创建对称图形。执行镜像命令的方法有以下 3 种：

（1）单击"修改"工具栏中的"镜像"按钮 ⚎。

（2）选择 修改(M) → ⚎ 镜像(I) 命令。

（3）在命令行中输入命令 mirror。

执行镜像命令后，命令行提示如下：

命令: _mirror

选择对象:（选择要镜像的对象）

选择对象:（继续选择对象或按回车键结束对象选择）

指定镜像线的第一点:（确定镜像线的第一点）

指定镜像线的第二点:（确定镜像线的另一点）

要删除源对象吗? [是(Y)/否(N)] <N>:（选择是否删除原有的图形）

其中各命令选项功能介绍如下：

（1）是(Y)：选择此命令选项，将删除源对象，只保留镜像后的图形。

（2）否(N)：选择此命令选项，将保留镜像前和镜像后的图形。

例如，用镜像命令创建如图 5.3.10 左图所示图形的对称图形，效果如图 5.3.10 右图所示，具体操作如下：

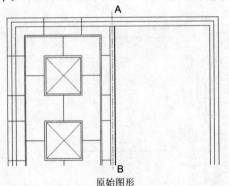 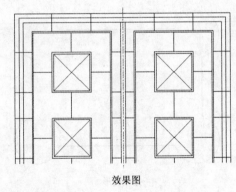

原始图形　　　　　　　　　　　　　　　　　　　效果图

图 5.3.10　镜像对象

单击"修改"工具栏中的"镜像"按钮 ⚎，命令行提示如下：

命令: _mirror

选择对象:（指定捕捉窗口的第一个角点）

指定对角点: 找到 31 个（指定捕捉窗口的第二个角点，选中如图 5.3.10 左图所示图形中的矩形和直线）

选择对象:（按回车键结束对象选择）

指定镜像线的第一点:（捕捉如图 5.3.10 左图所示图形中的 A 点）

指定镜像线的第二点:（捕捉如图 5.3.10 左图所示图形中的 B 点）

要删除源对象吗? [是(Y)/否(N)] <N>:（直接按回车键选择保留源对象）

第四节 修改对象的形状和大小

在 AutoCAD 2007 中，可以使用"修改"工具栏中的工具对图形对象进行修剪、延伸、缩放、拉伸和拉长等操作，从而修改对象的形状和大小，本节将详细介绍这些工具的使用方法。

一、修剪对象

在 AutoCAD 2007 中，使用修剪命令可以对图形进行精确的修剪，可修剪的对象包括直线、多段线、矩形、圆、圆弧、椭圆、椭圆弧、构造线、样条曲线、块、图纸空间的布局视口等，甚至三维对象也可以进行修剪。

执行修剪命令的方法有以下 3 种：

（1）单击"修改"工具栏中的"修剪"按钮 。

（2）选择 修改(M) → 修剪(T) 命令。

（3）在命令行中输入命令 trim。

执行修剪命令后，命令行提示如下：

命令: _trim

当前设置:投影=UCS，边=无（系统提示）

选择剪切边…（系统提示）

选择对象或 <全部选择>：（选择作为剪切边的对象）

选择对象：（按回车键结束对象选择）

选择要修剪的对象，或按住"Shift"键选择要延伸的对象，或[栏选(F)/窗交(C)/投影(P)/边(E)/删除(R)/放弃(U)]：（选择要修剪的对象）

选择要修剪的对象，或按住"Shift"键选择要延伸的对象，或[栏选(F)/窗交(C)/投影(P)/边(E)/删除(R)/放弃(U)]：（按回车键结束命令）

其中各命令选项的功能介绍如下：

（1）按住"Shift"键选择要延伸的对象：延伸选定对象而不是修剪它们。此选项提供了一种在修剪和延伸之间切换的简便方法。

（2）栏选(F)：选择与选择栏相交的所有对象。选择栏是一系列临时线段，它们是用两个或多个栏选点指定的，选择栏不构成闭合环。

（3）窗交(C)：选择由两点确定的矩形区域内部或与之相交的对象。

（4）投影(P)：指定修剪对象时使用的投影方法。

（5）边(E)：确定对象是在另一对象的延长边处进行修剪，还是仅在三维空间中与该对象相交的对象处进行修剪。

（6）删除(R)：删除选定的对象。

（7）放弃(U)：撤销由修剪命令所做的最近一次修改。

例如，用修剪命令对如图 5.4.1 左图所示图形进行修剪，效果如图 5.4.1 右图所示，具体操作如下：

执行绘制圆命令，绘制如图 5.4.1 左图所示图形，然后单击"修改"工具栏中的"修剪"按钮 ，命令行提示如下：

命令: _trim

当前设置:投影=UCS，边=无（系统提示）

选择剪切边...（系统提示）

选择对象或 <全部选择>:（直接按回车键选择所有对象互为剪切边）

选择要修剪的对象，或按住"Shift"键选择要延伸的对象，或[栏选(F)/窗交(C)/投影(P)/边(E)/删除(R)/放弃(U)]:（选择如图 5.4.1 左图所示图形中的圆弧 AEB）

选择要修剪的对象，或按住"Shift"键选择要延伸的对象，或[栏选(F)/窗交(C)/投影(P)/边(E)/删除(R)/放弃(U)]:（选择如图 5.4.1 左图所示图形中的圆弧 BHC）

选择要修剪的对象，或按住"Shift"键选择要延伸的对象，或[栏选(F)/窗交(C)/投影(P)/边(E)/删除(R)/放弃(U)]:（选择如图 5.4.1 左图所示图形中的圆弧 CFD）

选择要修剪的对象，或按住"Shift"键选择要延伸的对象，或[栏选(F)/窗交(C)/投影(P)/边(E)/删除(R)/放弃(U)]:（选择如图 5.4.1 左图所示图形中的圆弧 DGA）

选择要修剪的对象，或按住"Shift"键选择要延伸的对象，或[栏选(F)/窗交(C)/投影(P)/边(E)/删除(R)/放弃(U)]:（按回车键结束命令）

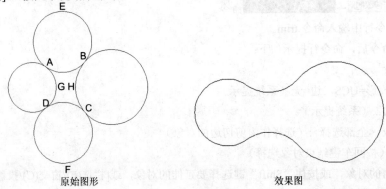

原始图形　　　　　　　　　　　　　　　　效果图

图 5.4.1　修剪对象

二、延伸对象

在 AutoCAD 2007 中，使用延伸命令可以将选定的对象延伸到指定的边界处。执行延伸命令的方法有以下 3 种：

（1）单击"修改"工具栏中的"延伸"按钮 。

（2）选择 修改(M) → 延伸(D) 命令。

（3）在命令行中输入命令 extend。

执行延伸命令后，命令行提示如下：

命令: _extend

当前设置:投影=UCS，边=无（系统提示）

选择边界的边...（系统提示）

选择对象或 <全部选择>:（选择作为边界的边）

选择对象:（按回车键结束对象选择）

选择要延伸的对象，或按住"Shift"键选择要修剪的对象，或[栏选(F)/窗交(C)/投影(P)/边(E)/放弃(U)]:（选择要延伸的对象）

选择要延伸的对象，或按住"Shift"键选择要修剪的对象，或[栏选(F)/窗交(C)/投影(P)/边(E)/放弃(U)]:（按回车键结束命令）

其中各命令选项的功能介绍如下：

（1）按住"Shift"键选择要修剪的对象：修剪选定的对象，而不是将其延伸。这是在修剪和延伸之间切换的简便方法。

（2）栏选(F)：选择与选择栏相交的所有对象。选择栏是以两个或多个栏选点指定的一系列临时直线段。选择栏不能构成闭合的环。

（3）窗交(C)：选择由两点定义的矩形区域内部或与之相交的对象。

（4）投影(P)：指定延伸对象时使用的投影方法。

（5）边(E)：将对象延伸到另一个对象的隐含边，或仅延伸到三维空间中与其实际相交的对象。

（6）放弃(U)：放弃最近由延伸命令所做的修改。

例如，用延伸命令延伸如图 5.4.2 左图所示图形中的直线和圆弧，效果如图 5.4.2 右图所示，具体操作如下：

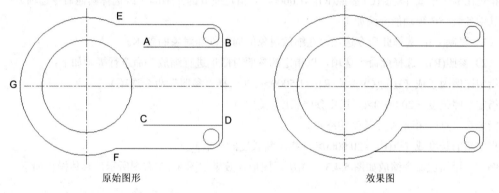

原始图形　　　　　　　　　　　　　效果图

图 5.4.2　延伸对象

单击"修改"工具栏中的"延伸"按钮，命令行提示如下：

命令: _extend

当前设置:投影=UCS，边=无（系统提示）

选择边界的边...（系统提示）

选择对象或 <全部选择>:（直接按回车键选择所有对象互为延伸边界）

选择要延伸的对象，或按住"Shift"键选择要修剪的对象，或[栏选(F)/窗交(C)/投影(P)/边(E)/放弃(U)]:（选择如图 5.4.2 左图所示图形中直线 AB 的 A 端）

选择要延伸的对象，或按住"Shift"键选择要修剪的对象，或[栏选(F)/窗交(C)/投影(P)/边(E)/放弃(U)]:（选择如图 5.4.2 左图所示图形中直线 CD 的 C 端）

选择要延伸的对象，或按住"Shift"键选择要修剪的对象，或[栏选(F)/窗交(C)/投影(P)/边(E)/放弃(U)]:（选择如图 5.4.2 左图所示图形中圆弧 EGF 的 E 端）

选择要延伸的对象，或按住"Shift"键选择要修剪的对象，或[栏选(F)/窗交(C)/投影(P)/边(E)/放弃(U)]:（选择如图 5.4.2 左图所示图形中圆弧 EGF 的 F 端）

选择要延伸的对象，或按住"Shift"键选择要修剪的对象，或[栏选(F)/窗交(C)/投影(P)/边(E)/放弃(U)]:（按回车键结束命令）

三、缩放对象

在 AutoCAD 2007 中，使用缩放命令将对象按指定的比例因子相对于基点进行放大或缩小。执行缩放命令的方法有以下 3 种：

（1）单击"修改"工具栏上的"缩放"按钮□。

（2）选择 修改(M) → □ 缩放(L) 命令。

（3）在命令行中输入命令 scale。

执行缩放命令后，命令行提示如下：

命令: _scale

选择对象:（选择要缩放的对象）

选择对象:（按回车键结束对象选择）

指定基点:（指定对象的基点）

指定比例因子或 [复制(C)/参照(R)] <1.0000>:（指定缩放的比例因子或选择其他命令选项）

其中各命令选项功能介绍如下：

（1）复制(C)：选择此命令选项，在缩放对象的同时创建对象的副本。

（2）参照(R)：选择此命令选项，以指定的参照对图形进行缩放。命令行提示如下：

指定比例因子或 [复制(C)/参照(R)] <1.5000>: r（选择"参照"命令选项）

指定参照长度 <20.0000>:（指定参照长度的起点）

指定第二点:（指定参照长度的终点）

指定新的长度或 [点(P)] <20.0000>:（指定新长度的终点）

例如，用缩放命令缩放如图 5.4.3 左图所示图形，效果如图 5.4.3 右图所示，具体操作如下：

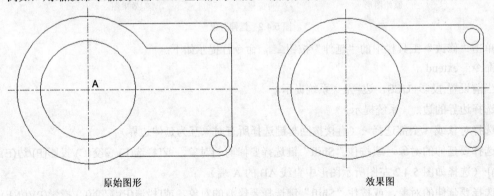

原始图形　　　　　　　　　　　　　　　　效果图

图 5.4.3　缩放对象

单击"修改"工具栏中的"缩放"按钮□，命令行提示如下：

命令: _scale

选择对象: 找到 1 个（选择如图 5.4.3 左图所示的大圆）

选择对象:（按回车键结束对象选择）

指定基点:（捕捉如图 5.4.3 所示图形中的 A 点）

指定比例因子或 [复制(C)/参照(R)] <1.0000>: 1.2（输入比例因子 1.2，按回车键）

四、拉伸对象

在 AutoCAD 2007 中，使用拉伸命令可以通过移动对象的端点、顶点或控制点来改变对象的局部形状。执行拉伸命令的方法有以下 3 种：

（1）单击"修改"工具栏中的"拉伸"按钮 。

（2）选择 修改(M) → 拉伸(H) 命令。

（3）在命令行中输入命令 stretch。

执行拉伸命令后，命令行提示如下：

命令: _stretch

以交叉窗口或交叉多边形选择要拉伸的对象...（系统提示）

选择对象:（选择要拉伸的对象）

选择对象:（按回车键结束对象选择）

指定基点或 [位移(D)] <位移>:（指定拉伸对象的基点）

指定第二个点或 <使用第一个点作为位移>:（指定位移点）

选择图形对象时，如果将图形对象全部选择，则 AutoCAD 执行拉伸命令；如果选择图形对象的一部分，则拉伸规则如下：

（1）直线：选择窗口内的端点进行拉伸，另一端点不动。

（2）多段线：选择窗口内的部分被拉伸，选择窗口外的部分保持不变。

（3）圆弧：选择窗口内的端点进行拉伸，另一端点不动，但与直线不同的是，圆弧在拉伸过程中弦高保持不变，改变的是圆弧的圆心位置、圆弧起始角和终止角的值。

（4）区域填充：选择窗口内的端点进行拉伸，选择窗口外的端点不动。

（5）其他对象：如果定义点位于选择窗口内，则进行拉伸；如果定义点位于窗口外，则不进行拉伸。

例如，用拉伸命令拉伸如图 5.4.4 左图所示图形的虚线框部分，效果如图 5.4.4 右图所示，具体操作如下：

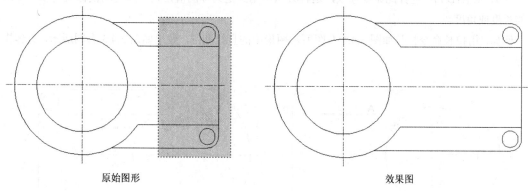

原始图形　　　　　　　　　　　　　　　　　　　　　效果图

图 5.4.4　拉伸对象

命令: _stretch（执行拉伸命令）

以交叉窗口或交叉多边形选择要拉伸的对象...（系统提示）

选择对象:（指定交叉窗口的第一个角点）

指定对角点: 找到 9 个（指定交叉窗口的第二个角点，选择如图 5.4.4 左图所示图形中虚线框内

的对象）

选择对象:（按回车键结束对象选择）

指定基点或 [位移(D)] <位移>:（捕捉如图 5.4.4 左图所示图形中圆的圆心）

指定第二个点或 <使用第一个点作为位移>:（水平向右拖动鼠标，然后单击鼠标左键）

五、拉长对象

在 AutoCAD 2007 中，使用拉长命令修改线段或圆弧的长度。执行该命令的方法有以下两种：

（1）选择 修改(M) → 拉长(G) 命令。

（2）在命令行中输入命令 lengthen。

执行拉长命令后，命令行提示如下：

命令: _lengthen

选择对象或 [增量(DE)/百分数(P)/全部(T)/动态(DY)]:（选择对象）

当前长度: 10.0000（系统提示选中对象的长度属性）

选择对象或 [增量(DE)/百分数(P)/全部(T)/动态(DY)]:（选择一个命令选项）

输入长度增量或 [角度(A)] <10.0000>:（指定改变量）

选择要修改的对象或 [放弃(U)]:（选择要修改的对象）

选择要修改的对象或 [放弃(U)]:（按回车键结束命令）

其中各命令选项功能介绍如下：

（1）增量(DE)：选择此命令选项，用户给定一个长度或角度增量值，值为正则增加，值为负则缩短。对象总是从距离选择点最近的端点开始增加或缩短增量值。

（2）百分数(P)：选择此命令选项，用户给定一个百分数，AutoCAD 以对象的总长度或总角度乘以这个百分数得到的值来改变对象的长度或角度。

（3）全部(T)：选择此命令选项，用户给定一个长度或角度，AutoCAD 以当前值改变对象的长度或角度。此时长度值的取值范围是正整数，角度值的取值范围大于 0°而小于 360°。

（4）动态(DY)：选择此命令选项，这种方法不用给定具体的值，只需要拖动鼠标就可以改变对象的长度或角度。

例如，用拉长命令拉长如图 5.4.5 左图所示图形中的直线和圆，效果如图 5.4.5 右图所示，具体操作如下：

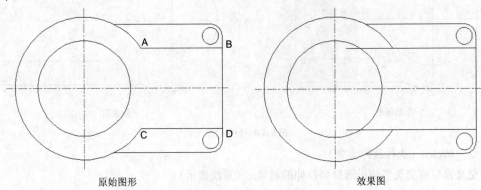

原始图形　　　　　　　　　　　　　　　　　　效果图

图 5.4.5　拉长对象

选择 修改(M) → 拉长(G) 命令，命令行提示如下：

命令: _lengthen

选择对象或 [增量(DE)/百分数(P)/全部(T)/动态(DY)]: de（选择"增量"命令选项）

输入长度增量或 [角度(A)] <10.0000>: 40（输入增量的长度）

选择要修改的对象或 [放弃(U)]:（选择如图 5.4.5 左边所示图形中直线 AB 的 A 端）

选择要修改的对象或 [放弃(U)]:（选择如图 5.4.5 左边所示图形中直线 CD 的 C 端）

选择要修改的对象或 [放弃(U)]:（按回车键结束命令）

拉长后的效果如图 5.4.5 右图所示。

第五节　倒角、圆角和打断

在 AutoCAD 2007 中，可以使用"修改"工具栏中的工具对图形对象进行倒角、圆角、打断、合并和分解操作，本节将详细介绍这些工具的使用方法。

一、倒角对象

在 AutoCAD 2007 中，使用倒角命令可以将对象中尖锐的角用一个倾斜的面来代替。执行倒角命令的方法有以下 3 种：

（1）单击"修改"工具栏中的"倒角"按钮 。

（2）选择 修改(M) → 倒角(C) 命令。

（3）在命令行中输入命令 chamfer。

执行倒角命令后，命令行提示如下：

命令: _chamfer

（"修剪"模式）当前倒角距离 1 = 0.0000，距离 2 = 0.0000（系统提示）

选择第一条直线或 [放弃(U)/多段线(P)/距离(D)/角度(A)/修剪(T)/方式(E)/多个(M)]:（选择需要倒角对象的第一条边）

选择第二条直线，或按住"Shift"键选择要应用角点的直线:（选择需要倒角对象的第二条边）

选择第二条直线，或按住"Shift"键选择要应用角点的直线:（选择第二个倒角边）

其中各命令选项的功能介绍如下：

（1）放弃(U)：选择此命令选项，恢复在命令中执行的上一步操作。

（2）多段线(P)：选择此命令选项，对整个二维多段线倒角。

（3）距离(D)：选择此命令选项，设置倒角到选定边端点的距离，命令行提示如下：

指定第一个倒角距离 <0.0000>:（输入第一个倒角的距离）

指定第二个倒角距离 <5.0000>:（输入第二个倒角的距离）

（4）角度(A)：选择此命令选项，用第一条线的倒角距离和第二条线的角度设置倒角，命令行提示如下：

指定第一条直线的倒角长度 <0.0000>:（输入第一条直线的倒角长度）

指定第一条直线的倒角角度 <0>:（输入第一条直线的倒角角度）

（5）修剪(T)：选择此命令选项，控制倒角是否将选定的边修剪到倒角直线的端点。如图 5.5.1

所示为"修剪"模式下和"不修剪"模式下的倒角效果。

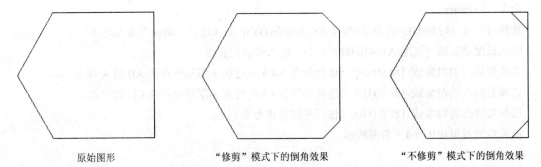

　原始图形　　　　　　　"修剪"模式下的倒角效果　　　　　"不修剪"模式下的倒角效果

图 5.5.1　"修剪"与"不修剪"模式下的倒角效果

（6）方式(E)：选择此命令选项，控制使用两个距离还是一个距离一个角度来创建倒角。

（7）多个(M)：选择此命令选项，为多组对象的边倒角。

例如，用倒角命令对如图 5.5.2 左图所示图形进行倒角，倒角距离分别为 10 和 15，效果如图 5.5.2 右图所示，具体操作如下：

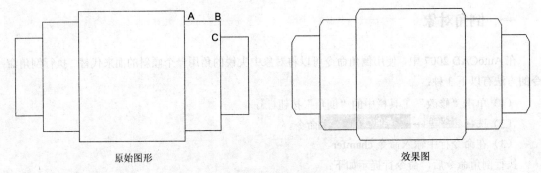

　　　　原始图形　　　　　　　　　　　　　　　　　　　效果图

图 5.5.2　倒角对象

单击"修改"工具栏中的"倒角"按钮，命令行提示如下：

命令: _chamfer

（"修剪"模式）当前倒角距离 1 = 10.0000，距离 2 = 10.0000（系统提示）

选择第一条直线或 [放弃(U)/多段线(P)/距离(D)/角度(A)/修剪(T)/方式(E)/多个(M)]: d（选择"距离"命令选项）

指定第一个倒角距离 <10.0000>: 3（输入第一个倒角距离）

指定第二个倒角距离 <3.0000>: 5（输入第二个倒角距离）

选择第一条直线或 [放弃(U)/多段线(P)/距离(D)/角度(A)/修剪(T)/方式(E)/多个(M)]: m（选择"多个"命令选项）

选择第一条直线或 [放弃(U)/多段线(P)/距离(D)/角度(A)/修剪(T)/方式(E)/多个(M)]:（捕捉如图 5.5.2 左图所示图形中直线 AB 的 B 端）

选择第二条直线，或按住"Shift"键选择要应用角点的直线:（捕捉如图 5.5.2 左图所示图形中直线 BC 的 B 端）

选择第一条直线或 [放弃(U)/多段线(P)/距离(D)/角度(A)/修剪(T)/方式(E)/多个(M)]:（依次捕捉其他尖角的两个边，最后按回车键结束命令）

二、圆角对象

在 AutoCAD 2007 中，使用圆角命令可以将图形中尖锐的角用光滑的弧来替代。执行圆角命令的方法有以下 3 种：

（1）单击"修改"工具栏中的"圆角"按钮██。

（2）选择 修改(M) → 圆角(F) 命令。

（3）在命令行中输入命令 fillet。

执行圆角命令后，命令行提示如下：

命令: _fillet

当前设置: 模式 = 修剪，半径 = 2.0000（系统提示）

选择第一个对象或 [放弃(U)/多段线(P)/半径(R)/修剪(T)/多个(M)]:（选择圆角对象的第一条边）

选择第二个对象，或按住"Shift"键选择要应用角点的对象:（选择圆角对象的第二条边）

其中各命令选项功能介绍如下：

（1）放弃(U)：选择此命令选项，恢复在命令中执行的上一个操作。

（2）多段线(P)：选择此命令选项，在二维多段线中两条线段相交的每个顶点处插入圆角弧。

（3）半径(R)：选择此命令选项，定义圆角弧的半径。

（4）修剪(T)：选择此命令选项，控制圆角是否将选定的边修剪到圆角弧的端点。

（5）多个(M)：选择此命令选项，给多个对象一起圆角。

例如，用圆角命令对如图 5.5.3 左图所示图形进行圆角操作，圆角半径为 10，效果如图 5.5.3 右图所示，具体操作如下：

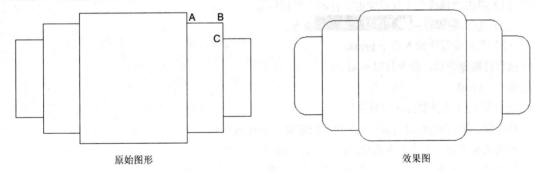

原始图形　　　　　　　　　　　　　　　　　　　　效果图

图 5.5.3　圆角对象

单击"修改"工具栏中的"圆角"按钮██，命令行提示如下：

命令: _fillet

当前设置: 模式 = 修剪，半径 = 0.0000（系统提示）

选择第一个对象或 [放弃(U)/多段线(P)/半径(R)/修剪(T)/多个(M)]: r（选择"半径"命令选项）

指定圆角半径 <0.0000>: 10（输入圆角半径）

选择第一个对象或 [放弃(U)/多段线(P)/半径(R)/修剪(T)/多个(M)]: m（选择"多个"命令选项）

选择第一个对象或 [放弃(U)/多段线(P)/半径(R)/修剪(T)/多个(M)]:（选择如图 5.5.3 左图所示图形中直线 AB 的 B 端）

选择第二个对象，或按住"Shift"键选择要应用角点的对象:（选择如图 5.5.3 左图所示图形中直线 BC 的 B 端）

选择第一个对象或 [放弃(U)/多段线(P)/半径(R)/修剪(T)/多个(M)]:（依次捕捉其他尖角的两条边，最后按回车键结束命令）

用圆角命令对圆弧和直线进行圆角，根据选择点的不同会出现不同的效果，如图 5.5.4 所示。同样，用圆角命令对圆进行圆角，根据选择点的不同，同样也有多种不同的效果，如图 5.5.5 所示。

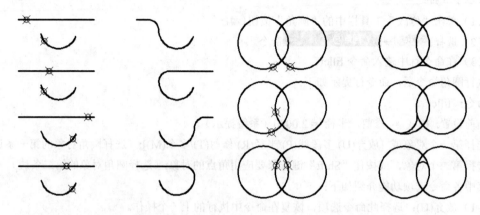

　　　　图 5.5.4　对圆弧和直线倒圆角　　　　　　　　　　　图 5.5.5　对圆倒圆角

三、打断对象

在 AutoCAD 2007 中，使用打断命令可以将一个完整的对象部分删除或将其分解成两部分。执行打断命令的方法有以下 3 种：

（1）单击"修改"工具栏中的"打断"按钮 🔲。

（2）选择 修改(M) → 🔲 打断(K) 命令。

（3）在命令行中输入命令 break。

执行打断命令后，命令行提示如下：

命令: _break

选择对象:（选择要打断的对象）

指定第二个打断点 或 [第一点(F)]:（指定第二个打断点）

如果选择"第一点"命令选项，命令行提示如下：

指定第二个打断点 或 [第一点(F)]: f（选择"第一点"命令选项）

指定第一个打断点:（重新指定第一个打断点）

指定第二个打断点:（指定第二个打断点）

确定两个断点后，即可删除这两个断点之间的部分，如果断点不在对象上，则选择对象上与该点最接近的点作为断点。

例如，用打断命令将如图 5.5.6 左图所示的图形打断成两部分，效果如图 5.5.6 右图所示，具体操作如下：

单击"修改"工具栏中的"打断"按钮 🔲，命令行提示如下：

命令: _break

选择对象:（选择如图 5.5.6 左图所示图形）

指定第二个打断点　或　[第一点(F)]: f（选择"第一点"命令选项）

指定第一个打断点:（捕捉如图 5.5.6 左图所示图形中的节点 A）

指定第二个打断点:　（捕捉如图 5.5.6 左图所示图形中的节点 B）

命令: _break（继续执行打断命令）

选择对象:（选择如图 5.5.6 左图所示图形）

指定第二个打断点　或　[第一点(F)]: f（选择"第一点"命令选项）

指定第一个打断点:（捕捉如图 5.5.6 左图所示图形中的节点 C）

指定第二个打断点:　（捕捉如图 5.5.6 左图所示图形中的节点 D）

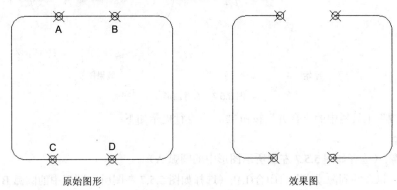

原始图形　　　　　　　　　　　　　　　　　　　　效果图

图 5.5.6　打断对象

四、打断于点

在 AutoCAD 2007 中，使用打断于点命令可以将对象在一点处断开。该命令由打断命令衍生而来，单击"修改"工具栏中的"打断于点"按钮▢即可执行。执行该命令时，需要选择被打断的对象，然后指定打断点即可。

五、合并对象

在 AutoCAD 2007 中，使用合并命令可以将某一连续图形上的两个部分连接成一个对象，或将某段圆弧闭合为整圆。执行合并命令的方法有以下 3 种：

（1）单击"修改"工具栏中的"合并"按钮➹。

（2）选择 修改(M) ➞ 合并(J) 命令。

（3）在命令行中输入命令 join。

执行打断命令后，命令行提示如下：

命令: _join

选择源对象:（选择要合并的对象）

根据用户选择对象的不同，命令行提示也有所不同，如果用于选择的对象为线性对象，则命令行提示如下：

选择要合并到源的直线:（选择线性对象）

如果用户选择的对象为弧，则命令行提示如下：

选择圆弧，以合并到源或进行 [闭合(L)]:

例如，用合并命令连接如图 5.5.7 左图所示图形中的两段圆弧，效果如图 5.5.7 右图所示，具体操作如下：

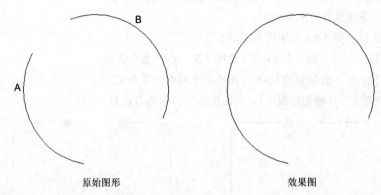

原始图形　　　　　　　　　　　　　　效果图

图 5.5.7　合并图形

单击"修改"工具栏中的"合并"按钮 ，命令行提示如下：

命令: _join

选择源对象：（选择如图 5.5.7 左图所示图形中的圆弧 A）

选择圆弧，以合并到源或进行 [闭合(L)]:（选择如图 5.5.7 左图所示图形中的圆弧 B）

选择要合并到源的圆弧： 找到 1 个（按回车键结束命令）

已将 1 个圆弧合并到源（系统提示）

六、分解对象

在 AutoCAD 2007 中，使用分解命令可以将多个对象组合而成的对象分解成单个对象，例如可以将矩形分解成直线、将块分解成多个组成块的单个图形。执行分解命令的方法有以下 3 种：

（1）单击"修改"工具栏中的"分解"按钮 。

（2）选择 修改(M) → 分解(X) 命令。

（3）在命令行中输入命令 explode。

执行分解命令后，选择要分解的对象，然后按回车键即可对其进行分解。例如，分解如图 5.5.8 左图所示的图形，效果如图 5.5.8 右图所示。

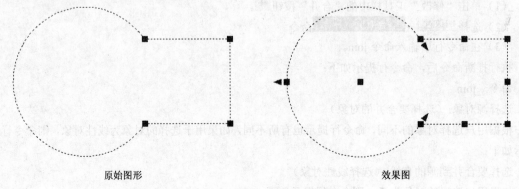

原始图形　　　　　　　　　　　　　　效果图

图 5.5.8　分解对象

第六节 使用夹点编辑对象

当选中图形对象时，在对象上会显示出若干个小方框形状的控制点，这些控制点就是夹点。不同对象上的夹点数和夹点显示的位置有所不同，如图 5.6.1 所示。当夹点被选中时，用户可以利用夹点对图形对象进行移动、拉伸、旋转、复制、比例缩放以及镜像等操作。

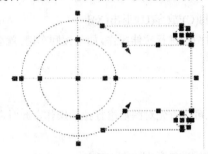

图 5.6.1 显示对象上的夹点

一、控制夹点显示

默认情况下，夹点的显示始终是打开的，用户可以通过选择 工具(T) → 选项(N)... 命令，在弹出的 选项 对话框中打开 选择 选项卡，在该选项卡中可以设置夹点的颜色、显示和大小。

当夹点显示打开时，选择不同的对象，对象上显示的夹点数量和位置都不一样，AutoCAD 中常见对象的夹点特征如表 5.1 所示。

表 5.1 AutoCAD 中图形对象的夹点特征

对象类型	夹点特征
直线	两个端点和中点
多段线	直线段的两端点、圆弧段的中点和两端点
构造线	控制点以及线上的邻近两点
射线	起点以及射线上的一个点
多线	控制线上的两个端点
圆弧	两个端点和中点
圆	4 个象限点和圆心
椭圆	4 个顶点和中心点
椭圆弧	端点、中点和中心点
区域填充	各个顶点
文字	插入点和第二个对齐点（如果有）
段落文字	各顶点
属性	插入点
形	插入点
三维网格	网格上的各个顶点
三维面	周边顶点
线型标注、对齐标注	尺寸线和尺寸界线的端点、尺寸文字的中心点
角度标注	尺寸线端点和指定尺寸标注弧的端点，尺寸文字的中心点
半径标注、直径标注	半径或直径标注的端点，尺寸文字的中心点
坐标标注	被标注点，用户指定的引出线端点和尺寸文字的中心点

二、使用夹点编辑对象

在 AutoCAD 中，根据对象被选中的情况，夹点的状态可以分为热态、冷态和温态 3 种。选中对象后，对象上的夹点便显示出来，此时的夹点处于温态，温态下的夹点不能进行夹点编辑操作；选中一个温态夹点，夹点的颜色由蓝色变成红色，此时的夹点处于热态，热态下的夹点可以进行各种夹点编辑操作；所谓冷态夹点是指没有在当前选择集中的对象上的夹点。

在 AutoCAD 2007 中，夹点的编辑模式共有 5 种，分别为拉伸、移动、旋转、比例缩放和镜像。当夹点处于热态时，就可以利用夹点对图形进行编辑，此时命令行提示如下：

** 拉伸 **

指定拉伸点或 [基点(B)/复制(C)/放弃(U)/退出(X)]:

此时用户就可以拖动鼠标对图形进行拉伸操作，如果按回车键，就会在 5 种夹点编辑模式间切换，以下分别进行介绍。

1. 拉伸

当夹点处于热态时，用户就可以首先对图形进行拉伸操作，此时命令行提示如下：

** 拉伸 **

指定拉伸点或 [基点(B)/复制(C)/放弃(U)/退出(X)]:

指定夹点到新位置或直接输入新坐标即可拉伸对象。但对于某些图形对象上的夹点，如文字、直线中点、圆心等进行夹点拉伸操作，不能拉伸该对象，而是移动该对象。

夹点处于热态时，命令行提示中有 5 个命令选项。其功能分别为：

（1）指定拉伸点：选择该选项，确定夹点被拉伸的新位置。

（2）基点(B)：选择该选项，指定新夹点为当前编辑夹点。

（3）复制(C)：选择该选项，可以在拉伸夹点的同时进行多次复制。如果该夹点不能被拉伸，则该选项功能为复制对象。

（4）放弃(U)：选择该选项，将取消最近一次操作。

（5）退出(X)：选择该选项，将退出当前操作。

2. 移动

此模式用于将图形对象从当前位置移动到新位置，而图形对象的大小与方向均不改变。夹点处于热态时，选择该模式，命令行提示如下：

** 移动 **

指定移动点或 [基点(B)/复制(C)/放弃(U)/退出(X)]:

指定夹点到新位置或直接输入新的坐标值即可移动对象，其他命令选项的功能与在“拉伸”模式下相同。

3. 旋转

此模式用于以当前夹点为中心旋转图形对象。夹点处于热态时，选择该模式，命令行提示如下：

** 旋转 **

指定旋转角度或 [基点(B)/复制(C)/放弃(U)/参照(R)/退出(X)]:

直接拖动鼠标或输入旋转角度值，或指定参照对象，按回车键后，系统将以当前夹点为中心点旋转被选择的对象，其他命令选项的功能与在“拉伸”模式下相同。

4. 比例缩放

此模式用于以当前夹点为基点按指定比例缩放被选中的对象。夹点处于热态时，选择该模式，命令行提示如下：

**　比例缩放　**

指定比例因子或 [基点(B)/复制(C)/放弃(U)/参照(R)/退出(X)]：

拖动鼠标确定图形缩放比例或直接输入比例因子，或指定参照，系统将以当前夹点为基点缩放被选中的对象。其他命令选项的功能与在"拉伸"模式下相同。

5．镜像

此模式用于以当前夹点为镜像线的第一点，镜像被选中的对象。夹点处于热态时，选择该模式，命令行提示如下：

**　镜像　**

指定第二点或 [基点(B)/复制(C)/放弃(U)/退出(X)]：

拖动鼠标确定镜像线的第二点，或直接输入镜像线第二点的坐标，即可确定镜像线，系统就会以此镜像线镜像被选中的对象，但并不保留原图形。如果要保留原图形对象，就必须选择"复制（C）"命令选项。

例如，使用夹点编辑功能绘制如图 5.6.2 所示图形，具体操作如下：

（1）单击"绘图"工具栏中的"正多边形"按钮 ⬠，在绘图窗口中绘制一个正三角形，该三角形外接圆的半径为 80，效果如图 5.6.3 所示。

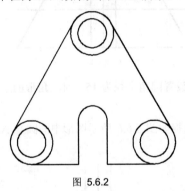
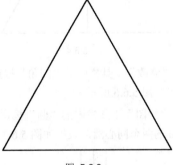

图 5.6.2　　　　　　　　　　　　　　　　图 5.6.3

（2）单击"修改"工具栏中的"分解"按钮 ，对绘制的正三角形进行分解。然后单击"绘图"工具栏中的"直线"按钮 ，用直线连接三角形的顶点和对边中点，效果如图 5.6.4 所示。

（3）打开正交功能，选中绘制的直线，并激活该直线中点处的夹点，命令行提示如下：

命令：

**　拉伸　**

指定拉伸点或 [基点(B)/复制(C)/放弃(U)/退出(X)]：（按回车键切换夹点编辑方式为"移动"）

**　移动　**

指定移动点或 [基点(B)/复制(C)/放弃(U)/退出(X)]：c（选择"复制"命令选项）

**　移动 (多重)　**

指定移动点或 [基点(B)/复制(C)/放弃(U)/退出(X)]：10（鼠标左移，输入移动距离后按回车键）

**　移动 (多重)　**

指定移动点或 [基点(B)/复制(C)/放弃(U)/退出(X)]：10（鼠标右移，输入移动距离后按回车键）

**　移动 (多重)　**

指定移动点或 [基点(B)/复制(C)/放弃(U)/退出(X)]：（按回车键结束命令）

选中三角形底边直线，并激活该直线中点处的夹点，命令行提示如下：

命令：

** 拉伸 **

指定拉伸点或 [基点(B)/复制(C)/放弃(U)/退出(X)]：（按回车键切换夹点编辑方式为"移动"）

** 移动 **

指定移动点或 [基点(B)/复制(C)/放弃(U)/退出(X)]：c（选择"复制"命令选项）

** 移动 (多重) **

指定移动点或 [基点(B)/复制(C)/放弃(U)/退出(X)]：30（鼠标上移，输入移动距离后按回车键）

** 移动 (多重) **

指定移动点或 [基点(B)/复制(C)/放弃(U)/退出(X)]：10（按回车键结束命令）

夹点编辑后的效果如图 5.6.5 所示。

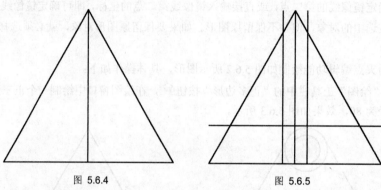

图 5.6.4 　　　　　　　　图 5.6.5

（4）单击"修改"工具栏中的"圆角"按钮 ，设置圆角半径为 15，对三角形的三个顶点进行圆角操作，效果如图 5.6.6 所示。

（5）单击"绘图"工具栏中的"圆"按钮 ，捕捉如图 5.6.6 所示图形中的圆心 A，分别绘制半径为 15 和 10 的两个同心圆，效果如图 5.6.7 所示。

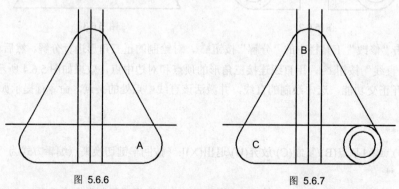

图 5.6.6 　　　　　　　　图 5.6.7

（6）选中绘制的同心圆，并激活同心圆的圆心，命令行提示如下：

命令：

** 拉伸 **

指定拉伸点或 [基点(B)/复制(C)/放弃(U)/退出(X)]：（按回车键切换夹点编辑方式为"移动"）

** 移动 **

指定移动点或 [基点(B)/复制(C)/放弃(U)/退出(X)]：c（选择"复制"命令选项）

** 移动 (多重) **

指定移动点或 [基点(B)/复制(C)/放弃(U)/退出(X)]:（捕捉如图 5.6.7 所示图形中的圆心 B）

** 移动 (多重) **

指定移动点或 [基点(B)/复制(C)/放弃(U)/退出(X)]:（捕捉如图 5.6.7 所示图形中的圆心 C）

** 移动 (多重) **

指定移动点或 [基点(B)/复制(C)/放弃(U)/退出(X)]:（按回车键结束命令）

夹点编辑后的效果如图 5.6.8 所示。

（7）继续用夹点编辑方式移动并复制一个半径为 10 的圆到如图 5.6.8 所示图形中的 D 点。

（8）单击"修改"工具栏中的"修剪"按钮![按钮]，对如图 5.6.9 所示图形进行修剪，最终效果如图 5.6.2 所示。

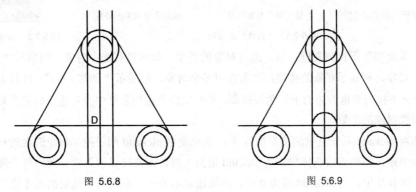

图 5.6.8 图 5.6.9

第七节　编辑对象特性

对象特性包含一般特性和几何特性，一般特性是指对象的颜色、线型、图层和线宽等，几何特性是指对象的尺寸和位置等，这些特性都可以在"特性"选项板中进行设置。

一、"特性"选项板

在 AutoCAD 2007 中，打开"特性"选项板的方法有以下 3 种：

（1）单击"标准"工具栏中的"对象特性"按钮![按钮]。

（2）选择 工具(T) → 选项板 ▶ 特性(P) CTRL+1 命令。

（3）在命令行中输入命令 properties。

执行该命令后，弹出 ![特性] 选项板，如图 5.7.1 所示，默认情况下，该选项板处于浮动状态，用鼠标拖动该选项板的标题栏，可以将其移动到绘图窗口中的任何位置，在该选项板的标题栏上单击鼠标右键，在弹出的快捷菜单中可以设置该选项板的状态，如图 5.7.2 所示。

二、"特性"选项板的功能

![特性] 选项板用于显示当前图层或当前选中对象的特性。根据用户选择对象的不同，该选项板中的选项也会不同。用户可以利用该选项板对选中的对象的属性进行编辑。各选项功能介绍如下：

显示当前图层特性

显示单个对象特性

显示多个对象的特性

图 5.7.1　"特性"选项板

图 5.7.2　右键快捷菜单

（1）"对象类型"下拉列表框：显示选定对象的类型。如果没有选中对象，则显示"无选择"；如果选中单个对象，则显示对象的类型；如果选中多个对象，则显示"全部（N）"，N 代表对象的个数，此时单击该下拉列表框右边的下三角按钮，在弹出的下拉列表框中会对选中的多个对象进行分类，并显示每类对象的个数。

（2）"切换 pickadd 系统变量的值"按钮：系统变量 pickadd 用于控制每个选定的对象是添加到当前选择集中还是替换当前选择集。当 pickadd 值为 1 时，该按钮显示为，此时每个选定的对象将添加到当前选择集中；当 pickadd 值为 0 时，该按钮显示为，此时每个选定的对象将替换当前选择集。

（3）"选择对象"按钮：单击此按钮，可以使用任意选择方法选择所需对象。

（4）"快速选择"按钮：单击此按钮，弹出快速选择对话框，利用快速选择法选择对象。

（5）基本选项组：该选项组用于设置图层、布局或对象的基本特性，包括颜色、图层、线型比例、线宽、厚度和打印样式等。

（6）三维效果选项组：该选项组用于设置图层、布局或对象的三维效果，其中包括材质和阴影显示效果。

（7）打印样式选项组：该选项组用于设置图层或布局的打印样式，其中包括打印样式的颜色设置、打印样式表的类型设置、打印附着到模型或布局空间，以及打印表的类型是否可用。

（8）视图选项组：该选项组用于显示图层或布局中圆心的坐标以及当前视口的高度与宽度。

（9）几何图形选项组：该选项组用于设置选中对象的几何特性，即各对象上关键点坐标以及对象的长度、角度、面积等特性。

三、特性匹配

在 AutoCAD 2007 中，使用特性匹配命令可以将一个对象或某些对象的所有特性都复制到其他一个或多个对象上，这些特性包括颜色、图层、线型、线宽、线型比例、厚度和打印样式，以及尺寸标注和文本标注的格式、阴影图案等。执行特性匹配命令的方法有以下 3 种：

（1）单击"标准"工具栏中的"特性匹配"按钮。

（2）选择 修改(M) → 特性匹配(M) 命令。

（3）在命令行中输入命令 matchprop。

执行该命令后，命令行提示如下：

命令:'_matchprop

选择源对象:（选择具有需要属性的源对象）

当前活动设置: 颜色 图层 线型 线型比例 线宽 厚度 打印样式 标注 文字 填充图案 多段线 视口 表格材质 阴影显示（系统提示）

选择目标对象或 [设置(S)]:（选择匹配到的对象）

选择目标对象或 [设置(S)]:（按回车键结束命令）

如果选择"设置"命令选项，则弹出 特性设置 对话框，如图 5.7.3 所示。该对话框中有两个选项组，分别为"基本特性"和"特殊特性"。在"基本特性"选项组中，用户可以设置匹配的颜色、图层、线型、线型比例、线宽、厚度和打印样式等特性。在"特殊特性"选项组中，用户可以设置匹配标注、文字、填充图案、多段线、视口、表、材质和阴影显示等特性。

图 5.7.3 　"特性设置"对话框

第八节　编辑图形对象

本节综合运用本章所学的知识绘制如图 5.8.1 所示的图形，操作步骤如下：

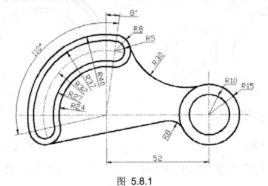

图 5.8.1

（1）单击"图层"工具栏中的"图层特性管理器"按钮 ，在弹出的 图层特性管理器 对话框中新建"辅助线"层、"轮廓线"层和"尺寸标注"层，参数设置如图 5.8.2 所示。

（2）设置"轴线层"为当前图层，单击"绘图"工具栏中的"直线"按钮 ，在绘图窗口中绘制两条相互垂直的直线，然后用偏移命令将垂直的直线向左进行偏移，偏移距离为 52，效果如图 5.8.3 所示。

（3）设置"轮廓层"为当前图层，单击"绘图"工具栏中的"圆"按钮 ，以右边辅助线的交点为圆心，分别绘制半径为 20 和 30 的两个圆，效果如图 5.8.4 所示。

图 5.8.2

图 5.8.3　　　　　　　　　　　　　　　　图 5.8.4

（4）再次执行绘制圆命令，以左边辅助线的交点为圆心，分别绘制半径为 24，27，32，37 和 40 的圆，然后用特性匹配命令将半径为 32 的圆匹配到辅助线层，效果如图 5.8.5 所示。

（5）选中左边的辅助线，激活辅助线中点处的夹点，利用夹点顺时针旋转并复制该辅助线，旋转角度为-8°，然后再按逆时针旋转并复制该辅助线，旋转角度为 102°，效果如图 5.8.6 所示。

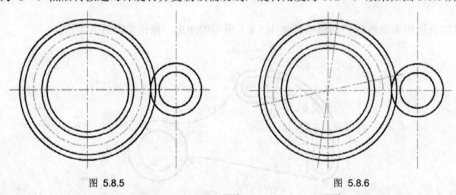

图 5.8.5　　　　　　　　　　　　　　　　图 5.8.6

（6）单击"修改"工具栏中的"修剪"按钮 和"打断"按钮 ，对绘制的图形进行编辑，效果如图 5.8.7 所示。

（7）单击"绘图"工具栏中的"圆"按钮 ，以如图 5.8.7 所示图形中辅助线的交点 A 为圆心，分别绘制半径为 5 和 8 的同心圆，然后利用复制命令将绘制的圆复制到辅助线的交点 B 处，效果如图 5.8.8 所示。

（8）利用修改命令对绘制的图形进行修剪，效果如图 5.8.9 所示。

（9）选择 绘图(D) → 圆(C) → 相切、相切、半径(T) 命令，依次捕捉如图 5.8.9 所示图形中的切点 C 和 D，在命令行的提示下输入圆的半径 30，然后执行修剪命令，对绘制的圆进行修剪，效果如图 5.8.10 所示。

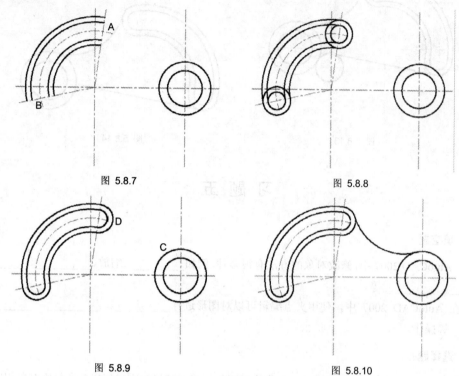

图 5.8.7　　　　　　　　　　　　　　　　　图 5.8.8

图 5.8.9　　　　　　　　　　　　　　　　　图 5.8.10

（10）单击"修改"工具栏中的"偏移"按钮 ，将如图 5.8.10 所示图形中右边的辅助线向左进行偏移，偏移距离为 20，再将水平辅助线向下进行偏移，偏移距离为 11，效果如图 5.8.11 所示。

（11）执行绘制圆命令，以偏移后辅助线的交点为圆心，绘制半径为 8 的圆，效果如图 5.8.12 所示。

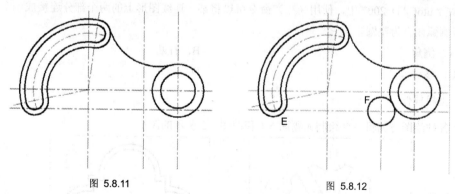

图 5.8.11　　　　　　　　　　　　　　　　　图 5.8.12

（12）执行绘制直线命令，分别捕捉如图 5.8.12 所示图形中的切点 E 和 F，绘制切线，效果如图 5.8.13 所示。

（13）执行修剪命令，对如图 5.8.13 所示的图形进行修剪，然后删除并打断多余的辅助线，效果如图 5.8.14 所示。

（14）设置"尺寸标注"层为当前图层，使用标注工具栏中的各种标注命令对如图 5.8.14 所示的图形进行尺寸标注，最终效果如图 5.8.1 所示。

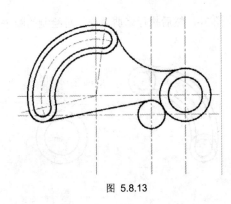

图 5.8.13

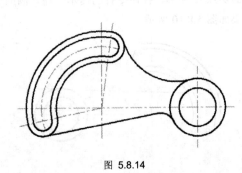

图 5.8.14

习　题　五

一、填空题

1. 在 AutoCAD 2007 中，修改对象的方法有很多种，例如_____、缩放、_____、_____、
_____、_____等。

2. 在 AutoCAD 2007 中，使用夹点编辑可以对图形进行_____、_____、_____和
_____等操作。

二、选择题

1. 在 AutoCAD 2007 中，使用（　）命令可以按矩形或环形的方式创建多个与原对象相同的图
形对象。

　　A．偏移　　　　　　　　　　　　　　B．镜像
　　C．阵列　　　　　　　　　　　　　　D．复制

2. 在 AutoCAD 2007 中，使用（　）命令可以将某一连续图形上的两个部分连接成一个对象，
或将某段圆弧闭合为整圆。

　　A．倒角　　　　　　　　　　　　　　B．打断
　　C．移动　　　　　　　　　　　　　　D．合并

三、上机操作

使用各种绘图与编辑命令绘制如题图 5.1 和题图 5.2 所示的图形。

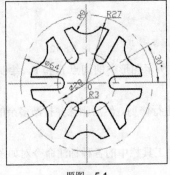

题图　5.1

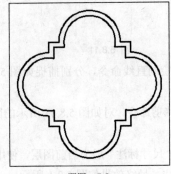

题图　5.2

第六章　精确绘制图形

在 AutoCAD 2007 中绘制图形时，可以使用各种辅助绘图工具精确绘制图形。这些辅助绘图工具包括捕捉、栅格、正交、追踪和动态输入等，本章将详细介绍这些工具的使用方法。

本章主要内容：
- 使用捕捉、栅格和正交。
- 使用对象捕捉。
- 使用自动追踪。
- 使用动态输入。

第一节　使用捕捉、栅格和正交

绘制图形时，单靠移动光标很难精确指定某一点的位置。因此，当绘制的图形要求精确度比较高时，就必须使用坐标或捕捉功能。另外，使用栅格和正交功能能够更方便地指定点的位置。

一、设置栅格和捕捉参数

捕捉是指当光标在绘图窗口中移动时，系统自动显示指针移动的距离和角度。选择 **工具(T)** → **草图设置(F)...** 命令，在弹出的 **草图设置** 对话框中打开 **捕捉和栅格** 选项卡，如图 6.1.1 所示。

该对话框中各选项的功能介绍如下：

（1）**☑ 启用捕捉 (F9)(S)** 复选框：选中此复选框，打开捕捉模式；若不选中此复选框，则关闭捕捉。

（2）**☑ 启用栅格 (F7)(G)** 复选框：选中此复选框，显示栅格点，如图 6.1.2 所示。

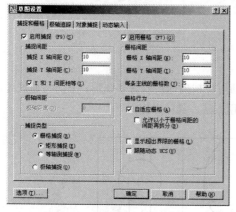

图 6.1.1　"捕捉和栅格"选项卡

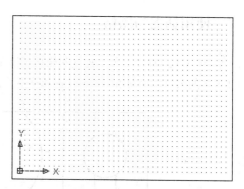

图 6.1.2　显示栅格点

（3）**捕捉间距** 选项组：该选项组用于控制不可见的栅格，使光标按指定的间距移动。在该选项组中可以设置捕捉 X 轴和 Y 轴的间距值。

（4）**极轴间距** 选项组：该选项组用于在选中 **捕捉类型** 选项组中的 ⊙ **极轴捕捉 (O)** 单选按钮时，设置捕捉增量距离。只有当在 **捕捉类型** 选项组中选中 ⊙ **极轴捕捉 (O)** 单选按钮时，该选项才可用。

（5）**捕捉类型** 选项组：该选项组用于控制捕捉模式。系统提供了"栅格捕捉"和"极轴捕捉"两种模式，选中 ⊙ **栅格捕捉 (R)** 或 ⊙ **极轴捕捉 (O)** 单选按钮，即可执行相应的捕捉模式。在"栅格捕捉"模式下又分为"矩形捕捉"和"等轴测捕捉"两种样式，选中 ⊙ **矩形捕捉 (E)** 或 ⊙ **等轴测捕捉 (M)** 单选按钮，即可执行相应的捕捉样式。在"矩形捕捉"样式下，系统显示与当前 UCS 的 XY 平面平行的矩形栅格，X 轴与 Y 轴间距可以不同。"等轴测捕捉"样式下，系统显示等轴测栅格，栅格点初始化为 30°和 150°角，等轴测捕捉可以旋转，但 X 轴和 Y 轴的间距值必须相同。等轴测包括上等轴测平面（30°和 150°角）、左等轴测平面（90°和 150°角）和右等轴测平面（30°和 90°角），按"F5"键可以进行切换，如图 6.1.3 所示。

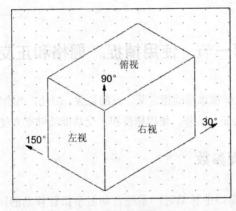

图 6.1.3　等轴测模式

（6）**栅格间距** 选项组：该选项组用于设置栅格的距离。用户可以在该选项组中设置栅格间 X 轴间的距离和 Y 轴间的距离。

（7）**栅格行为** 选项组：该选项组用于控制当视觉样式设置为除二维线框之外的任何视觉样式时，所显示栅格线的外观。

设置栅格和捕捉的参数后，单击状态栏中的 **捕捉** 和 **栅格** 按钮，可以打开或关闭捕捉和栅格功能，另外，直接按"F7"键可以打开或关闭栅格功能，按"F9"键可以打开或关闭捕捉功能。

二、使用捕捉与栅格

在 AutoCAD 2007 中，使用捕捉和栅格可以帮助用户精确地绘制许多图形。下面将通过绘制如图 6.1.4 所示的图形，帮助用户理解捕捉和栅格的使用方法，具体操作如下：

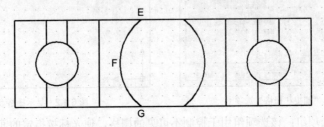

图 6.1.4

（1）选择 工具(T) → 草图设置(F)... 命令，弹出 草图设置 对话框，打开该对话框中的 捕捉和栅格 选项卡，在该选项卡中设置各项参数如图 6.1.5 所示。

（2）单击"绘图"工具栏中的"矩形"按钮 ，利用捕捉功能在绘图窗口中绘制一个长为 140，宽为 40 的矩形，效果如图 6.1.6 所示。

图 6.1.5

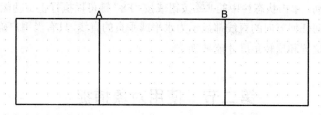

图 6.1.6

（3）单击"绘图"工具栏中的"直线"按钮 ，分别捕捉如图 6.1.7 所示图形中 A 点和 B 点处的栅格点，绘制两条长为 40 的垂直直线，效果如图 6.1.7 所示。

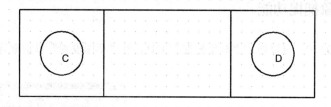

图 6.1.7

（4）单击"绘图"工具栏中的"圆"按钮 ，分别以如图 6.1.8 所示图形中的栅格点 C 和 D 为圆心，绘制两个半径为 20 的圆，效果如图 6.1.8 所示。

图 6.1.8

（5）执行绘制直线命令，参照步骤（3）绘制如图 6.1.9 所示的 4 条直线。

图 6.1.9

（6）单击"修改"工具栏中的"修剪"按钮，对绘制的图形进行修剪操作，效果如图 6.1.10 所示。

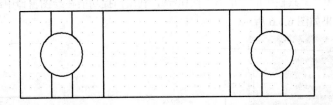

图 6.1.10

（7）单击"绘图"工具栏中的"圆弧"按钮，依次捕捉如图 6.1.4 所示图形中的 E，F 和 G 点为圆弧的起点、中点和端点绘制圆弧，用相同的方法绘制另一条圆弧，最终效果如图 6.1.4 所示。

三、使用正交模式

在 AutoCAD 2007 中，使用正交功能可以非常方便地绘制水平或垂直的直线，而且光标也只能在水平或垂直方向上移动。单击状态栏中的 正交 按钮或按 "F8" 键可以执行正交功能。执行正交功能后，光标从一点引出的指向任何方向的直线都显示为水平或垂直的直线，只有当用户确定了直线的两个端点坐标后，该直线的位置和旋转角度才能被确定。

第二节　使用对象捕捉

在绘制图形的过程中，经常需要指定对象上的一些特殊点，如端点、中点、交点等，使用对象捕捉功能就能轻易地捕捉这些点。

一、打开对象捕捉功能

在 AutoCAD 2007 中，可以通过"对象捕捉"工具栏和"草图设置"对话框打开对象捕捉功能，如图 6.2.1 所示。

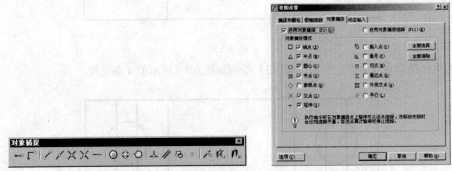

图 6.2.1　"对象捕捉"工具栏和"草图设置"对话框

单击状态栏中的 对象捕捉 按钮，启动对象捕捉功能，然后单击"对象捕捉"工具栏中的相应按钮，移动光标到对象上的特征点附近，系统就会显示该特征点的名称，单击鼠标左键即可捕捉对象的特征点，如图 6.2.2 所示。

在 草图设置 对话框中选中 对象捕捉 选项卡中的 ☑ 启用对象捕捉 (F3)(O) 复选框，也可以启动对象捕捉功能。另外，在绘图窗口中按住 "Shift" 键，同时单击鼠标右键，在弹出的快捷菜单中选中相应的命令也可以打开捕捉模式，如图 6.2.3 所示。

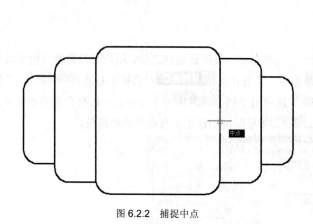

图 6.2.2 捕捉中点

图 6.2.3 "对象捕捉"快捷菜单

二、设置对象捕捉模式

对象上的特征点很多，在 AutoCAD 2007 中，系统将这些特征点称为对象捕捉模式，在如图 6.2.1 所示的 对象捕捉 选项卡中选中各特征点前面的复选框即可设置打开该特征点捕捉。另外，通过单击"对象捕捉"工具栏中的相应按钮也可以设置特征点捕捉。如表 6.1 所示为对象捕捉模式的按钮图标、名称及其功能介绍。

表 6.1 对象捕捉按钮、名称及其功能

按 钮	名 称	功 能
⊶	临时追踪点	创建对象所使用的临时点
⌐	捕捉自	从临时参照点偏移
⌁	捕捉到端点	捕捉线段或圆的最近端点
⌁	捕捉到中点	捕捉线段或圆弧等对象的中点
✕	捕捉到交点	捕捉线段、圆弧、圆、各种曲线之间的交点
✕	捕捉到外观交点	捕捉线段、圆弧、圆、各种曲线之间的外观交点
---	捕捉到延长线	捕捉到直线或圆弧延长线上的点
⊙	捕捉到圆心	捕捉到圆或圆弧的圆心
◇	捕捉到象限点	捕捉到圆或圆弧的象限点
○	捕捉到切点	捕捉到圆或圆弧的切点
⊥	捕捉到垂足	捕捉到垂直于线、圆或圆弧上的点
//	捕捉到平行线	捕捉到与指定线平行的线上的点
⊡	捕捉到插入点	捕捉块、图形、文字等对象的插入点
∘	捕捉到节点	捕捉对象的节点
⌁	捕捉到最近点	捕捉离拾取点最近的线段、圆弧、圆等对象上的点
⋔	无捕捉	关闭对象捕捉方式
⋔	对象捕捉设置	设置自动捕捉方式

第三节　　使用自动追踪

在 AutoCAD 2007 中，使用自动追踪功能可以按指定的方式绘制与其他对象有着某种关系的图形对象。自动追踪可以分为两种，一种是极轴追踪，另一种是对象捕捉追踪。

一、使用极轴追踪

极轴追踪是指按指定的角度增量来追踪特征点。使用该功能之前，用户必须先设置角度增量。选择 工具(T) → 草图设置(F)... 命令，在弹出的 草图设置 对话框中打开 极轴追踪 选项卡，如图 6.3.1 所示，在该选项卡中的 极轴角设置 选项组中的 增量角(I): 下拉列表中选择合适的增量角，或选中 ☑附加角(D) 复选框，单击右边的 新建(N) 按钮即可创建用户自定义的增量角。

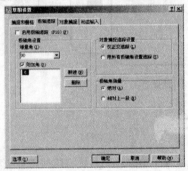

图 6.3.1　"极轴追踪"选项卡

二、使用对象捕捉追踪

对象捕捉追踪是指按对象的某种关系进行追踪。如果已知要追踪的角度，可以用极轴追踪功能，如果不知道追踪角度，则可以使用对象捕捉追踪。在 极轴追踪 选项卡中可以对对象捕捉追踪进行设置，其中各选项功能介绍如下：

（1） ⊙仅正交追踪(L) 单选按钮：选中该单选按钮，当对象捕捉追踪打开时，仅显示已获得的对象捕捉点的正交对象捕捉追踪路径。

（2） ⊙用所有极轴角设置追踪(S) 单选按钮：选中该单选按钮，将极轴追踪设置应用于对象捕捉追踪。使用对象捕捉追踪时，光标将从获取的对象捕捉点起沿极轴对齐角度进行追踪。

（3） 极轴角测量 选项组：该选项组用于设置追踪时极轴角的测量方式。选中 ⊙绝对(A) 单选按钮，根据当前用户坐标系确定极轴追踪角度。选中 ⊙相对上一段(R) 单选按钮，根据上一个绘制线段确定极轴追踪角度。

对象追踪与对象捕捉功能必须同时工作，即在追踪对象捕捉到点之前，必须先打开对象捕捉功能。

三、使用临时追踪点和捕捉自功能

在"对象捕捉"工具栏中，还有两个非常有用的对象捕捉工具，即"临时追踪点"和"捕捉自"工具。

单击"对象捕捉"工具栏中的"临时追踪点"按钮 [图]，执行临时追踪点功能，这样可以在一次操作中创建多条追踪线，并根据这些追踪线确定所需要的点。

单击"对象捕捉"工具栏中的"捕捉自"按钮 [图]，执行捕捉自功能，这样在使用相对坐标指定下一个应用点时，"捕捉自"工具可以提示输入基点，并将该点作为临时参考点，这与通过输入前缀@使用最后一个作为参照点类似。"捕捉自"不是对象捕捉，但经常与对象捕捉一起使用。

第四节　使用动态输入

在绘制图形时，使用动态输入功能可以在指针位置显示标注输入和命令提示，同时还可以显示输入信息，这样可以极大地方便绘图。

一、启用指针输入

选择 **工具(T)** → **草图设置(F)...** 命令，在弹出的 **草图设置** 对话框中打开 **动态输入** 选项卡，如图 6.4.1 所示，在该选项卡中选中 **启用指针输入 (P)** 复选框，即可启用指针输入功能。

启用指针输入功能后，十字光标附近的工具栏中将显示当前指针的坐标，用户可以直接在该工具栏中输入坐标值。在 **动态输入** 选项卡中单击 **指针输入** 选项区中的 **设置(S)...** 按钮，在弹出的 **指针输入设置** 对话框中可以设置指针的格式和可见性，如图 6.4.2 所示。

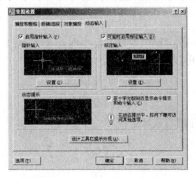

图 6.4.1 "动态输入"选项卡　　　图 6.4.2 "指针输入设置"对话框

二、启动标注输入

在 **动态输入** 选项卡中选中 **可能时启用标注输入 (D)** 复选框，即可启动标注输入功能。启动该功能后，当命令提示第二步操作时，工具栏提示将显示距离和角度值。单击 **标注输入** 选项区中的 **设置(E)...** 按钮，弹出 **标注输入的设置** 对话框，如图 6.4.3 所示，使用该对话框可以设置标注的可见性。

三、显示动态输入

在 **动态输入** 选项卡中选中 **在十字光标附近显示命令提示和命令输入 (C)** 复选框，即可启动动态输入功能。启动动态输入功能后，可以在光标附近显示命令提示，通过键盘上的方向键可以选择各命令选项，如图 6.4.4 所示。

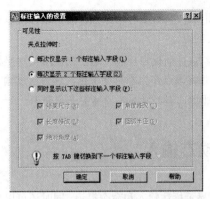

图 6.4.3　"标注输入的设置"选项卡

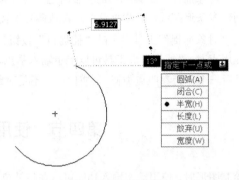

图 6.4.4　显示动态输入

习 题 六

一、填空题

1. 在 AutoCAD 2007 中，栅格是一些在绘图区域有着特定距离的_____所组成的网格，类似于坐标纸。

2. 在 AutoCAD 2007 中，利用对象捕捉工具可以捕捉_____、_____、_____、_____等特殊点。

二、选择题

1. 在 AutoCAD 2007 中，启动（　）功能可以在光标附近显示命令提示。

   A. 对象捕捉　　　　　　　　　　　　　　B. 正交模式

   C. 对象追踪　　　　　　　　　　　　　　D. 动态输入

2. （　）功能键用于控制对象捕捉功能的开启与关闭。

   A. F1　　　　　　　　　　　　　　　　B. F2

   C. F3　　　　　　　　　　　　　　　　D. F4

三、上机操作

使用各种绘图与编辑命令，精确绘制如题图 6.1 所示的图形。

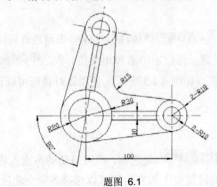

题图 6.1

第七章 控制图形显示

在 AutoCAD 2007 中，用户可以使用多种方法观察绘图窗口中绘制的图形，包括视图的缩放和平移、命名视图、使用视口和鸟瞰视图等，这样可以灵活地观察图形的整体效果和局部细节。本章将详细介绍这些工具的使用方法。

本章主要内容：

- 缩放与平移视图。
- 使用命名视图。
- 使用视口。
- 使用鸟瞰视图。

第一节 缩放与平移视图

在 AutoCAD 2007 中，用户可以使用缩放和平移视图命令改变视口显示的图形对象和比例，但对象的真实大小保持不变。通过改变显示区域和图形对象的大小可以更准确、更详细地绘图。

一、缩放视图

使用缩放命令可以放大显示图形的局部或缩小图形来显示图形的整体效果。在 AutoCAD 2007 中，执行缩放命令的方法有以下 3 种：

（1）单击"缩放"工具栏中的相应命令按钮，如图 7.1.1 所示。

（2）选择  命令的子菜单命令，如图 7.1.2 所示。

图 7.1.1　"缩放"工具栏　　　图 7.1.2　"缩放"命令子菜单

（3）在命令行中输入命令 zoom 后按回车键，命令行提示如下：

指定窗口的角点，输入比例因子 (nX 或 nXP)，或者[全部(A)/中心(C)/动态(D)/范围(E)/上一个(P)/比例(S)/窗口(W)/对象(O)] <实时>:

选择合适的命令选项，即可对图形进行缩放，其中各命令选项的功能介绍如下：

（1）"实时"缩放：选择该命令选项，按住并拖动鼠标来放大或缩小图形。按住鼠标左键并向上拖动，可放大图形对象，向下拖动，可缩小图形对象，按"Esc"键或回车键结束命令。

（2）"全部"缩放：选择该命令选项，显示整个图形中的所有对象。显示范围以图形界限或当前图形范围为边界，如果绘制的图形在图形界限以内，则以图形界限为边界；如果绘制的图形超出了图形界限，则以图形范围为边界。如图 7.1.3 所示为"全部"缩放的效果。

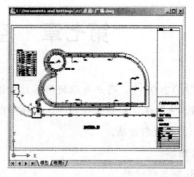

原始图形　　　　　　　　　　　　　　　　效果图

图 7.1.3　　"全部"缩放效果

（3）"中心"缩放：选择该命令选项，在图形中指定一点作为视图的中心点，然后根据指定的缩放比例因子或高度值缩放图形。如果指定的数值比当前值小，则放大图形；如果指定的数值比当前值大，则缩小图形。如图 7.1.4 所示为"中心"缩放的效果。

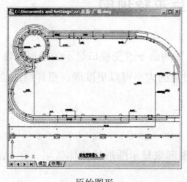
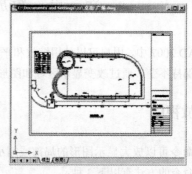

原始图形　　　　　　　　　　　　　　　　效果图

图 7.1.4　　"中心"缩放效果

（4）"动态"缩放：选择该命令选项，视图中会显示当前图形中的全部图形对象，并以虚线框显示图形范围，同时视图中显示一个带箭头的方框，该方框会随着鼠标的移动进行放大或缩小。单击鼠标左键可以确定方框的大小，此时该方框中的箭头消失，同时出现一个"×"，此时的方框大小会跟随鼠标的拖动而移动。当移动到合适位置时，单击鼠标右键或回车键即可缩放图形。如图 7.1.5 所示为"动态"缩放的效果。

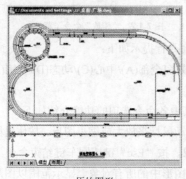
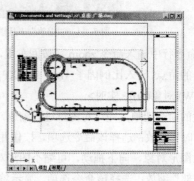

原始图形　　　　　　　　　　　　　　　　效果图

图 7.1.5　　"动态"缩放效果

（5）"范围"缩放：选择该命令选项，在视图中尽可能大地显示所有图形对象。与"全部"缩放不同的是，"范围"缩放使用的显示边界只是图形范围而不是图形界限。如图 7.1.6 所示为"范围"缩放的效果。

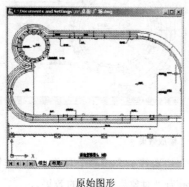

原始图形　　　　　　　　　　　　　　　效果图

图 7.1.6　"范围"缩放效果

（6）缩放"上一个"：选择该命令选项，恢复上一次显示的图形。如果正处于实时缩放模式，单击鼠标右键，在弹出的快捷菜单中选择"缩放为原窗口"命令，即可缩放到最初执行实时缩放命令时的视图。另外，利用缩放"上一个"命令缩放视图时，只可以还原视图的大小和位置，而不能还原上一个视图的编辑环境。

（7）"比例"缩放：选择该命令选项，按缩放比例缩放图形。命令行提示如下：

输入比例因子（nX 或 nXP)：

在 AutoCAD 2007 中，可以通过以下 3 种方式输入缩放比例：

1）相对图形界限：如果直接输入一个数值作为比例因子，则该比例因子适用于整个图形。数值大于 1 则放大图形，小于 1 则缩小图形。

2）相对当前视图：如果在输入的数值后面加 x，则相对于当前视图按比例缩放图形。

3）相对图纸空间单位：当工作在图形空间中时，要相对于图纸空间单位按比例缩放视图，只需在输入的比例值后加上 XP。它指定了相对当前图纸空间按比例缩放视图，并且它还可以用来在打印前缩放视图。如图 7.1.7 所示为"比例"缩放的效果。

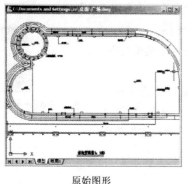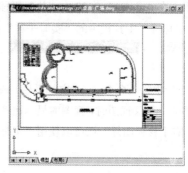

原始图形　　　　　　　　　　　　　　　效果图

图 7.1.7　"比例"缩放效果

（8）"窗口"缩放：选择该命令选项，可以在视图中拾取两个对角点来确定一个矩形窗口，按回车键后，系统会将该窗口中的所有图形对象显示并充满在整个屏幕中。"窗口"缩放命令只能用于放大显示图形的局部，而不能缩小图形对象。如图 7.1.8 所示为"窗口"缩放的效果。

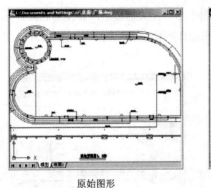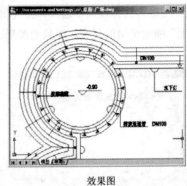

原始图形　　　　　　　　　　　　　　　效果图

图 7.1.8　"窗口"缩放效果

（9）"对象"缩放：选择该命令选项，在绘图窗口中选择一个或多个对象，按回车键后，被选中的图形对象将被显示并充满整个屏幕。如图 7.1.9 所示为"对象"缩放后的效果。

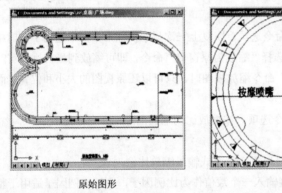

原始图形　　　　　　　　　　　　　　　效果图

图 7.1.9　"对象"缩放效果

二、平移视图

使用平移视图命令，可以移动并重新指定视图的显示位置，这样就可以在有限的视图空间显示无限大的绘图界限。在 AutoCAD 2007 中，执行平移命令的方法有以下 3 种：

（1）单击"标准"工具栏中的"实时平移"按钮 。

（2）选择 视图(V) → 平移(P) 命令的子菜单命令，如图 7.1.10 所示。

（3）在命令行中输入命令 pan（实时平移）或 -pan（定点平移）。

在使用平移命令平移视图时，视图的显示比例不会改变。除了可以上、下、左、右平移视图外，还可以使用"实时"和"顶点"命令平移视图。

图 7.1.10　"平移"命令子菜单

1. 实时平移

使用实时平移命令可以动态平移图形。选择 视图(V) → 平移(P) ▶ → 实时 命令，或单击"标准"工具栏中的"实时平移"按钮 ，可以执行实时平移命令，此时光标指针变成一只手的形状 ，如图 7.1.11 所示。按住鼠标左键并拖动鼠标即可移动屏幕中的图形，释放鼠标，可返回到平移等待状态，按"Esc"或回车键结束命令。

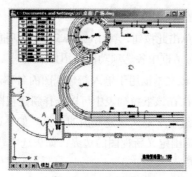

图 7.1.11 实时平移

2．定点平移

使用定点平移命令可以通过指定基点和位移值来平移视图。在命令行中输入命令-pan，即可执行定点平移命令。执行该命令后，命令行提示如下：

命令: -pan

指定基点或位移:（指定平移图形的基点或位移量）

指定第二点:（指定平移的第二个点）

执行该命令后，如果直接输入位移量，则系统以当前图形的中心点为基点移动图形。

第二节　使用命名视图

在 AutoCAD 2007 中，用户可以在一幅图形中创建多个视图，并对这些视图命名，然后通过切换视图来观察和修改图形。执行命名视图命令的方法有以下 3 种：

（1）单击"视图"工具栏中的"命名视图"按钮 。

（2）选择 视图(V) → 命名视图(N)... 命令。

（3）在命令行中输入命令 view。

执行该命令后，弹出 视图管理器 对话框，如图 7.2.1 所示。该对话框中各选项功能介绍如下：

图 7.2.1 "视图管理器"对话框

（1） 查看(V) 列表框：该列表框中列出了当前所有可用视图，其中包括当前视图、模型视图、布局视图、预设视图和用户自定义视图。在预设视图中系统提供了俯视、仰视、主视、后视、左视、右视、西南等轴测、东南等轴测、东北等轴测和西北等轴测视图多种正交视图和等轴测视图。

（2）"特性"列表：当在 查看(V) 列表框中选中一个可用视图后，该列表框中就会显示选中列表的所有特性。

（3） 置为当前(C) 按钮：在 查看(V) 列表框中选中一个可用视图后，单击该按钮即可将选中的视图设置为当前视图。

（4）  按钮：单击此按钮，弹出 新建视图 对话框，如图 7.2.2 所示，用户可以利用该对话框创建自定义视图。该对话框中各选项功能介绍如下：

1） 视图名称(N)：文本框：该文本框用于输入新建视图的名称。

2） 视图类别(G)：下拉列表：在该下拉列表中可以选择新建视图的类别。

3） 边界 选项组：该选项组用于定义新建视图的边界。如果选中 当前显示(C) 单选按钮，则以当前绘图窗口中显示的图形范围定义新视图的边界；如果选中 定义窗口(D) 单选按钮，则系统会引导用户创建新建视图的边界。

4） 设置(S) 选项组：该选项组用于编辑设置与命名视图一起保存的选项。如果选中该对话框中的 将图层快照与视图一起保存(L) 复选框，则在新的命名视图中保存当前图层的可见性设置；另外，用户还可以通过 UCS(U)、活动截面(S) 和 视觉样式(V) 下拉列表设置与新视图一起保存的 UCS、恢复视图时应用的活动截面和与视图一起保存的视觉样式。

5） 背景 选项组：该选项组用于设置新视图的替代背景。如果选中 替代默认背景(B) 复选框，则弹出 背景 对话框，如图 7.2.3 所示，用户可以在该对话框中设置替代的背景。

图 7.2.2 "新建视图"对话框 　　　　　图 7.2.3 "背景"对话框

（5） 更新图层(L) 按钮：单击此按钮，可以更新与选定的命名视图一起保存的图层信息，使其与当前模型空间和布局视口中的图层可见性匹配。

（6） 编辑边界(B)... 按钮：单击此按钮，切换到如图 7.2.4 所示的视图，该视图中显示了整幅图形，用户可以通过十字光标或输入坐标点来确定新边界的角点，从而达到编辑视图边界的目的。确定新边界后，新边界内的区域显示为亮色，没有选中的区域显示为灰色，如图 7.2.5 所示。

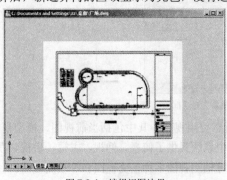
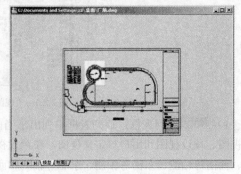

图 7.2.4 编辑视图边界 　　　　　图 7.2.5 指定新的视图边界

（7） 删除(D) 按钮：在 查看(V) 列表框中选中用户自定义的视图后，单击此按钮，即可将其删除。

第三节 使用视口

视口就是绘图窗口中显示图形的窗口。在 AutoCAD 2007 中，用户可以在绘图窗口中创建多个视口，并通过这些视口观察图形的整体和局部效果。

一、视口的特点

在 AutoCAD 2007 中，用户最多可以创建 32 000 个视口，其中每个视口都可以用来查看图形的不同部分，如图 7.3.1 所示。

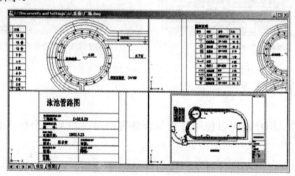

图 7.3.1 多视口观察图形

多个视口中显示的图形可以相同，也可以不同，但每个视口都具有以下特点：

（1）每个视口都有各自独立的坐标系。

（2）用户只能在当前视口中对图形进行操作。

（3）用户可以在命令执行过程中切换视口，以便在不同的视口中进行操作。

（4）对图层进行操作时，如果在一个视口中关闭某个图层，则在其他图层中也会关闭该图层。

二、创建视口

在 AutoCAD 2007 中，执行创建视口命令的方法有以下 3 种：

（1）单击"布局"工具栏中的"显示'视口'对话框"按钮 。

（2）选择 视图(V) → 视口(V) → 新建视口(E)... 命令。

（3）在命令行中输入命令 vports。

执行该命令后，弹出 视口 对话框，在该对话框中打开 新建视口 选项卡，如图 7.3.2 所示，该对话框中各选项功能介绍如下：

（1） 新名称(N): 文本框：该文本框用于输入新建视口的名称。

（2） 标准视口(V) 列表框：该列表框中列出了多种视口的配置方式。

（3） 预览 框：当在 标准视口(V) 列表框中选中一个视口配置时，在该预览框中会显示该视口配置的预览效果。

（4） 应用于(A) 下拉列表框：该下拉列表框用于选择创建视口的应用范围。

（5） 设置(S) 下拉列表框：该下拉列表框用于设置创建的视口是二维的还是三维的。

（6） 修改视图(C) 下拉列表框：该下拉列表框用于从列表中选择视图替换选定视口中的视图。

（7）视觉样式(I)：下拉列表框：该下拉列表框用于选择当前选中的视口的视觉样式。

在视口对话框中打开命名视口选项卡，如图 7.3.3 所示，该选项卡用于保存和命名在新建视口选项卡中新建的视口配置。在该选项卡中的命名视口(N)：列表框中可以选择命名视口的配置。

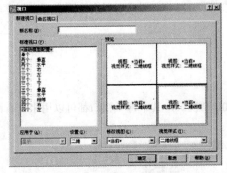

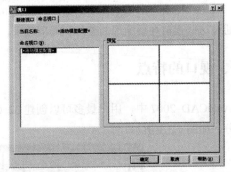

图 7.3.2　"视口"对话框　　　　　　　　　图 7.3.3　"命名视口"选项卡

三、分割与合并视口

在 AutoCAD 2007 中，用户还可以使用分割与合并视口命令将某一个视口继续进行分割或将多个视口合并成一个视口。

（1）分割视口：分割视口是指针对某一视口继续创建视口。在当前视图中选中一个视口，然后执行创建视口命令，在选中的视口中继续创建视口，这样就可以将选中的视口分割成多个视口。分割如图 7.3.1 所示图形中右下角的视口，效果如图 7.3.4 所示。

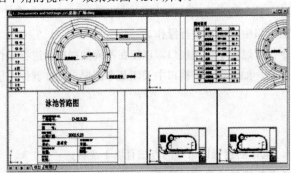

图 7.3.4　分割视口

（2）合并视口：合并视口是指在已经分割的多个视口中指定一个主视口，然后将其合并成一个视口。选择视图(V)→视口(V)→合并(J)命令，命令行提示如下：

命令：_-vports

输入选项 [保存(S)/恢复(R)/删除(D)/合并(J)/单一(SI)/?/2/3/4] <3>: _j（系统提示）

选择主视口 <当前视口>:（选择合并的主视口）

选择要合并的视口:（选择合并的另一个视口）

正在重生成模型（系统提示）

合并视口后，作为主视口的图形显示效果将被保存下来，而被合并的视口将被删除，合并视口的效果如图 7.3.5 所示。

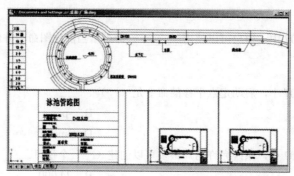

图 7.3.5 合并视口

第四节 使用鸟瞰视图

鸟瞰视图提供了一种可视化平移和缩放视图的方法。当图形文件很大，当前视口中不能完全显示时，可以使用鸟瞰视图进行浏览。选择 视图(V) → 鸟瞰视图(W) 命令，系统打开 鸟瞰视图 窗口，如图 7.4.1 所示。

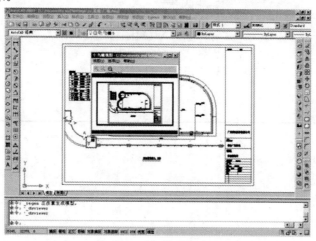

图 7.4.1 "鸟瞰视图"窗口

在 鸟瞰视图 窗口中显示了图形中的所有对象，其中粗线矩形框用于设置图形的观察范围。当需要放大图形时，可以缩小矩形框；当缩小图形时，可以放大矩形框。使用鸟瞰视图观测图形的方法与使用动态视图缩放图形的方法相似，但使用鸟瞰视图观察图形是在一个独立的窗口中进行的，其结果反映在绘图窗口的当前视口中。

选择 鸟瞰视图 窗口中 视图(V) 菜单的子命令，或单击 鸟瞰视图 窗口中的缩放按钮，可以调整该窗口显示图形的大小，同时不会影响到绘图区域中的视图。

习 题 七

一、填空题

1. 利用_____和_____命令可以改变图形的大小和位置，使用户可以观察图形的整体和局部情况。

2．在 AutoCAD 2007 中，用户可以使用_____命令给当前视图命名并保存。

二、选择题

1．在 AutoCAD 2007 中，启动定点平移的命令是（　　）。

  A．pan   B．-pan

  C．move   D．-move

2．在 AutoCAD 2007 中，系统允许用户最多可以创建（　　）个视口。

  A．12 000   B．24 000

  C．32 000   D．64 000

三、上机操作题

打开如题图 7.1 所示系统自带的图形文件，利用本章所学的各种控制图形显示的方法观察该图。

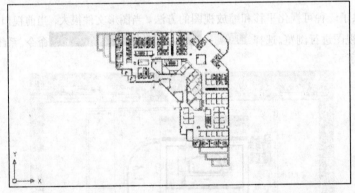

题图 7.1

第八章 面域与图案填充

面域是指具有边界的平面区域，它是一个面对象，内部可以包含孔。从外观来看，面域和一般的封闭线框没有区别，但实际上面域就像是一张没有厚度的纸，除了包括边界外，还包括边界内的平面。

图案填充是指使用指定线条或图案来填充闭合的区域，常常用于表达剖切面和不同类型物体对象的外观纹理等，被广泛应用在绘制机械图、建筑图及地质构成等各类图形中。

本章主要内容：

- ➡ 创建面域。
- ➡ 对面域进行布尔运算。
- ➡ 使用图案填充。
- ➡ 绘制圆环、宽线和二维填充图形。

第一节 创建面域

在 AutoCAD 2007 中，用户可以将某些对象围成的封闭区域转换为面域，或用边界来定义面域，本节将详细介绍面域的创建方法。

一、由二维图形创建面域

在 AutoCAD 2007 中，可用于创建面域的二维图形必须是封闭的，这些图形可以是圆、椭圆、封闭二维多段线和封闭的样条曲线等对象，也可以是由圆弧、直线、二维多段线和样条曲线等对象构成的封闭区域。创建面域的方法有以下 3 种：

（1）单击"绘图"工具栏中的"面域"按钮 。

（2）选择 绘图(D) → 面域(N) 命令。

（3）在命令行中输入命令 region。

执行该命令后，命令行提示如下：

命令: _region

选择对象:（选择封闭的二维对象）

选择对象:（按回车键结束对象选择）

已提取 1 个环。（系统提示）

已创建 1 个面域。（系统提示）

二维图形属于线框模型，面域对象属于实体模型，它们表面上看不出有什么不同，只有选中时才会显示出二者的区别，如图 8.1.1 所示。

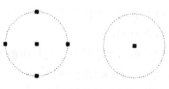

图 8.1.1 选中多段线和面域的效果

另外，使用"对象特性管理器"选项板也可以查看二维图形和面域对象在属性上的差别，如图 8.1.2 和图 8.1.3 所示。

图 8.1.2　选中二维对象时的选项板　　　　图 8.1.3　选中面域对象时的选项板

二、用边界定义面域

除了将图形中封闭的二维图形转换成面域图形外，还可以使用边界定义面域的方法利用图形中对象的边界来创建面域。执行此命令的方法有以下两种：

（1）选择 绘图(D) → 边界(B)... 命令。

（2）在命令行中输入命令 boundary。

执行该命令后，弹出 边界创建 对话框，如图 8.1.4 所示，在该对话框中的 对象类型(J) 下拉列表中选择 面域 选项，单击该对话框中的"拾取点"按钮 ，系统切换到绘图窗口，在封闭区域的内部指定一点，即可将其创建成面域图形。在创建面域时，如果系统变量 delobj 的值为 1，AutoCAD 在定义面域后将删除原始对象；如果系统变量 delobj 的值为 0，则不删除原始对象。

图 8.1.4　"边界创建"对话框

例如，绘制如图 8.1.5 所示图形，并将其创建成面域对象，具体操作如下：

（1）单击"绘图"工具栏中的"直线"按钮 ，在绘图窗口中绘制两条相互垂直的直线，效果如图 8.1.6 所示。

（2）单击"绘图"工具栏中的"圆"按钮 ，以直线的交点为圆心，绘制半径为 10 和 3 的两个圆，效果如图 8.1.7 所示。

（3）继续执行绘制圆命令，以半径为 10 的圆与直线的交点为圆心，绘制半径为 1.5 的圆，然后单击"修改"工具栏中的"阵列"按钮 ，在弹出的 阵列 对话框中选中 环形阵列(P) 单选按钮，指定直线的交点为阵列的中心点，环形阵列半径为 1.5 的圆，阵列的数目为 8，效果如图 8.1.8 所示。

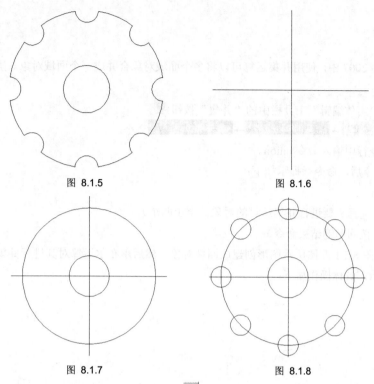

图 8.1.5　　　　　　　　　　　　　图 8.1.6

图 8.1.7　　　　　　　　　　　　　图 8.1.8

（4）单击"修改"工具栏中的"修剪"按钮 ✂，对绘制的图形进行修剪操作，选中修剪后的图形，效果如图 8.1.9 所示。

（5）单击"绘图"工具栏中的"面域"按钮 ◎，然后选中修剪后的所有图形，按回车键结束命令，选中编辑后的图形，效果如图 8.1.10 所示。

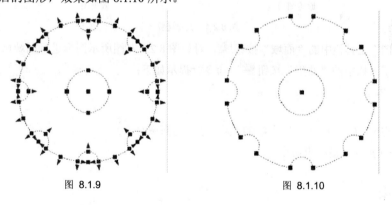

图 8.1.9　　　　　　　　　　　　　图 8.1.10

第二节　对面域进行布尔运算

布尔运算是数学上的一种运算逻辑，在 AutoCAD 绘图中，尤其当绘制比较复杂的图形时，对提高绘图效率具有很大作用。面域对象具有很多平面图形所没有的特性，如面积、质心、惯性距等，用户可以对这些特性进行编辑。在 AutoCAD 2007 中，使用布尔运算可以对面域图形进行并集、差集和交集运算。布尔运算的对象只限于实体和共面的面域，对一般的线框对象不能使用布尔运算。

一、并集

在 AutoCAD 2007 中，使用并集运算可以将多个面域对象合并成一个面域对象。执行并集命令的方法有以下 3 种：

（1）单击"实体编辑"工具栏中的"并集"按钮。

（2）选择 修改(M) → 实体编辑(N) ▶ → ◎ 并集(U) 命令。

（3）在命令行中输入命令 union。

执行并集命令后，命令行提示如下：

命令: _union

选择对象:（选择需要进行并集运算的对象，至少两个）

选择对象:（按回车键结束命令）

例如，将如图 8.2.1 左图所示图形创建成面域对象，然后用布尔运算对其进行并集运算，效果如图 8.2.1 右图所示，具体操作如下：

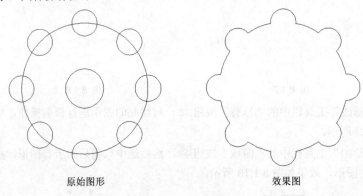

原始图形　　　　　　　　　　　　　　　　效果图

图 8.2.1　并集运算

单击"绘图"工具栏中的"面域"按钮，对如图 8.2.1 左图所示图形进行面域操作，然后单击"实体编辑"工具栏中的"并集"按钮，命令行提示如下：

命令: _union

选择对象:

指定对角点: 找到 10 个（用交叉窗口选择创建的面域对象）

选择对象:（按回车键结束命令）

二、差集

在 AutoCAD 2007 中，使用差集运算可以从一组面域对象中减去另一组面域对象，从而创建新的面域对象。执行差集命令的方法有以下 3 种：

（1）单击"实体编辑"工具栏中的"差集"按钮。

（2）选择 修改(M) → 实体编辑(N) ▶ → ☾ 差集(S) 命令。

（3）在命令行中输入命令 subtract。

执行差集命令后，命令行提示如下：

命令：_subtract

选择要从中减去的实体或面域...（系统提示）

选择对象：（选择作为减数的对象）

选择对象：（按回车键结束作为减数对象的选择）

选择要减去的实体或面域....（系统提示）

选择对象：（选择作为被减数的对象）

选择对象：（按回车键结束对象选择，同时结束差集命令）

例如，对如图 8.2.2 左图所示图形进行差集运算，效果如图 8.2.2 右图所示，具体操作如下：

单击"实体编辑"工具栏中的"差集"按钮 ⊚◎，命令行提示如下：

命令：_subtract

选择要从中减去的实体或面域...（系统提示）

选择对象：找到 1 个（选择如图 8.2.2 左图所示图形中的大圆）

选择对象：（按回车键结束对象选择）

选择要减去的实体或面域...（系统提示）

选择对象：找到 1 个（选择如图 8.2.2 左图所示图形中的小圆）

选择对象：找到 1 个（按回车键结束差集命令）

差集运算后的结果如图 8.2.2 右图所示。

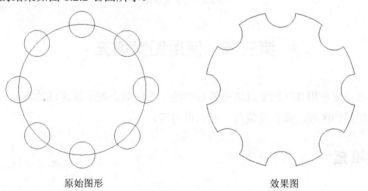

原始图形　　　　　　　　　　　　　效果图

图 8.2.2　差集运算

三、交集

在 AutoCAD 2007 中，使用交集运算可以将多个面域对象的重合部分创建成新的面域对象。执行交集运算命令的方法有以下 3 种：

（1）单击"实体编辑"工具栏中的"交集"按钮 ⊚◎。

（2）选择 修改(M) → 实体编辑(N) → 交集(T) 命令。

（3）在命令行中输入命令 intersect。

执行交集运算命令后，命令行提示如下：

命令：_intersect

选择对象：（选择要进行交集运算的面域对象）

选择对象：（按回车键结束交集运算命令）

例如，对如图 8.2.3 左图所示图形中的面域对象进行交集运算，效果如图 8.2.3 右图所示，具体操作如下：

单击"实体编辑"工具栏中的"交集"按钮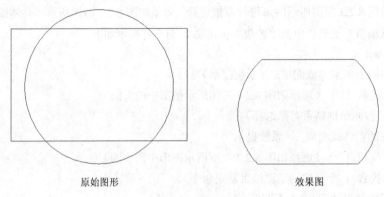，命令行提示如下：

命令：_intersect

选择对象：（选择如图 8.2.3 左图中的圆）

指定对角点：找到 1 个，找到 2 个（选择如图 8.2.3 左图所示图形中的矩形）

选择对象：（按回车键结束命令）

交集运算后的效果如图 8.2.3 右图所示。

原始图形　　　　　　　　　　　　　　　　　效果图

图 8.2.3　交集运算

第三节　使用图案填充

图案填充是指重复使用某些图案以填充图形中的一个区域来表示该区域的特征。图案填充经常用于机械工程图中的剖切区域，或在建筑图中表示材料等。

一、图案填充

图案填充的填充区域必须是封闭的，否则将无法填充图案。在 AutoCAD 2007 中，执行该命令的方法有以下 3 种：

（1）单击"绘图"工具栏中的"图案填充"按钮![图标]。

（2）选择 绘图(D) → 图案填充(H)... 命令。

（3）在命令行中输入命令 bhatch。

执行该命令后，弹出 图案填充和渐变色 对话框，如图 8.3.1 所示。该对话框中各选项的功能介绍如下：

（1）类型和图案 选项组：指定图案填充的类型和图案。该选项组中包含以下选项：

1）类型(Y): 下拉列表框：该选项用于设置填充图案的类型。AutoCAD 提供了"预定义"、"用户定义"和"自定义"3 种类型供用户选择。

2）图案(P): 下拉列表框：在该下拉列表中选择图案名称，或单击该下拉列表框右边的"预览"按钮 ，在弹出的 填充图案选项板 对话框中选择其他图案类型进行设置，如图 8.3.2 所示。

3）样例: 列表框：该列表框用于显示选定的图案。单击该列表框中的图案也可以弹出 填充图案选项板 对话框，并可以选择其他图案进行设置。

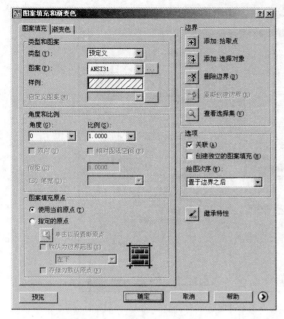

图 8.3.1 "图案填充"选项卡

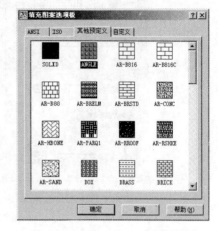

图 8.3.2 "填充图案选项板"对话框

4）自定义图案(M)：下拉列表框：该列表框用于将填充的图案设置为用户自定义的图案，用法与图案(P)：下拉列表框相同。该选项只有在"自定义"类型下才可用。

（2）角度和比例选项组：指定选定填充图案的角度和比例。该选项组包含以下选项：

1）角度(G)：下拉列表框：指定填充图案的角度（相对当前 UCS 坐标系的 X 轴）。

2）比例(S)：下拉列表框：放大或缩小预定义或自定义图案。只有将类型(Y)：设置为"预定义"或"自定义"时，此选项才可用。

3）双向(U) 复选框：对于用户定义的图案，将绘制第二组直线，这些直线与原来的直线成90°角，从而构成交叉线。只有在"图案填充"选项卡上将类型(Y)：设置为"用户定义"时此选项才可用。

4）相对图纸空间(E) 复选框：相对于图纸空间单位缩放填充图案。使用此选项，可以很容易地以适合于布局的比例显示填充图案，该选项仅适用于布局。

5）间距(C)：文本框：指定用户定义图案中的直线间距。只有将类型(Y)：设置为"用户定义"时此选项才可用。

6）ISO 笔宽(O)：下拉列表框：基于选定笔宽缩放 ISO 预定义图案。只有将类型(Y)：设置为"预定义"，并将图案(P)：设置为可用的 ISO 图案的一种时，此选项才可用。

（3）图案填充原点选项组：控制填充图案生成的起始位置。某些图案填充需要与图案填充边界上的一点对齐。默认情况下，所有图案填充原点都对应于当前的 UCS 原点。该选项组包含以下选项：

1）使用当前原点(T) 单选按钮：使用存储在 hporiginmode 系统变量中的设置。默认情况下，原点设置为（0，0）。

2）指定的原点 单选按钮：指定新的图案填充原点。选中此单选按钮时以下选项才可用。

3）默认为边界范围(X) 复选框：基于图案填充的矩形范围计算出新原点，可以选择该范围的四个角点及其中心。

4）存储为默认原点(F) 复选框：将新图案填充原点的值存储在 hporigin 系统变量中。

单击 图案填充和渐变色 对话框右下角的 按钮，弹出所有公共选项，如图 8.3.3 所示。

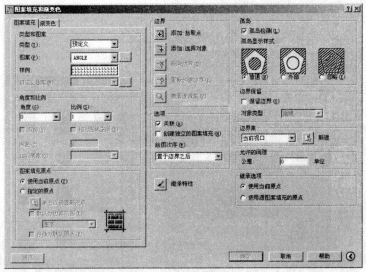

图 8.3.3　所有公共选项

（1）边界选项组：该选项组用于设置定义边界的方式。

1）"拾取点"按钮：根据围绕指定点构成封闭区域的现有对象确定边界。

2）"选择对象"按钮：根据构成封闭区域的选定对象确定边界。

3）"删除边界"按钮：从边界定义中删除以前添加的所有对象。

4）"重新创建边界"按钮：围绕选定的图案填充或填充对象创建多段线或面域，并使其与图案填充对象相关联。

5）"查看选择集"按钮：暂时关闭对话框，并使用当前的图案填充或填充设置显示当前定义的边界。如果未定义边界，则此选项不可用。

（2）选项选项组：控制几个常用的图案填充或填充选项。其中包括以下 3 项内容：

1）关联(A)复选框：控制图案填充或填充的关联。关联的图案填充或填充在用户修改其边界时将会更新。

2）创建独立的图案填充(H)复选框：控制当指定了几个独立的闭合边界时，是创建单个图案填充对象还是创建多个图案填充对象。

3）绘图次序(W)：下拉列表框：为图案填充或填充指定绘图次序。图案填充可以放在所有其他对象之后、所有其他对象之前、图案填充边界之后或图案填充边界之前。

（3）"继承特性"按钮：使用选定图案填充对象，对指定的边界进行图案填充或渐变色填充。

（4）孤岛选项组：指定在最外层边界内填充对象的方法。该选项组中包括以下两项内容：

1）孤岛检测(L)复选框：控制是否检测内部闭合边界（称为孤岛）。

2）孤岛显示样式：AutoCAD 提供了 3 种孤岛显示样式。分别介绍如下：

① 普通(N)：从外部边界向内填充。如果遇到一个内部孤岛，它将停止进行图案填充或渐变色填充，直到遇到该孤岛内的另一个孤岛再继续进行填充。

② 外部：从外部边界向内填充。如果遇到内部孤岛，它将停止进行图案填充或渐变色填充。此选项只对结构的最外层进行图案填充或渐变色填充，而结构内部保留空白。

③ 忽略(I)：忽略所有内部的对象，填充图案时将填充这些对象。

（5）<u>边界保留</u>选项组：指定是否将边界保留为对象，并确定应用于这些对象的对象类型。选中<u>☑ 保留边界(S)</u>复选框，然后在<u>对象类型:</u>下拉列表中选择对象类型为"面域"或"多段线"。

（6）<u>边界集</u>选项组：定义当从指定点定义边界时要分析的对象集。当使用"选择对象"定义边界时，选定的边界集无效。

（7）<u>允许的间隙</u>选项组：设置将对象用做图案填充边界时可以忽略的最大间隙。默认值为 0，此值指定对象必须为封闭区域。

（8）<u>继承选项</u>选项组：使用此选项创建图案填充时，这些设置将控制图案填充原点的位置。其中包括以下两个选项：

1）<u>⊙ 使用当前原点</u>单选按钮：使用当前的图案填充原点进行设置。

2）<u>⊙ 使用源图案填充的原点</u>单选按钮：使用源图案填充的图案填充原点。

图案填充的效果如图 8.3.4 所示。

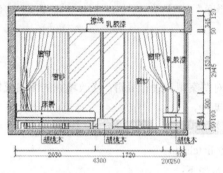

图 8.3.4　图案填充效果

二、渐变色填充

在 AutoCAD 2007 中，用户还可以使用一种或两种颜色形成的渐变色来进行填充，执行该命令的方法有以下 3 种：

（1）单击"绘图"工具栏中的"渐变色填充"按钮 <u>▦</u>。

（2）选择 <u>绘图(D)</u> → <u>渐变色…</u> 命令。

（3）在命令行中输入命令 gradient。

执行该命令后，弹出 <u>▦图案填充和渐变色</u> 对话框，并显示 <u>渐变色</u> 选项卡中的内容，如图 8.3.5 所示。该选项卡中各选项功能详细介绍如下：

（1）<u>颜色(C)</u>选项组：该选项组用于设置图案填充的颜色。如果选中该选项卡中的 <u>⊙ 单色(O)</u> 单选按钮，使用一种颜色进行填充，如果选中该选项卡中的 <u>⊙ 双色(T)</u> 单选按钮，则使用两种颜色形成的渐变色来进行填充。单击该选项组中的颜色条后面的 <u>…</u> 按钮，在弹出的 <u>▦选择颜色</u> 对话框中可以选择需要的颜色。

（2）<u>方向</u>选项组：该选项组用于设置图案填充的角度，以及填充的图案是否对称。选中该选项组中的 <u>☑ 居中(C)</u> 复选框，可以创建对称的渐变色。另外，在该选项组中的 <u>角度(L):</u> 下拉列表框中可以选择渐变色填充的角度。

渐变色填充的效果如图 8.3.6 所示。

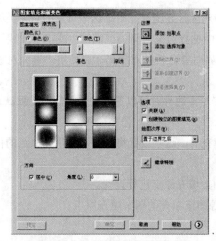

图 8.3.5　"渐变色"选项卡　　　　　　　　　图 8.3.6　渐变色填充

三、编辑图案填充

创建图案填充后，还可以对图案填充进行编辑，修改填充的图案或修改图案区域的边界。执行编辑图案填充命令的方法有以下两种：

（1）选择 修改(M) ── 对象(O) ── 图案填充(H)... 命令。

（2）在命令行中输入命令 hatchedit。

执行此命令后，命令行提示如下：

命令: _hatchedit

选择图案填充对象:（选择要编辑的图案填充）

选择填充图案后，弹出 图案填充编辑 对话框，如图 8.3.7 所示。

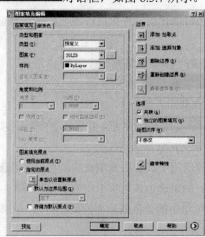

图 8.3.7　"图案填充编辑"对话框

可以看出，图案填充编辑 对话框与 图案填充和渐变色 对话框中的内容相同，只是某些按钮不可用。在该对话框中，用户只能对图案填充修改图案、比例、旋转角度和关联性等，而不能修改它的边界。系统变量 PICKSTYLE 用于控制图案填充的关联性，该变量有 4 种状态，分别介绍如下：

（1）PICKSTYLE＝0：禁止编组后关联图案选择，即当选择图案时仅选择了图案本身，而不会选择与之关联的对象。

（2）PICKSTYLE＝1：允许编组选择，即图案可以被加入到对象编组中。

（3）PICKSTYLE＝2：允许关联的图案选择。

（4）PICKSTYLE＝3：允许编组和关联图案选择。

将 PICKSTYLE 设置为 2 和 3 时，如果选择了一个图案，则同时也选中了与之关联的边界对象。

四、控制图案填充的可见性

图案填充的可见性是可以控制的，在 AutoCAD 2007 中，可以利用 fill 命令和系统变量 fillmode 来进行控制，也可以利用图层来进行控制。

1. 使用 fill 命令和 fillmode 变量

在命令行中输入 fill 命令，此时命令行提示如下：

输入模式 [开(ON)/关(OFF)] <开>:

如果选择"开"命令选项，则显示图案填充；如果选择"关"命令选项，则不显示图案填充。

在命令行中输入命令 fillmode，此时命令行提示如下：

输入 fillmode 的新值 <1>:

当系统变量 fillmode 的值为 0 时，不显示图案填充；当系统变量 fillmode 的值为 1 时，显示图案填充。

2. 使用图层

在创建图案填充之前，首先创建一个"图案填充"层，然后将该图层设置为当前图层，这样创建的所有图案填充就会在一个图层上。当"图案填充"层打开时，显示图案填充；当"图案填充"层关闭时，不显示图案填充。使用图层控制图案填充的可见性时，需要注意以下几点：

（1）当"图案填充"层被关闭后，图案与其边界仍保持着关联关系，此时如果对其边界进行修改，填充图案会根据新的边界自动调整位置。

（2）当"图案填充"层被冻结后，图案与其边界失去关联性，此时如果对其边界进行修改，填充图案不会自动调整位置。

（3）当"图案填充"层被锁定后，图案与其边界失去关联性，此时如果对其边界进行修改，填充图案不会自动调整位置。

第四节　绘制圆环、宽线和二维填充图形

在 AutoCAD 2007 中，圆环、宽线和二维填充图形都属于填充图形对象，可以用 fill 命令来控制这些图形的填充性。

一、绘制圆环

圆环可以认为是具有填充效果的环或实体填充的圆，即带有宽度的闭合多段线。在 AutoCAD 2007 中，执行绘制圆环命令的方式有以下两种：

（1）选择 绘图(D) → 圆环(D) 命令。

（2）在命令行中输入命令 donut。

执行该命令后，命令行提示如下：

命令: _donut

指定圆环的内径 <0.5000>:（指定圆环的内径）

指定圆环的外径 <1.0000>:（指定圆环的外径）

指定圆环的中心点或 <退出>:（指定圆环的中心点）

指定圆环的中心点或 <退出>:（按回车键结束命令）

绘制的圆环如图 8.4.1 所示。如果圆环的内径为 0，则绘制出的圆环是实心圆，如图 8.4.2 所示。

在 AutoCAD 2007 中，用 fill 命令来控制圆环是否填充。执行 fill 命令后，命令行提示如下：

命令: fill

输入模式 [开(ON)/关(OFF)] <关>:（选择填充模式）

如果选择"开"命令选项，则表示填充；如果选择"关"命令选项，则表示不填充。

如图 8.4.3 所示的图形是未填充的圆环。

  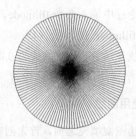

图 8.4.1　绘制圆环　　　　　图 8.4.2　绘制实心圆环　　　　　图 8.4.3　绘制未填充圆环

二、绘制宽线

宽线类似于填充四边形，在 AutoCAD 2007 中，绘制宽线的命令为 trace，执行该命令后，命令行提示如下：

命令: trace

指定宽线宽度 <20.0000>:（输入宽线的宽度）

指定起点:（输入宽线的起点坐标）

指定下一点:（输入宽线的端点坐标）

指定下一点:（按回车键结束命令）

宽线的宽度可以通过拉伸宽线的夹点进行改变，如图 8.4.4 所示。

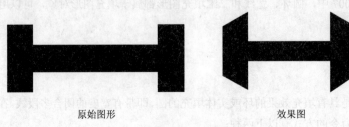

原始图形　　　　　　　　　　　　　　　　　效果图

图 8.4.4　绘制宽线

三、绘制二维填充图形

绘制二维填充图形是指创建三角形和四边形的有色填充区域。选择 绘图(D) → 建模(M) → 网格(M) → 二维填充(2) 命令，即可执行该命令。

执行二维填充命令后，依次指定三角形的 3 个角点，按回车键即可创建三角形实体填充区域，如图 8.4.5 所示。执行该命令后，如果继续指定第 4 个点，则创建四边形填充区域，但如果第 3 点和第 4 点的顺序不同，得到的图形形状也将不同，如图 8.4.6 所示。

图 8.4.5　三角形填充区域　　　　　　　　　　　　图 8.4.6　四边形填充区域

习　题　八

一、填空题

1. 在 AutoCAD 2007 中，可以通过_____和_____两种方法来创建面域对象。

2. 在 AutoCAD 2007 中，可以通过_____和_____命令来控制图案填充的可见性，也可以通过_____来控制图案填充的可见性。

二、选择题

1. 在 AutoCAD 2007 中，可用于创建面域的二维图形有（　）。

    A. 圆　　　　　　　　　　　　　　　B. 矩形

    C. 椭圆　　　　　　　　　　　　　　D. 闭合多段线

2. 在 AutoCAD 2007 中，可以用（　）命令来控制圆环的可见性。

    A. fill　　　　　　　　　　　　　　B. fillmode

    C. hide　　　　　　　　　　　　　　D. hedemode

第九章　块与外部参照

在 AutoCAD 2007 中绘制图形时，使用块可以避免重复绘制一些相同的图形，并可以对这些块添加属性和进行编辑。使用外部参照可以将已有的图形插入到当前图形中作为参照图形使用。

本章主要内容：

➤　创建与编辑块。

➤　编辑与管理块属性。

➤　创建与编辑动态块。

➤　使用外部参照。

第一节　创建与编辑块

块是由一个或多个图形对象组成的作为一个图形对象使用的实体，用户可以将块插入到图形中的任意位置。在插入块的同时，还可以调整块的比例和旋转角度。

一、块的特点

在 AutoCAD 中，使用块可以提高绘图速度、节省存储空间、便于修改图形并能为其添加属性。总的来说，AutoCAD 中的块具有以下特点：

1. 提高绘图速度

在 AutoCAD 中绘图时，经常需要大量绘制一些相同的图形，重复绘制这些图形需要耗费大量的时间和精力。为此，AutoCAD 提出了块的概念，把这些需要重复绘制的图形组合成块保存起来，当需要绘制这些图形时再将其插入到指定位置，这样就避免了大量的重复性工作，提高了绘图效率。

2. 节省存储空间

一幅大的工程图中需要绘制很多种图形对象，而 AutoCAD 需要对这些图形对象的所有属性进行保存，庞大的信息将占用大量的存储空间。如果在图形中使用块，这样 AutoCAD 只需要保存每种块的名称、插入点和插入比例等信息，相对于保存每种图形对象的所有信息，使用块可以有效地节省存储空间，对于复杂而且需要绘制多次的图形，块的这个特点就更为显著。

3. 便于修改图形

一张工程图纸往往需要多次修改，如在机械设计中，旧的国家标准用虚线表示螺栓的内径，新的国家标准则用细实线表示，如果对旧图纸上的每一个螺栓按新国家标准修改，既费时又不方便，但如果原来各螺栓是通过插入块的方法绘制的，那么只要简单地对块进行再定义，就可以对图中的所有螺栓进行修改。

4．可以添加属性

很多块还要求有文字信息以进一步解释其用途。AutoCAD 允许用户为块创建这些文字属性，并可在插入的块中指定是否显示这些属性。此外，还可以从图中提取这些信息并将它们传送到数据库中。

二、创建块

在 AutoCAD 2007 中，创建块的方法有两种：一种是创建内部块，一种是创建外部块。

1．创建内部块

内部块是指创建的块与当前图形文件保存在一起，而且在插入块时，内部块只能被当前图形调用。在 AutoCAD 2007 中，执行创建内部块命令的方式有以下 3 种：

（1）单击"绘图"工具栏中的"创建块"按钮 。

（2）选择 绘图(D) → 块(K) ▶ → 创建(M)... 命令。

（3）在命令行中输入命令 block。

执行创建内部块命令后，弹出 块定义 对话框，如图 9.1.1 所示。该对话框中各选项功能介绍如下：

（1） 名称(A)： 下拉列表框：在该下拉列表框中可直接输入定义块的名称。

（2） 基点 选项组：该选项组用于设置块的插入基点。单击该选项组中的"拾取插入基点"按钮 ，系统切换到绘图窗口，用鼠标指定插入基点，或直接在该按钮下的 X、Y 和 Z 文本框中输入插入基点的坐标值即可。

（3） 对象 选项组：该选项组用于设置组成块的对象。其中各选项功能介绍如下：

1）"选择对象"按钮 ：单击该按钮，系统切换到绘图窗口，用鼠标选择构成块的对象即可。

2）"快速选择"按钮 ：单击该按钮，弹出 快速选择 对话框，如图 9.1.2 所示，在该对话框中设置选择条件即可快速选择构成块的对象。

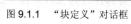
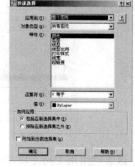

图 9.1.1 "块定义"对话框　　图 9.1.2 "快速选择"对话框

3） 保留(R) 单选按钮：选中该单选按钮，创建块以后，将选定的对象保留在图形中。

4） 转换为块(C) 单选按钮：选中该单选按钮，创建块以后，将选定的对象转换成图形中的块实例。

5） 删除(D) 单选按钮：选中该单选按钮，创建块以后，从图形中删除选定的对象。

（4） 设置 选项组：指定块的设置。

1） 块单位(U) 下拉列表框：指定块参照插入单位。

2） 说明(E) 微调框：指定块的文字说明。

3） ☑ 按统一比例缩放(S) 复选框：该复选框用于指定块参照是否按统一比例缩放。

4）☑ **允许分解(P)** 复选框：该复选框用于指定块参照是否可以被分解。

5）**超链接(L)...** 按钮：单击此按钮，可以在弹出的 **插入超链接** 对话框中将某个超链接与块定义相关联，如图 9.1.3 所示。

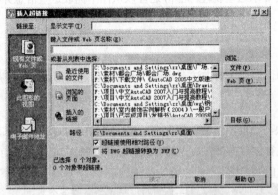

图 9.1.3　"插入超链接"对话框

6）☑ **在块编辑器中打开(O)** 复选框：选中此复选框，单击 **确定** 按钮后在"块编辑器"中打开当前的块定义。

2．创建外部块

外部块是指将创建的块以文件的形式存储在磁盘中，当需要外部块时，可以将外部块调出，然后再插入到图形中。在 AutoCAD 2007 中，执行创建外部块的方法为：在命令行中输入命令 wblock，弹出 **写块** 对话框，如图 9.1.4 所示。该对话框中各选项功能介绍如下：

图 9.1.4　"写块"对话框

（1）**源** 选项组：该选项组用于指定块和对象，将其保存为文件并指定插入点。其中包括以下选项：

1）⊙ **块(B)**：单选按钮：指定要保存为文件的现有块，可从下拉列表中选择块的名称。

2）⊙ **整个图形(E)** 单选按钮：选择当前图形作为一个块。

3）⊙ **对象(O)** 单选按钮：指定组成块的对象。

4）**基点** 选项组：指定块的基点，系统默认的块的基点是（0，0，0）。单击"拾取插入基点"按钮 ，切换到绘图窗口指定基点，或直接在数值框中输入基点的坐标值。

5）**对象** 选项组：设置用于创建块的对象组成。其中包括以下选项：

① "选择对象" 按钮 ：单击此按钮，切换到绘图窗口中，用拾取框选择对象。

② ⊙ **保留(R)** 单选按钮：将选定对象保存为文件后，在当前图形中仍保留它们。

③ ⊙ **转换为块(C)** 单选按钮：将选定对象保存为文件后，在当前图形中将它们转换为块，且将块指定为"文件名"中的名称。

④ ⊙ **从图形中删除(D)** 单选按钮：将选定对象保存为文件后，从当前图形中删除它们。

（2）**目标** 选项组：该选项组用于指定文件的新名称和新位置以及插入块时所使用的测量单位。其中包括以下两个选项：

1）**文件名和路径(F):** 下拉列表框：指定文件名和保存块或对象的路径。

2）**插入单位(U):** 下拉列表框：指定从设计中心拖动新文件并将其作为块插入到使用不同单位的图形中，同时自动缩放所使用的单位值。

完成各项设置后，单击 **确定** 按钮即可创建外部块。

三、插入块

在 AutoCAD 2007 中，用户可以将创建的块插入到图形中的任何位置，在插入块的同时还可以调整图形的比例和旋转角度。插入块的方法有很多种，以下分别进行介绍。

1．利用命令行插入块

利用命令行来插入块是指在命令行中输入命令"-insert"后按回车键，命令行提示如下：

命令:-insert

输入块名或 [?]:（输入插入块的名称）

单位: 无单位　　转换:　　1.0000（系统提示）

指定插入点或 [基点(B)/比例(S)/X/Y/Z/旋转(R)]:（指定块的插入点）

输入 X 比例因子，指定对角点，或 [角点(C)/XYZ(XYZ)] <1>:（指定插入块时 X 的比例因子）

输入 Y 比例因子或 <使用 X 比例因子>:（指定插入块时 Y 的比例因子）

指定旋转角度 <0>:（指定插入块的旋转角度）

其中各命令选项功能介绍如下：

（1）?：选择该命令选项，列出图形中当前定义的块。

（2）基点(B)：选择该命令选项，将块临时放置到其当前所在的图形中，并允许在将块参考拖动到位时为其指定新基点，且不会影响为块参照定义的实际基点。

（3）X/Y/Z：选择该命令选项，设置 X，Y 和 Z 轴的比例因子。

（4）旋转(R)：选择该命令选项，设置块插入的旋转角度。

2．利用对话框插入块

在 AutoCAD 2007 中，用户还可以用对话框的方式插入块，其方法有以下 3 种：

（1）单击"绘图"工具栏中的"插入块"按钮 📥。

（2）选择 **插入(I)** → 📥 **块(B)...** 命令。

（3）在命令行中输入命令 insert。

执行此命令后，弹出 **插入** 对话框，如图 9.1.5 所示。

该对话框中各选项功能介绍如下：

（1）**名称(N):** 下拉列表框：指定要插入块的名称，或指定要作为块插入的文件的名称。

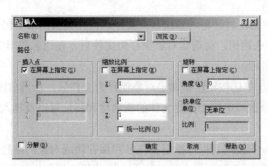

图 9.1.5　"插入"对话框

（2）**路径:** 显示框：显示选中块的路径。

（3）**插入点** -选项组：指定块的插入点。如果选中该选项组中的 **☑ 在屏幕上指定 (S)** 复选框，则在绘图窗口中指定块的插入点，否则在 X，Y 和 Z 数值框中输入插入点的坐标。

（4）**缩放比例** -选项组：指定插入块的缩放比例。如果选中该选项组中的 **☑ 在屏幕上指定 (E)** 复选框，则在绘图窗口中用鼠标拖动块来指定缩放比例，否则在 X，Y 和 Z 数值框中输入坐标轴方向上的缩放比例。

（5）**旋转** -选项组：指定插入块的旋转角度。如果选中该选项组中的 **☑ 在屏幕上指定 (C)** 复选框，则在绘图窗口中指定旋转角度，否则在 **角度 (A):** 数值框中输入插入块的旋转角度。

（6）**块单位** -选项组：显示有关块单位的信息，包括块的单位和比例。

（7）**☑ 分解 (D)** 复选框：分解块并插入该块的各个部分。

参数设置完成后，单击 **确定** 按钮插入块。

3．以拖放的方式插入块

在 AutoCAD 2007 中，选择 **工具(T)** → **选项板** ▶ → **设计中心(G)　CTRL+2** 命令，弹出 **设计中心** 面板，如图 9.1.6 所示，在该面板中用鼠标将选中的块拖入到需要插入的图形中即可。

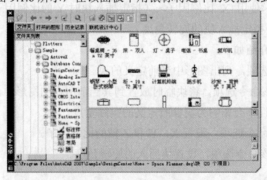

图 9.1.6　"设计中心"面板

4．利用 MINSERT 命令插入块

在 AutoCAD 2007 中，用户还可以用 minsert 命令以阵列的方式在图形中插入块。在命令行中输入该命令后按回车键，命令行提示如下：

命令: minsert

输入块名或 [?] <11>:（输入要插入的块的名称）

单位: 无单位　　转换:　　1.0000（系统提示）

指定插入点或 [基点(B)/比例(S)/X/Y/Z/旋转(R)]:（指定插入块的基点）

输入 X 比例因子，指定对角点，或 [角点(C)/XYZ(XYZ)] <1>:（输入 X 的比例）

输入 Y 比例因子或 <使用 X 比例因子>:（输入 Y 的比例）

指定旋转角度 <0>:（输入旋转角度）

输入行数 (---) <1>:（输入插入的行数）

输入列数 (|||) <1>:（输入插入的列数）

输入行间距或指定单位单元 (---):（输入插入块的行间距）

指定列间距 (|||):（输入插入块的列间距）

如图 9.1.7 所示为多重插入块的效果。

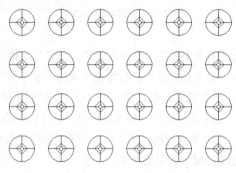

图 9.1.7 多重插入块

第二节 编辑与管理块属性

块属性是指块的可见性、说明性文字、插入点、块所在的图层以及颜色等。在 AutoCAD 2007 中用户可以为块添加属性，在插入块的同时显示某些属性，这样可以提高图形的可读性，必要时还可以对创建的块属性进行修改。

一、块属性的特点

块属性从属于块，是块的组成部分，如果块被删除，属性也会被删除。块中的属性与一般的文本不同，具体表现在以下 4 个方面：

（1）属性包括属性值和属性标志两个方面。

（2）在定义块之前定义块的属性。

（3）在定义块之前，可以使用 change 命令或 ddedit 命令修改块的属性。

（4）插入块之前，系统会提示要求用户输入属性值。插入块后，在块上显示属性值。

二、创建并使用带有属性的块

在 AutoCAD 2007 中，执行创建块属性命令的方法有以下两种：

（1）选择 绘图(D) → 块(K) → 定义属性(D)... 命令。

（2）在命令行中输入命令 attdef。

执行该命令后，弹出 属性定义 对话框，如图 9.2.1 所示。

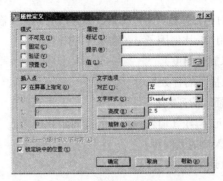

图 9.2.1　"属性定义"对话框

其中各选项功能介绍如下：

（1）模式选项组：该选项组用于在图形中插入块时，设置与块相关联的属性值选项。

1）不可见(I)复选框：选中此复选框，指定插入块时不显示或打印属性值。

2）固定(C)复选框：选中此复选框，插入块时赋予属性固定值。

3）验证(V)复选框：选中此复选框，插入块时提示验证属性值是否正确。

4）预置(P)复选框：选中此复选框，插入包含预置属性值的块时，将属性设置为默认值。

（2）属性选项组：该选项组用于设置属性值。

1）标记(T):文本框：输入属性标签，标识图形中每次出现的属性。

2）提示(M):文本框：输入属性提示，指定在插入包含该属性定义的块时显示的提示。如果不输入提示，属性标记将作为提示。

3）值(L):文本框：输入默认的属性值。

（3）插入点选项组：该选项组用于设置属性的插入位置。

（4）文字选项选项组：该选项组用于设置属性文字的对正、样式、高度和旋转角度。

完成各项设置后，单击 确定 按钮，即可定义块的属性。重复执行创建块属性命令可以定义多个属性。

例如，在如图 9.2.2 所示图形中添加属性，并将其创建成块，以"盘头螺钉"命名进行保存，具体操作如下：

（1）绘制如图 9.2.2 所示的图形。

（2）选择 绘图(D) → 块(K) ▶ → 🔷 定义属性(D)... 命令，在弹出的 📄属性定义 对话框中设置各项参数如图 9.2.3 所示。

图 9.2.2　盘头螺钉

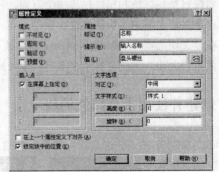

图 9.2.3　"属性定义"对话框

（3）单击该对话框中的 确定 按钮后，在如图 9.2.2 所示图形中指定一点作为插入点，效果如图 9.2.4 所示。

（4）单击"绘图"工具栏中的"定义块"按钮  ，在弹出的 块定义 对话框中设置各项参数如图 9.2.5 所示，指定如图 9.2.4 所示图形中的 A 点为基点，选择绘制的所有图形和创建的属性为对象，单击 确定 按钮后完成块的定义，创建的块如图 9.2.2 所示。

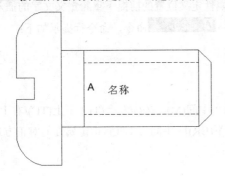

图 9.2.4　插入属性后的效果　　　　图 9.2.5　"块定义"对话框

三、修改属性定义

在 AutoCAD 2007 中，对于已经创建的属性，用户还可以通过选择 修改(M) → 对象(O) → 文字(T) → 编辑(E)… 命令，在弹出的 编辑属性定义 对话框中对其标记、提示和默认值进行编辑，如图 9.2.6 所示。

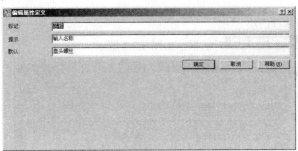

图 9.2.6　"编辑属性定义"对话框

1. 同时修改多个属性定义的比例

在 AutoCAD 2007 中，用户还可以同时修改多个属性的比例，将其按同一比例进行缩放。选择 修改(M) → 对象(O) → 文字(T) → 比例(S) 命令，命令行提示如下：

命令:_scaletext

选择对象:

指定对角点:（选择多个属性）

选择对象:（按回车键结束对象选择）

输入缩放的基点选项[现有(E)/左(L)/中心(C)/中间(M)/右(R)/左上(TL)/中上(TC)/右上(TR)/左中(ML)/正中(MC)/右中(MR)/左下(BL)/中下(BC)/右下(BR)] <现有>:（设置字符的缩放基点）

指定字符的缩放基点后，命令行提示如下：

指定新高度或 [匹配对象(M)/缩放比例(S)] <1>:（指定缩放比例）

其中各命令选项功能介绍如下：

（1）匹配对象(M)：选择该命令选项，指定与已有文字的高度一致。

（2）缩放比例(S)：选择该命令选项，按给定的缩放比例因子进行缩放。

2．重新定义属性插入基点

在 AutoCAD 2007 中，用户还可以在不改变属性定义位置的前提下重新定义文字的插入基点。选择 修改(M) → 对象(O) → 文字(T) → A 对正(J) 命令，命令行提示如下：

命令: _justifytext

选择对象:（选择属性）

选择对象:（按回车键结束对象选择）

输入对正选项[左(L)/对齐(A)/调整(F)/中心(C)/中间(M)/右(R)/左上(TL)/中上(TC)/右上(TR)/左中(ML)/正中(MC)/右中(MR)/左下(BL)/中下(BC)/右下(BR)] <中间>:（重新指定属性的对正方式）

四、编辑块属性

如果创建的块中同时包含属性，则属性就被称为块属性。在 AutoCAD 2007 中，用户也可以对这些块属性进行修改。执行编辑块属性命令的方法有以下 3 种：

（1）选择 修改(M) → 对象(O) → 属性(A) → 单个(S)... 命令。

（2）双击带属性的块。

（3）在命令行中输入命令 eattedit。

命令: _eattedit

选择块:（选择具有属性的块）

选择块后，弹出 增强属性编辑器 对话框，如图 9.2.7 所示。

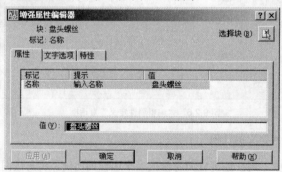

图 9.2.7　"增强属性编辑器"对话框

该对话框中有 3 个选项卡，分别用于设置块属性的"属性"、"文字选项"和"特性"选项，各选项卡功能介绍如下：

（1）属性 选项卡：该选项卡中显示了当前每个属性的标记、提示和值。用户可以选择这些属性，并对其值进行修改，如图 9.2.7 所示。

（2）文字选项 选项卡：该选项卡列出了定义属性文字在图形中显示方式的特性。用户可以根据需要对其进行修改，如图 9.2.8 所示。

（3）特性 选项卡：该选项卡显示了属性图层、线型、颜色、线宽和打印样式特性，如图 9.2.9 所示。

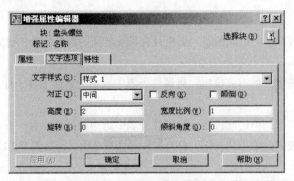

图 9.2.8　"文字选项"选项卡

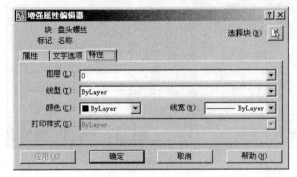

图 9.2.9　"特性"选项卡

五、块属性管理器

块属性管理器用于在图形中对块属性进行管理，打开块属性管理器的方法有以下两种：

（1）选择 修改(M) → 对象(O) → 属性(A) → 块属性管理器(B)... 命令。

（2）在命令行中输入命令 battman。

执行此命令后，弹出 块属性管理器 对话框，如图 9.2.10 所示。

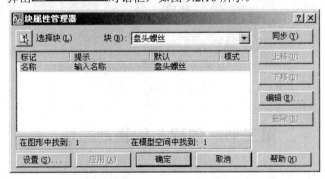

图 9.2.10　"块属性管理器"对话框

该对话框中各选项功能介绍如下：

（1）"选择块"按钮 ：单击此按钮，切换到绘图窗口，用拾取框选择要操作的块。

（2）块(B)：下拉列表框：单击此下拉列表框右边的 按钮，在弹出的下拉列表中列出了当前图形中含有属性的所有块的名称，用户可以在此选择要操作的对象。

（3）"属性"列表框：显示当前操作的块所包含的所有属性，包括"标记"、"提示"、"默认"、

"模式"等。

（4）　同步(Y)　按钮：单击此按钮，更新具有当前定义的属性特性的选定块的全部实例。此操作不会影响每个块中赋给属性的值。

（5）　上移(U)　按钮：单击此按钮，将属性列表中选中的属性上移一行。但选定固定属性时，此按钮不可用。

（6）　下移(D)　按钮：单击此按钮，将属性列表中选中的属性下移一行。

（7）　编辑(E)...　按钮：单击此按钮，打开 **编辑属性** 对话框，如图 9.2.11 所示，从中可以修改属性特性。

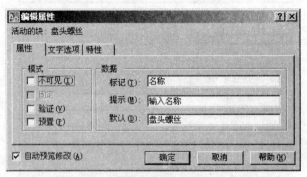

图 9.2.11　"编辑属性"对话框

（8）　删除(R)　按钮：单击此按钮，从块定义中删除选定的属性，包括其属性定义和属性值。

（9）　设置(S)...　按钮：单击此按钮，弹出 **设置** 对话框，如图 9.2.12 所示，从中可以自定义属性信息在"块属性管理器"中的列出方式。

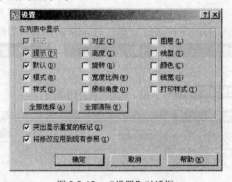

图 9.2.12　"设置"对话框

第三节　创建与编辑动态块

在 AutoCAD 2007 中，块可以分为静态块和动态块两类。前面所讲的都是静态块，而动态块是指可以通过自定义夹点或自定义特性来操作的块，用户可以对动态块随时进行调整，而且还可以在块编辑器中进行创建与编辑。打开块编辑器的方法有以下 3 种：

（1）单击"标准"工具栏中的"块编辑器"按钮 。

（2）选择 工具(T) → 块编辑器(B) 命令。

（3）在命令行中输入命令 bedit。

执行该命令后，弹出 **编辑块定义** 对话框，如图 9.3.1 所示。在该对话框中的 **要创建或编辑的块(B)** 文本框中输入块的名称，如果在下边的列表框中没有与之对应的名称，则单击 **确定** 按钮后，打开块编辑器窗口，该窗口中没有任何图形，用户可以绘制块对象；如果在下边的列表框中有与之对应的名称，则在右边的预览框中显示该块图形，单击 **确定** 按钮后，在块编辑器中打开已经创建的块，如图 9.3.2 所示。

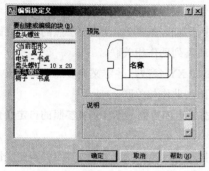

图 9.3.1 "编辑块定义"对话框

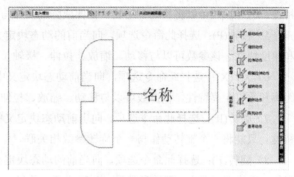

图 9.3.2 块编辑器窗口

块编辑器主要由"绘图窗口"、"块编辑器"工具栏和"块编写选项板"面板组成，"绘图窗口"主要用于绘制与编辑组成块的对象，以及指定动态块的自定义夹点和特性。

一、"块编辑器"工具栏

"块编辑器"工具栏位于块编辑器窗口的最上边。该工具栏提供了在块编辑器中使用动态块、创建动态块以及设置动态块可见性状态的工具。其中各工具的功能介绍如下：

（1）"编辑或创建块定义"按钮 ：单击此按钮，弹出 **编辑块定义** 对话框，如图 9.3.1 所示，用户可以在该对话框中重新定义动态块的名称，或对已经定义的动态块进行编辑。

（2）"保存块定义"按钮 ：单击此按钮，保存当前定义的块。

（3）"将块另存为"按钮 ：单击此按钮，将当前定义的块以新的块名重新存储。

（4）"块定义的名称"显示框 六角螺栓寸（侧视） ：该显示框用于显示当前正在定义块的名称。

（5）"编写选项板"按钮 ：单击此按钮，打开 **块编写选项板 - 所有选项板** 面板，如图 9.3.3 所示。

（6）"参数"按钮 ：单击此按钮，命令行提示如下：

命令:_BPARAMETER

图 9.3.3 "块编写选项板-所有选项板"面板

输入参数类型 [对齐(A)/基点(B)/点(O)/线性(L)/极轴(P)/XY(X)/旋转(R)/翻转(F)/可见性(V)/查寻(K)]:

其中各命令选项功能介绍如下：

1）对齐(A)：选择此命令选项，向当前的动态块定义中添加对齐参数。因为对齐参数影响整个块，所以不需要（或不可能）将动作与对齐参数相关联。

2）基点(B)：选择此命令选项，向当前的动态块定义中添加基点参数。无须将任何动作与基点参数相关联。基点参数用于定义动态块参照相对于块中的几何图形的基点。

3）点(O)：选择此命令选项，向当前动态块定义中添加点参数，并定义块参照的自定义 X 和 Y 特性。可以将移动或拉伸动作与点参数相关联。

4）线性(L)：选择此命令选项，向当前动态块定义中添加线性参数，并定义块参照的自定义距离特性。另外，还可以将移动、缩放、拉伸或阵列动作与线性参数相关联。

5）极轴(P)：选择此命令选项，向当前的动态块定义中添加极轴参数。设置块参照的自定义距离和角度特性。该参数可以与移动、缩放、拉伸、极轴拉伸或阵列动作相关联。

6）XY(X)：选择此命令选项，向当前动态块定义中添加 XY 参数，并定义块参照的自定义水平距离和垂直距离特性。该参数可以与移动、缩放、拉伸或阵列动作相关联。

7）旋转(R)：选择此命令选项，向当前动态块定义中添加旋转参数，并定义块参照的自定义角度特性。只能将一个旋转动作与一个旋转参数相关联。

8）翻转(F)：选择此命令选项，向当前的动态块定义中添加翻转参数。设置块参照的自定义翻转特性。在块编辑器中，翻转参数显示为投影线，并显示一个值，该值显示块参照是否已被翻转，该参数可以与翻转动作相关联。

9）可见性(V)：选择此命令选项，向当前动态块定义中添加可见性参数，并定义块参照的自定义可见性特性。可见性参数允许用户创建可见性状态并控制对象在块中的可见性。该参数总是应用于整个块，并且无须与任何动作相关联。

10）查寻(K)：选择此命令选项，向当前动态块定义中添加查寻参数，并定义块参照的自定义查寻特性。查寻参数用于定义自定义特性，用户可以指定或设置该特性，以便从定义的列表或表格中计算出某个值。可以将查寻动作与查寻参数相关联。

（7）"动作"按钮 ：单击此按钮，命令行提示如下：

命令：_BACTION

选择参数：（选择可以关联的参数）

动作定义了在图形中操作块参照的自定义特性时，动态块参照的几何图形将如何移动或变化。应将动作与参数相关联。

（8）"定义属性"按钮 ：单击此按钮，弹出 **属性定义** 对话框，用户可以利用该对话框定义块的属性。

（9）"更新参数和动作文字大小"按钮 ：在块编辑器中进行缩放时，文字、箭头、图标和夹点大小将根据缩放比例发生相应的变化。单击此按钮，将在块编辑器中重生成显示，并更新参数和动作的文字、箭头、图标以及夹点大小。

（10）"了解动态块"按钮 ：单击此按钮，弹出 **新功能专题研习** 对话框，用户可以在该对话框中了解到 AutoCAD 近期版本的新增内容。

（11） **关闭块编辑器(C)** 按钮：单击此按钮，关闭块编辑器，并提示用户保存还是放弃对当前块定义所做的修改。

（12）"可见性模式"按钮 ：单击此按钮，设置 BVMODE 系统变量，此操作可以使在当前可见性状态中不可见的对象变暗或隐藏。

（13）"使可见"按钮 ：单击此按钮，执行 BVSHOW 命令，此操作可以使对象在当前可见性状态或所有可见性状态中可见。

（14）"使不可见"按钮 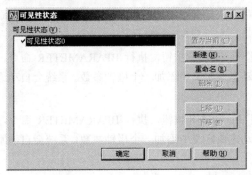：单击此按钮，运行 BVHIDE 命令，此操作可以使对象在当前可见性状态或所有可见性状态中不可见。

（15）"管理可见性状态"按钮 ：单击此按钮，弹出 可见性状态 对话框，如图 9.3.4 所示，用户可以在该对话框中创建、删除、重命名和设置当前可见性状态。

图 9.3.4　"可见性状态"对话框

（16） 可见性状态0 下拉列表框：该下拉列表用于显示在块编辑器中的当前可见性状态。

二、"块编写选项板"面板

"块编写选项板"面板中包含用于创建动态块的工具。该面板中包含"参数集"、"动作"、"参数"和"新建选项板"4 个选项卡，下面对各选项卡的功能分别进行介绍。

1．"参数集"选项卡

"参数集"选项卡如图 9.3.5 所示。该选项卡用于在块编辑器中向动态块中添加一个参数和至少一个动作。将参数集添加到动态块中时，动作将自动与参数相关联。

该选项卡中各选项的功能介绍如下：

（1）"点移动"按钮 ：单击此按钮，执行 BPARAMETER 命令，然后选择点参数选项并指定一个夹点，此操作将向动态块定义中添加一个点参数。系统会自动添加与该点参数相关联的移动动作。

（2）"线性移动"按钮 ：单击此按钮，执行 BPARAMETER 命令，然后选择线性参数选项并指定一个夹点，此操作将向动态块定义中添加一个线性参数。系统会自动添加与该线性参数的端点相关联的移动动作。

（3）"线性拉伸"按钮 ：单击此按钮，执行 BPARAMETER 命令，然后选择线性参数选项并指定一个夹点，此操作将向动态块定义中添加一个线性参数。系统会自动添加与该线性参数相关联的拉伸动作。

（4）"线性阵列"按钮 ：单击此按钮，执行 BPARAMETER 命令，然后选择线性参数选项并指定一个夹点，此操作将向动态块定义中添加一个线性参数。系统会自动添加与该线性参数相关联的阵列动作。

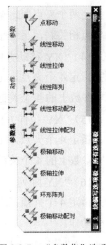

图 9.3.5　"参数集"选项卡

（5）"线性移动配对"按钮 ：单击此按钮，执行 BPARAMETER 命令，然后选择线性参数选项并指定两个夹点，此操作将向动态块定义中添加一个线性参数。系统会自动添加两个移动动作，一个与基点相关联，另一个与线性参数的端点相关联。

（6）"线性拉伸配对"按钮 ：单击此按钮，执行 BPARAMETER 命令，然后选择线性参数选项并指定两个夹点，此操作将向动态块定义中添加一个线性参数。系统会自动添加两个拉伸动作，一个与基点相关联，另一个与线性参数的端点相关联。

（7）"极轴移动"按钮 ：单击此按钮，执行 BPARAMETER 命令，然后选择极轴参数选项并指定一个夹点，此操作将向动态块定义中添加一个极轴参数。系统会自动添加与该极轴参数相关联的移动动作。

（8）"极轴拉伸"按钮 ：单击此按钮，执行 BPARAMETER 命令，然后选择极轴参数选项并指定一个夹点，此操作将向动态块定义中添加一个极轴参数。系统会自动添加与该极轴参数相关联的拉伸动作。

（9）"环形阵列"按钮 ：单击此按钮，执行 BPARAMETER 命令，然后选择极轴参数选项并指定一个夹点，此操作将向动态块定义中添加一个极轴参数。系统会自动添加与该极轴参数相关联的阵列动作。

（10）"极轴移动配对"按钮 ：单击此按钮，执行 BPARAMETER 命令，然后选择极轴参数选项并指定两个夹点，此操作将向动态块定义中添加一个极轴参数。系统会自动添加两个移动动作，一个与基点相关联，另一个与极轴参数的端点相关联。

（11）"极轴拉伸配对"按钮 ：单击此按钮，执行 BPARAMETER 命令，然后选择极轴参数选项并指定两个夹点，此操作将向动态块定义中添加一个极轴参数。系统会自动添加两个拉伸动作，一个与基点相关联，另一个与极轴参数的端点相关联。

（12）"XY 移动"按钮 ：单击此按钮，执行 BPARAMETER 命令，然后选择 XY 参数选项并指定一个夹点，此操作将向动态块定义中添加 XY 参数。系统会自动添加与 XY 参数的端点相关联的移动动作。

（13）"XY 移动配对"按钮 ：单击此按钮，执行 BPARAMETER 命令，然后选择 XY 参数选项并指定两个夹点，此操作将向动态块定义中添加一个 XY 参数。系统会自动添加两个移动动作，一个与基点相关联，另一个与 XY 参数的端点相关联。

（14）"XY 移动方格集"按钮 ：单击此按钮，执行 BPARAMETER 命令，然后选择 XY 参数选项并指定 4 个夹点，此操作将向动态块定义中添加 XY 参数。系统会自动添加 4 个移动动作，分别与 XY 参数上的 4 个关键点相关联。

（15）"XY 拉伸方格集"按钮 ：单击此按钮，执行 BPARAMETER 命令，然后选择 XY 参数选项并指定 4 个夹点，此操作将向动态块定义中添加 XY 参数。系统会自动添加 4 个拉伸动作，分别与 XY 参数上的 4 个关键点相关联。

（16）"XY 阵列方格集"按钮 ：单击此按钮，执行 BPARAMETER 命令，然后选择 XY 参数选项并指定 4 个夹点，此操作将向动态块定义中添加 XY 参数。系统会自动添加与该 XY 参数相关联的阵列动作。

（17）"旋转集"按钮 ：单击此按钮，执行 BPARAMETER 命令，然后选择旋转参数选项并指定一个夹点，此操作将向动态块定义中添加一个旋转参数。系统会自动添加与该旋转参数相关联的旋转动作。

（18）"翻转集"按钮 ：单击此按钮，执行 BPARAMETER 命令，然后选择翻转参数选项并指定一个夹点，此操作将向动态块定义中添加一个翻转参数。系统会自动添加与该翻转参数相关联的翻转动作。

（19）"可见性集"按钮 🧡：单击此按钮，执行 BPARAMETER 命令，然后选择可见性参数选项并指定一个夹点，此操作将向动态块定义中添加一个可见性参数并允许定义可见性状态，无须添加与可见性参数相关联的动作。

（20）"查询集"按钮 🗂️：单击此按钮，执行 BPARAMETER 命令，然后选择查询参数选项并指定一个夹点，此操作将向动态块定义中添加一个查询参数。系统会自动添加与该查询参数相关联的查寻动作。

2."动作"选项卡

"动作"选项卡如图 9.3.6 所示，该选项卡提供用于向块编辑器中的动态块定义中添加动作的工具。动作定义了在图形中操作块参照的自定义特性时，动态块参照的几何图形将如何移动或变化。动作如果不与参数相关联，将没有任何意义。

该选项卡中各选项功能介绍如下：

（1）"移动动作"按钮 ✛：单击此按钮，执行 BACTIONTOOL 命令，然后选择移动动作选项，此操作在用户将移动动作与点参数、线性参数、极轴参数或 XY 参数关联时，将该动作添加到动态块定义中。移动动作类似于 MOVE 命令，在动态块参照中，移动动作将使对象移动指定的距离和角度。

図 9.3.6　"动作"选项卡

（2）"缩放动作"按钮 📐：单击此按钮，执行 BACTIONTOOL 命令，然后选择缩放动作选项，此操作在用户将缩放动作与线性参数、极轴参数或 XY 参数关联时将该动作添加到动态块定义中。缩放动作类似于 SCALE 命令。在动态块参照中，当通过移动夹点或使用"特性"选项板编辑关联的参数时，缩放动作将使其选择集发生缩放。

（3）"拉伸动作"按钮 📐：单击此按钮，执行 BACTIONTOOL 命令，然后选择拉伸动作选项，此操作在用户将拉伸动作与点参数、线性参数、极轴参数或 XY 参数关联时将该动作添加到动态块定义中。拉伸动作将使对象在指定的位置移动和拉伸指定的距离。

（4）"极轴拉伸动作"按钮 📐：单击此按钮，执行 BACTIONTOOL 命令，然后选择极轴拉伸动作选项，此操作在用户将极轴拉伸动作与极轴参数关联时将该动作添加到动态块定义中。当通过夹点或"特性"选项板更改关联的极轴参数上的关键点时，极轴拉伸动作将使对象旋转、移动和拉伸指定的角度和距离。

（5）"旋转动作"按钮 🔄：单击此按钮，执行 BACTIONTOOL 命令，然后选择旋转动作选项，此操作在用户将旋转动作与旋转参数关联时将该动作添加到动态块定义中。旋转动作类似于 ROTATE 命令，在动态块参照中，当通过夹点或"特性"选项板编辑相关联的参数时，旋转动作将使其相关联的对象进行旋转。

（6）"翻转动作"按钮 📐：单击此按钮，执行 BACTIONTOOL 命令，然后选择翻转动作选项，此操作将在用户将翻转动作与翻转参数关联时将该动作添加到动态块定义中。使用翻转动作可以围绕指定的轴（称为投影线）翻转动态块参照。

（7）"阵列动作"按钮 📐：单击此按钮，执行 BACTIONTOOL 命令，然后选择阵列动作选项，此操作将在用户将阵列动作与线性参数、极轴参数或 XY 参数关联时将该工作添加到动态块定义中。通过夹点或"特性"选项板编辑关联的参数时，阵列动作将复制关联的对象并按矩形的方式进行阵列。

（8）"查询动作"按钮 📐：单击此按钮，执行 BACTIONTOOL 命令，然后选择查询动作选项，此操作将向动态块定义中添加一个查询动作。将查询动作添加到动态块定义中并将其与查询参数相关联时，将创建一个查询表。用户可以使用查询表指定动态块的自定义特性和值。

3．"参数"选项卡

"参数"选项卡如图 9.3.7 所示，该选项卡提供用于向块编辑器中的动态块定义中添加参数的工具。参数用于指定几何图形在块参照中的位置、距离和角度。将参数添加到动态块定义中时，该参数将定义块的一个或多个自定义特性。

该选项卡中各选项功能介绍如下：

（1）"点参数"按钮：单击此按钮，执行 BPARAMETER 命令，然后选择点参数选项，此操作将向动态块定义中添加一个点参数，并定义块参照的自定义 X 和 Y 特性。点参数定义图形中的 X 和 Y 位置。在块编辑器中，点参数类似于一个坐标标注。

（2）"线性参数"按钮：单击此按钮，执行 BPARAMETER 命令，然后选择线性参数选项，此操作将向动态块定义中添加一个线性参数，并定义块参照的自定义距离特性。线性参数显示两个目标点之间的距离。线性参数限制沿预置角度进行的夹点移动。在块编辑器中，线性参数类似于对齐标注。

图 9.3.7 "参数"选项卡

（3）"极轴参数"按钮：单击此按钮，执行 BPARMETER 命令，然后选择极轴参数选项，此操作将向动态块定义中添加一个极轴参数，并定义块参照的自定义距离和角度特性。极轴参数显示两个目标点之间的距离和角度值。可以使用夹点和"特性"选项板共同更改距离值和角度值。在块编辑器中，极轴参数类似于对齐标注。

（4）"XY 参数"按钮：单击此按钮，执行 BPARAMETER 命令，然后选择 XY 参数选项，此操作将向动态块定义中添加一个 XY 参数，并定义块参照的自定义水平距离和垂直距离特性。XY 参数显示距参数基点的 X 距离和 Y 距离。在块编辑器中，XY 参数显示为一对标注（水平标注和垂直标注），这一对标注共享一个公共基点。

（5）"旋转参数"按钮：单击此按钮，执行 BPARAMETER 命令，然后选择旋转参数选项，此操作将向动态块定义中添加一个旋转参数，并定义块参照的自定义角度特性。旋转参数用于定义角度，在块编辑器中，旋转参数显示为一个圆。

（6）"对齐参数"按钮：单击此按钮，执行 BPARAMETER 命令，然后选择对齐参数选项，此操作将向动态块定义中添加一个对齐参数。对齐参数用于定义 X 位置、Y 位置和角度。对齐参数总是应用于整个块，并且无须与任何动作相关联。对齐参数允许块参照自动围绕一个点旋转，以便与图形中的其他对象对齐。对齐参数影响块参照的角度特性，在块编辑器中，对齐参数类似于对齐线。

（7）"翻转参数"按钮：单击此按钮，执行 BPARAMETER 命令，然后选择翻转参数选项，此操作将向动态块定义中添加一个翻转参数，并定义块参照的自定义翻转特性，翻转参数用于翻转对象。在块编辑器中，翻转参数显示为投影线，可以围绕这条投影线翻转对象。翻转参数将显示一个值，该值显示块参照是否已被翻转。

（8）"可见性参数"按钮：单击此按钮，执行 BPARAMETER 命令，然后选择可见性参数选项，此操作将向动态块定义中添加一个可见性参数，并定义块参照的自定义可见性特性。可见性参数允许用户创建可见性状态并控制对象在块中的可见性。可见性参数总是应用于整个块，并且无须与任何动作相关联。在图形中单击夹点可以显示块参照中所有可见性状态的列表。在块编辑器中，可见性参数显示为带有关联夹点的文字。

（9）"查询参数"按钮🔲：单击此按钮，执行 BPARAMETER 命令，然后选择查询参数选项，此操作将向动态块定义中添加一个查询参数，并定义块参照的自定义查询特性。查询参数用于定义自定义特性，用户可以指定或设置该特性，以便从定义的列表或表格中计算出某个值。该参数可以与单个查询夹点相关联。在块参照中单击该夹点可以显示可用值的列表。在块编辑器中，查询参数显示为文字。

（10）"基点参数"按钮✛：单击此按钮，执行 BPARAMETER 命令，然后选择基点参数选项，此操作将向动态块定义中添加一个基点参数。基点参数用于定义动态块参照相对于块中的几何图形的基点。基点参数无法与任何动作相关联，但可以属于某个动作的选择集。在块编辑器中，基点参数显示为带有十字光标的圆。

4. "新建选项板"选项卡

"新建选项板"选项卡如图 9.3.8 所示，用户可以在该选项卡中设置选项板的透明度、视图选项、排列顺序，以及为选项板添加文字、分割符，还可以新建、删除和重命名选项板。在该选项板中单击鼠标右键，在弹出的快捷菜单中选择相应的命令即可，如图 9.3.9 所示。

图 9.3.8　"新建选项板"选项卡

图 9.3.9　快捷菜单

用户可以将常用的图形对象拖放到该选项板中，从而可以快速插入图形对象。

三、创建动态块

例如，绘制如图 9.3.10 所示的图形，并将其创建成动态块，为其添加旋转和翻转参数，具体操作如下：

（1）绘制如图 9.3.10 所示的椅子，并将其创建成块，命名为"摇椅"。

（2）单击"标准"工具栏中的"块编辑器"按钮，弹出 编辑块定义 对话框，如图 9.3.11 所示。在该对话框中的 要创建或编辑的块(B) 列表框中选择"摇椅"选项，此时在该对话框右边的预览框中显示出该块的图形对象，单击 确定 按钮后在块编辑器中打开该块。

（3）打开 块编写选项板 - 所有选项板 面板中的"参数"选项卡，在该选项卡中单击"旋转"参数，命令行提示如下：

命令:_BParameter 旋转

指定基点或 [名称(N)/标签(L)/链(C)/说明(D)/选项板(P)/值集(V)]:（捕捉如图 9.3.12 所示图形中的 A 点）

指定参数半径:（捕捉如图 9.3.12 所示图形中的中点 B）

指定默认旋转角度或 [基准角度(B)] <0>:（按回车键结束命令）

设置旋转参数后的效果如图 9.3.12 所示。

图 9.3.10　绘制图形

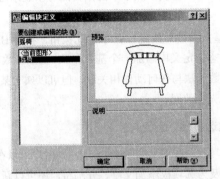

图 9.3.11　"编辑块定义"对话框

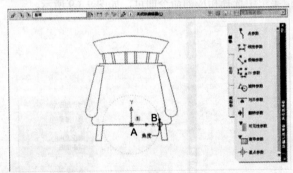

图 9.3.12　设置旋转参数

（4）打开 **块编写选项板 - 所有选项板** 面板中的"动作"选项卡，在该选项卡中单击"旋转动作"按钮，命令行提示如下：

命令: _BActionTool 旋转

选择参数:（选择如图 9.3.12 所示图形中的虚线圆）

指定动作的选择集（系统提示）

选择对象:

指定对角点: 找到 42 个（选择图形中的所有对象）

选择对象:（按回车键结束对象选择）

指定动作位置或 [基点类型(B)]:（在绘图窗口中指定一点）

设置旋转动作后的效果如图 9.3.13 所示。

（5）在打开的块编辑器中单击"块编辑器"工具栏中的"块编写选项板"按钮，打开 **块编写选项板 - 所有选项板** 面板，打开该窗口中的"参数"选项卡，单击该选项卡中的"翻转参数"按钮，命令行提示如下：

命令: _BParameter 翻转

指定投影线的基点或 [名称(N)/标签(L)/说明(D)/选项板(P)]:（捕捉如图 9.3.14 所示图形中的 C 点）

指定投影线的端点:（捕捉如图 9.3.14 所示图形中的 D 点）

指定标签位置:(拖动鼠标指定标签位置)

设置翻转参数后的效果如图 9.3.14 所示。

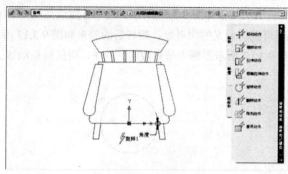

图 9.3.13 设置旋转动作

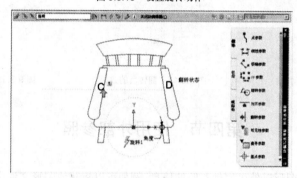

图 9.3.14 设置旋转参数

（6）打开 块编写选项板-所有选项板 面板中的"动作"选项卡，在该选项卡中单击"翻转动作"按钮 ，命令行提示如下：

命令:_BActionTool 翻转

选择参数:(选择如图 9.3.14 所示图形中的虚线)

指定动作的选择集（系统提示）

选择对象:

指定对角点: 找到 42 个（选择如图 9.3.14 所示图形中的所有对象）

选择对象:(按回车键结束命令)

指定动作位置:(拖动鼠标指定动作的位置)

设置翻转动作后的效果如图 9.3.15 所示。

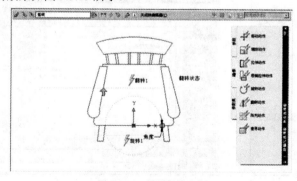

图 9.3.15 设置翻转动作

（7）单击"块编辑器"工具栏中的"保存块定义"按钮 ![btn]，将创建的动态块保存，然后单击该工具栏中的 关闭块编辑器(C) 按钮，关闭块编辑器，返回到绘图窗口。

（8）选中定义的块后，该块显示如图 9.3.16 所示。选中并激活如图 9.3.16 所示图形中的带有参数的夹点 E，单击该夹点即可翻转定义的块对象，翻转后的效果如图 9.3.17 所示。

（9）选中并激活如图 9.3.17 所示图形中带参数的夹点 F，用鼠标拖动该夹点即可旋转块对象，旋转后的效果如图 9.3.18 所示。

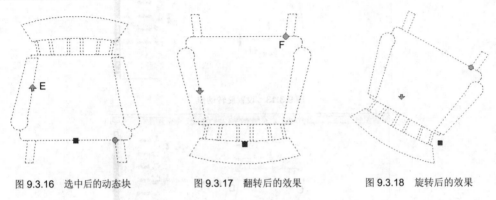

图 9.3.16　选中后的动态块　　　图 9.3.17　翻转后的效果　　　图 9.3.18　旋转后的效果

第四节　使用外部参照

外部参照是指当前图形以外可用做参照的信息，例如可以将其他图形文件中的图形作为外部参照附着到当前图形中，并且可以随时在当前图形中反映参照图形修改后的效果。

外部参照与块不同，附着的外部参照实际上只是链接到另一图形，并不真正插入到当前图形，而块却与当前图形中的信息保存在一起，所以，使用外部参照可以节省存储空间。

一、附着外部参照

在 AutoCAD 2007 中，在图形中附着外部参照的操作步骤如下：

（1）执行 插入(I) → 外部参照(N)… 命令，弹出 外部参照 选项板，如图 9.4.1 所示。

（2）单击该选项板工具栏中的"附着 DWG"按钮 ![btn]，弹出 选择参照文件 对话框，如图 9.4.2 所示。

图 9.4.1　"外部参照"选项板　　　　　图 9.4.2　"选择参照文件"对话框

（3）在 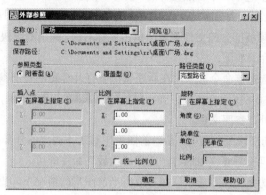 选择参照文件 对话框中选择参照文件，然后单击 打开(O) 按钮，弹出 外部参照 对话框，如图 9.4.3 所示。

图 9.4.3 "外部参照"对话框

（4）在 外部参照 对话框中设置外部参照文件的参照类型、路径类型、插入点、比例和旋转角度，最后单击 确定 按钮即可将选中的文件以外部参照的形式插入到当前图形中。

二、插入 DWG 和 DWF 参照底图

在 AutoCAD 2007 中新增加了插入 DWG 和 DWF 参照底图的功能，该功能和附着外部参照的功能相同，选择 插入(I) → DWG 参照... / DWF 参考底图... 命令，即可在当前图形中插入参照底图。如图 9.4.4 所示为在当前图形中插入 DWF 格式的外部参照文件。

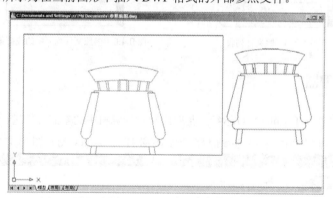

图 9.4.4 插入 DWF 参照底图

DWF 格式文件是一种从 DWG 文件创建的高度压缩文件，它易于在 Web 上发布和查看，是基于矢量格式创建的压缩文件。用户打开和传输压缩的 DWF 文件的速度要比 AutoCAD 的 DWG 格式图形文件快。此外，DWF 文件支持实时平移和缩放以及对图层显示和命名视图显示的控制。

三、管理外部参照

在 AutoCAD 2007 中，用户还可以利用 外部参照 选项板对图形中的多个参照进行编辑和管理。打开 外部参照 选项板，单击该选项板工具栏中"附着 DWG"按钮 右边的下三角按钮，在弹出的下拉菜单中选择相应的命令即可在当前图形中附着 DWG 文件、图像文件和 DWF 文件。当

在图形中插入参照文件后，在外部参照列表框中就会显示出当前图形中插入的所有参照文件的名称，如图 9.4.5 所示。在该列表中选中一个参照文件后，就可以在 [图 外部参照] 选项板下方的 [详细信息] 选项组中显示该参照文件的名称、加载状态、文件大小、参照类型、参照日期及参照文件的保存路径等内容。在 [图 外部参照] 选项板的参照文件列表中单击鼠标右键，弹出右键快捷菜单，如图 9.4.6 所示，该快捷菜单中各选项功能介绍如下：

（1）"打开"命令：选择该命令选项，在新建窗口中打开选定的外部参照进行编辑。

（2）"附着"命令：选择该命令选项，弹出 [附着 DWF 参考底图] 对话框，在该对话框中可以选择需要插入到当前图形中的外部参照文件。

（3）"卸载"命令：选择该命令选项，从当前图形中移走不需要的外部参照文件，但移走后仍保留该参照文件的路径，当再次需要该图形时，选择"重载"命令即可。

（4）"重载"命令：选择该命令选项，在不退出当前图形的情况下，更新外部参照文件。

（5）"拆离"命令：选择该命令选项，从当前图形中移去不再需要的外部参照文件。

图 9.4.5　参照文件列表　　　　　　　　图 9.4.6　参照文件列表中的快捷菜单

四、参照管理器

参照管理器可以独立于 AutoCAD 运行，帮助用户对计算机中的参照文件进行编辑和管理。使用参照管理器，用户可以修改保存的参照路径而不必打开 AutoCAD 图形文件。选择 [开始] → [所有程序(P)] → [Autodesk] → [AutoCAD 2007 - Simplified Chinese] → [参照管理器] 命令，打开 [参照管理器] 窗口，如图 9.4.7 所示。

图 9.4.7　"参照管理器"窗口

在 **参照管理器** 窗口的图形列表框中选中参照图形文件后，在该窗口右边的列表框中就会显示该参照文件的类型、状态、文件名、参照名、保存路径等信息。用户可以利用该窗口中的工具栏对选中的参照文件的信息进行修改。

习 题 九

一、填空题

1. 在 AutoCAD 2007 中，创建块的方法有两种：一种是_____，另一种是_____。

2. 外部参照是指_____。

二、选择题

1. 块的特点有（ ）。

    A. 提高绘图速度   B. 节省存储空间

    C. 便于修改图形   D. 可以添加属性

2. 执行（ ）命令，可以以阵列的形式插入块。

    A. INSERT   B. BLOCK

    C. WBLOCK   D. MINSERT

三、上机操作

1. 绘制如题图 9.1 所示的图形，并将其创建成块。

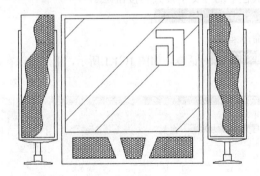

题图 9.1

2. 绘制如题图 9.2 所示的图形，并将其创建成块。

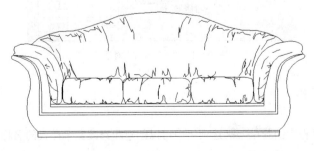

题图 9.2

第十章　文字标注与表格

文字标注是图形中很重要的一部分内容，在绘制各类图形时都会用到文字标注，如技术要求、注释说明等。AutoCAD 2007 提供了多种文字标注和编辑的方法，本章将详细进行介绍。表格在 AutoCAD 中也有很多应用，如明细表、参数表和标题栏等，本章也将详细介绍表格的绘制与创建方法。

本章主要内容：
- 创建文字样式。
- 创建与编辑单行文字。
- 创建与编辑多行文字。
- 创建表格样式和表格。

第一节　创建文字样式

文字的样式直接控制着文字的字体、字符宽度、倾斜角度、高度等参数。在 AutoCAD 2007 中，系统默认的文字样式为"Standard"，用户还可以根据自己的需要，创建新的文字样式。执行创建文字样式命令的方法有以下 3 种：

（1）单击"样式"工具栏中的"文字样式"按钮 。
（2）选择 格式(O) → 文字样式(S)... 命令。
（3）在命令行中输入命令 style。

执行此命令后，弹出 文字样式 对话框，如图 10.1.1 所示，用户可以在该对话框中创建和修改文字样式。

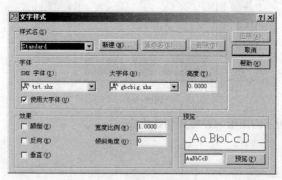

图 10.1.1　"文字样式"对话框

一、设置样式名

在 文字样式 对话框中的 样式名(S) 选项组中可以创建和修改文字样式的名称，该选项组中各选项功能介绍如下：

（1）"样式名"下拉列表：列出当前可以使用的文字样式。

（2）新建(N)...按钮：单击此按钮，弹出新建文字样式对话框，如图10.1.2所示。在该对话框中的样式名:文本框中输入新建文字样式的名称，然后单击确定按钮即可创建新的文字样式。

（3）重命名(R)...按钮：单击此按钮，弹出重命名文字样式对话框，如图10.1.3所示。在该对话框中的样式名:文本框中为文字样式重新设置名称后，单击确定按钮即可重新命名文字样式，但不能重命名系统默认的Standard样式名。

图10.1.2 "新建文字样式"对话框　　图10.1.3 "重命名文字样式"对话框

（4）删除(D)按钮：单击此按钮可以删除"样式名"列表框中显示的当前文字样式，但不能删除系统默认的Standard样式。

二、设置字体

在文字样式对话框中的字体选项组中可以设置文字样式的字体和字高等属性。当选中该选项组中的☑ 使用大字体(U)复选框时，下拉列表显示为SHX 字体(X):字体；当取消选中该复选框时，下拉列表显示为字体名(F):。在字体名(F):下拉列表中可以为创建的文字样式设置字体，在字体样式(Y):下拉列表中可以为创建的文字样式设置格式，如斜体、粗体和常规字体等；在高度(T):文本框中可以设置文字的高度。如果将文字的高度设置为0，在标注文字时，命名行提示"指定高度:"，要求用户指定文字的高度。如果在高度(T):文本框中输入了文字的高度，AutoCAD将按此高度标注文字，而不再提示指定高度。

三、设置文字效果

在文字样式对话框中的效果选项组中可以设置文字显示的效果，其中包括颠倒、反向、垂直、宽度比例和倾斜角度等选项，效果如图10.1.4所示。

正常状态下的文字　　　　设置"颠倒"后的文字

设置"反向"后的文字　　　宽度比例为0.5的文字

设置"垂直"后的文字

倾斜角度为正的文字　　　倾斜角度为负的文字

图10.1.4 文字效果图

效果选项组中各选项功能介绍如下：

（1）☑ 颠倒(E)复选框：设置文字的颠倒效果。

（2）☑ 反向(K)复选框：设置文字的反向效果。

（3）☑ 垂直(V) 复选框：设置文字的垂直效果。

（4）宽度比例(W)：文本框：设置文字的高度和宽度比例。当"宽度比例"值为 1 时，将按系统定义的高度比例书写文字；当"宽度比例"小于 1 时，字符会变窄；当"宽度比例"大于 1 时，字符则变宽。

（5）倾斜角度(O)：文本框：设置字体的倾斜角度。角度为 0 时不倾斜，角度为正值时向右倾斜，为负值时向左倾斜。

四、预览与应用文字效果

在 文字样式 对话框中的 预览 框中可以预览新建文字样式的显示效果。在预览框下边的文本框中输入要预览的字符，单击 预览(P) 按钮即可在预览框中预览字符在该文字样式下的显示效果。

在"样式名"下拉列表框中选择一种文字样式后，单击 文字样式 对话框中的 应用(A) 按钮即可应用文字样式，然后单击 关闭(C) 按钮关闭该对话框。

第二节　创建与编辑单行文字

单行文字适用于标注较短的信息，如工程制图中的材料说明、机械制图中的部件名称等。使用"文字"工具栏中的工具可以创建和编辑单行文字，如图 10.2.1 所示。

图 10.2.1　"文字"工具栏

一、创建单行文字

在 AutoCAD 2007 中，执行创建单行文字命令的方法有以下 3 种：

（1）单击"文字"工具栏中的"单行文字"按钮 AI。

（2）选择 绘图(D) ➜ 文字(X) ➜ 单行文字(S) 命令。

（3）在命令行中输入命令 dtext 后按回车键。

执行该命令后，命令行提示如下：

命令: _dtext

当前文字样式: Standard 当前文字高度: 510.4547（系统提示）

指定文字的起点或[对正(J)/样式(S)]:（指定单行文字的起点）

指定高度 <510.4547>:（输入文字的高度）

指定文字的旋转角度 <0>:（输入文字的旋转角度）

输入文字:（输入文字）

输入文字:（按回车键结束命令）

其中各命令选项的功能介绍如下：

（1）对正(J)：选择该命令选项，设置单行文字的对齐方式，同时命令行提示如下：

输入选项[对齐(A)/调整(F)/中心(C)/中间(M)/右(R)/左上(TL)/中上(TC)/右上(TR)/左中(ML)/正中

(MC)/右中(MR)/左下(BL)/中下(BC)/右下(BR)]:

其中各命令选项的功能介绍如下:

对齐:通过指定基线端点来指定文字的高度和方向。

调整:指定文字按照由两点定义的方向和一个高度值布满一个区域。只适用于水平方向的文字。

中心:从基线的水平中心对齐文字,此基线是由用户给出的点指定的。

中间:文字在基线的水平中点和指定高度的垂直中点上对齐。中间对齐的文字不保持在基线上。

右:在由用户给出的点指定的基线上右对正文字。

左上:在指定为文字顶点的点上左对正文字,只适用于水平方向的文字。

中上:以指定为文字顶点的点居中对正文字,只适用于水平方向的文字。

右上:以指定为文字顶点的点右对正文字,只适用于水平方向的文字。

左中:在指定为文字中间点的点上向左对正文字,只适用于水平方向的文字。

正中:在文字的中央水平和垂直居中对正文字,只适用于水平方向的文字。

右中:以指定为文字的中间点的点右对正文字,只适用于水平方向的文字。

左下:以指定为基线的点左对正文字,只适用于水平方向的文字。

中下:以指定为基线的点居中对正文字,只适用于水平方向的文字。

右下:以指定为基线的点右对正文字,只适用于水平方向的文字。

单行文字的对正方式如图 10.2.2 所示。

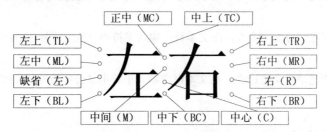

图 10.2.2 单行文字的对正方式

(2)样式(S):选择该命令选项,设置当前文字使用的样式。

二、使用文字控制符

在实际绘制图形时,经常需要在图形中标注一些特殊的字符,如文字的上下画线、角度符号(°)、公差符号(±)、直径符号(φ)等,这些字符不能从键盘上直接输入,所以 AutoCAD 2007 采用控制符来输入这些字符。控制符由两个百分号(%%)和一个字母组成,如表 10.1 所示。

表 10.1 AutoCAD 控制符

符 号	功 能
%%O	打开或关闭文字上画线
%%U	打开或关闭文字下画线
%%D	标注度(°)符号
%%P	标注正负公差(±)符号
%%C	标注直径(φ)符号

其中,%%U 和%%O 用于控制打开和关闭文字的上画线和下画线,当第一次出现符号时即为打开,第二次出现符号时,即为关闭。

例如,创建如图 10.2.3 所示的文字效果,具体操作步骤如下:

上画线和下画线

直径符号　　∅=18

角度符号　　30°

公差符号　　±0.024

图 10.2.3　特殊字符的输入

（1）单击"文字"工具栏中的"单行文字"按钮 A，命令行提示如下：

命令：_dtext

当前文字样式：　样式 1　当前文字高度：　1.0000（系统提示）

指定文字的起点或 [对正(J)/样式(S)]:（在绘图窗口中任意指定一点）

指定高度 <1.0000>:（指定标注文字的高度）

指定文字的旋转角度 <0>:（直接按回车键默认文字的旋转角度为 0）

（2）此时在绘图窗口中出现一个文本框，在该文本框中输入字符串"%%o 上画线%%o 和%%u 下画线%%u"，按回车键结束命令。

（3）再次执行创建单行文字命令，在文本框中输入字符串"直径符号%%C＝18"，按回车键结束命令。

（4）再次执行创建单行文字命令，在文本框中输入字符串"角度符号 30 %%D"，按回车键结束命令。

（5）再次执行创建单行文字命令，在文本框中输入字符串"公差符号%% P0.024"，按回车键结束命令。

三、编辑单行文字

在 AutoCAD 2007 中，编辑单行文字主要是修改文字的内容。执行编辑单行文字命令的方法有以下 4 种：

（1）单击"文字"工具栏中的"编辑文字"按钮 A。

（2）选择 修改(M) → 对象(O) → 文字(T) → 编辑(E)... 命令。

（3）在命令行中输入命令 ddedit。

（4）双击需要编辑的文字对象。

执行该命令后，命令行提示如下：

命令：_ddedit

选择注释对象或 [放弃(U)]:（选择要编辑的文字对象）

选中后的文字如图 10.2.4 所示，直接输入新的文字内容，按回车键结束命令。

上画线和下画线

图 10.2.4　编辑单行文字

第三节　创建与编辑多行文字

　　"多行文字"又称为段落文字，是一种更易于管理的文字对象，可以由两行以上的文字组成，而且各行文字都作为一个整体处理。在机械制图中，常使用多行文字创建较为复杂的文字说明，如技术要求、装配说明等。

一、创建多行文字

　　在 AutoCAD 2007 中，执行创建多行文字命令的方法有以下 3 种：

　　（1）单击"文字"工具栏中的"多行文字"按钮 **A**。

　　（2）选择 绘图(D) → 文字(X) ▶ 多行文字(M)... 命令。

　　（3）在命令行中输入命令 mtext 后按回车键。

　　执行该命令后，命令行提示如下：

命令: _mtext

当前文字样式:"样式 1"　当前文字高度:10（系统提示）

指定第一角点:（在绘图窗口中指定多行文本编辑窗口的第一个角点）

指定对角点或 [高度(H)/对正(J)/行距(L)/旋转(R)/样式(S)/宽度(W)]:（指定多行文本编辑窗口的第二个角点）

　　其中各命令选项功能介绍如下：

　　（1）高度(H)：选择该命令选项，指定用于多行文字字符的高度。

　　（2）对正(J)：选择该命令选项，根据文字边界确定新文字或选定文字的文字对齐和文字走向。

　　（3）行距(L)：选择该命令选项，指定多行文字对象的行距。行距是一行文字的底部（或基线）与下一行文字底部之间的垂直距离。

　　（4）旋转(R)：选择该命令选项，指定文字边界的旋转角度。

　　（5）样式(S)：选择该命令选项，指定用于多行文字的文字样式。

　　（6）宽度(W)：选择该命令选项，指定文字边界的宽度。

　　指定第二个角点后，在绘图窗口中弹出如图 10.3.1 所示的多行文本编辑器。

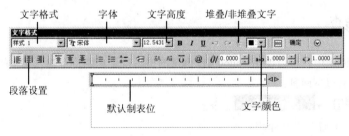

图 10.3.1　多行文本编辑器

文字格式 编辑器用来控制多行文字的样式及文字的显示效果。其中各选项的功能介绍如下：

　　（1）"文字样式"下拉列表框：用于设置多行文字的文字样式。

　　（2）"字体"下拉列表框：用于设置多行文字的字体。

　　（3）"文字高度"下拉列表框：用于确定文字的字符高度，在下拉列表中选择文字高度或直接在文本框中输入文字高度。

（4）"堆叠/非堆叠文字"按钮：单击此按钮，创建堆叠文字。在 AutoCAD 2007 中，创建的堆叠文字有 3 种形式，第一种格式为"M^N"，效果如图 10.3.2（a）所示；第二种格式为"M/N"，效果如图 10.3.2（b）所示；第三种格式为"M#N"，效果如图 10.3.2（c）所示。

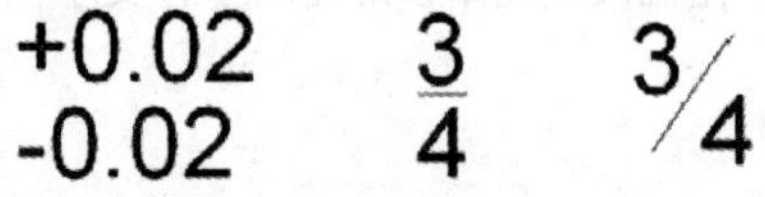

$$+0.02 \quad \dfrac{3}{4} \quad {}^{3}\!/_{4}$$
$$-0.02$$

（a）　　　　（b）　　　　（c）

图 10.3.2　文字堆叠效果

（5）"文字颜色"下拉列表框：用来设置或改变文本的颜色。

如图 10.3.3 所示为创建的多行文字。

"多行文字"又称为段落文字，是一种更易于管理的文字对象，可以由两行以上的文字组成，而且各行文字都是作为一个整体处理。在机械制图中，常使用多行文字创建较为复杂的文字说明，如技术要求、装配说明等。

图 10.3.3　创建多行文字

二、编辑多行文字

在 AutoCAD 2007 中，执行编辑多行文字命令的方法有以下 4 种：

（1）单击"文字"工具栏中的"编辑文字"按钮 A/ 。

（2）选择 修改(M) → 对象(O) → 文字(T) → / 编辑(E) 命令。

（3）在命令行中输入命令 ddedit。

（4）双击需要编辑的文字对象。

执行此命令后，弹出 文字格式 编辑器，用户可以在该编辑器中对多行文字的样式、字体、文字高度和颜色等属性进行编辑。

三、拼写检查

在 AutoCAD 2007 中，可以使用 AutoCAD 提供的拼写检查功能检查输入文字的正确性。执行拼写检查命令的方式有以下两种：

（1）选择 工具(T) → 拼写检查(E) 命令。

（2）在命令行中输入命令 spell。

执行该命令后，命令行提示如下：

命令: spell

选择对象:（选择要检查的文本对象）

如果选择的文本对象的拼写没有问题，将弹出如图 10.3.4 所示的提示框；如果选择的文本对象有拼写上的问题，将弹出如图 10.3.5 所示的 拼写检查 对话框，该对话框中各选项功能介绍如下：

图 10.3.4 提示框 图 10.3.5 "拼写检查"对话框

1）**当前词典**：显示区：显示当前词典名，默认的词典是美国英语词典。

2）**当前词语**显示区：显示正在检查的词语。

3）**建议**：列表框：显示当前词典中建议的替换词列表。从该列表中选择替换词或在文本框中输入替换词。

4）**忽略(I)**按钮：单击该按钮，跳过当前词语。

5）**修改(C)**按钮：单击该按钮，用**建议**：列表框中的词语替换当前词语。

6）**添加(A)**按钮：单击该按钮，将当前词语添加到当前自定义词典中。

7）**全部忽略(G)**按钮：单击该按钮，跳过所有与当前词语相同的词语。

8）**全部修改(E)**按钮：单击该按钮，替换在选定文字对象中所有与当前词语相同的词语。

9）**查寻(L)**按钮：单击该按钮，列出与在**建议**：列表中选定的词类似的词语。

10）**修改词典(D)...**按钮：单击该按钮，弹出**修改词典**对话框，如图 10.3.6 所示，在该对话框中可以修改拼写检查所使用的词典。

图 10.3.6 "修改词典"对话框

11）**上下文**显示区：显示在其中找到的当前词典的短语。

例如，检查如图 10.3.7 所示的拼写是否正确，如果不正确，请将其更正。具体操作步骤如下：

Draeming

图 10.3.7 拼写的单词

命令: spell

选择对象: 找到 1 个（选择如图 10.3.7 所示的拼写单词）

选择对象:（按回车键结束对象选择）

系统弹出如图 10.3.8 所示的**拼写检查**对话框，单击该对话框中的**修改(C)**按钮，系统自动修改拼写错误的文本对象，修改后的拼写如图 10.3.9 所示。

Dreaming

图 10.3.8 "拼写检查"对话框   图 10.3.9 修改后拼写的单词

第四节 创建表格样式和表格

在 AutoCAD 2007 中，可以使用表格清晰地表达一些图形信息，如配料单、标题栏等。用户可以创建指定行和列的表格，还可以从 Microsoft Excel 中直接复制表格，并将其作为 AutoCAD 表格对象粘贴到图形中。此外，还可以输出来自 AutoCAD 的表格，以供 Microsoft Excel 或其他应用程序使用。

一、创建表格样式

在 AutoCAD 2007 中，执行创建表格样式命令的方法有以下 3 种：

（1）单击"样式"工具栏中的"表格样式"按钮 。

（2）选择 格式(O) → 表格样式(B)... 命令。

（3）在命令行中输入命令 tablestyle。

执行该命令后，弹出 表格样式 对话框，如图 10.4.1 所示，单击该对话框中的 新建(N)... 按钮，弹出 创建新的表格样式 对话框，如图 10.4.2 所示。

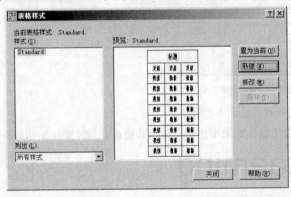

图 10.4.1 "表格样式"对话框   图 10.4.2 "创建新的表格样式"对话框

在 创建新的表格样式 对话框中的 新样式名(N): 文本框中输入新的表格样式名称，然后单击 基础样式(S): 下拉列表框右边的 按钮，在弹出的下拉列表中选择一种基础样式，然后单击 继续 按钮，弹出 新建表格样式: 副本 Standard 对话框，如图 10.4.3 所示。

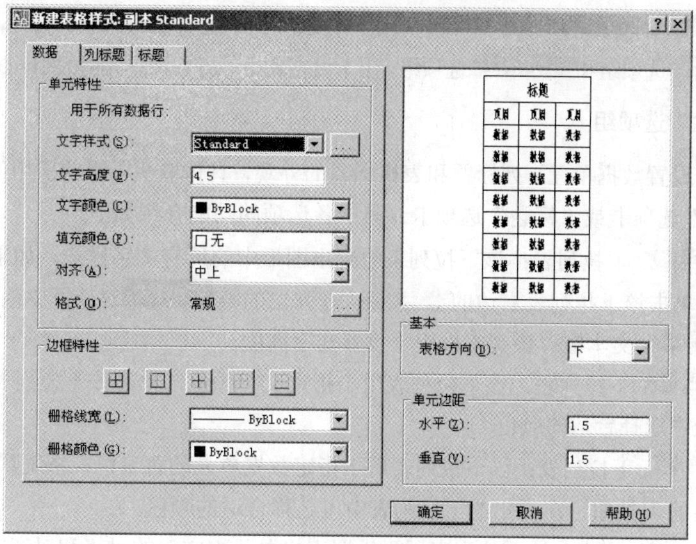

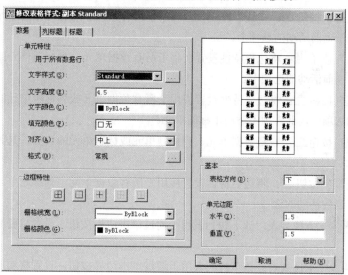

图 10.4.3　"新建表格样式：副本 Standard"对话框

用户可以在该对话框中设置表格的参数，最后单击 确定 按钮完成新表格样式的创建，同时返回到 表格样式 对话框，在该对话框中单击 置为当前(U) 按钮，即可设置新建的表格样式为当前样式。

在 表格样式 对话框中的 样式(S)：列表框中选择表格样式，单击 修改(M)... 按钮，弹出 修改表格样式：副本 Standard 对话框，如图 10.4.4 所示。该对话框与 新建表格样式：副本 Standard 对话框的内容相同，修改表格参数后，单击 确定 按钮完成对表格样式的修改。

图 10.4.4　"修改表格样式：副本 Standard"对话框

二、设置表格样式参数

用户可以在创建表格样式时在 新建表格样式：副本 Standard 对话框中设置表格样式的参数，也可以在修改表格样式时在 修改表格样式：副本 Standard 对话框中设置表格样式参数，这两个对话框中的内容相同，都有 3 个选项卡："数据"、"列标题"和"标题"，如图 10.4.3 和图 10.4.4 所示，其中每个选项

卡上都设置有 单元特性 选项组和 边框特性 选项组，各选项组中又有多个选项。另外，在这两个对话框的右边还设置有 基本 选项组和 单元边距 选项组，用于设置表格的方向和单元格大小，以下分别进行介绍。

1. "单元特性"选项组

该选项组用于设置数据单元、列标题和表格标题的外观，具体取决于当前所用的选项卡："数据"选项卡、"列标题"选项卡或"标题"选项卡。其中各选项的功能介绍如下：

（1） 文字样式(S)：下拉列表：该下拉列表中列出图形中的所有文字样式。如果用户需要创建新的文字样式，可以单击该下拉列表右边的 按钮，在弹出的 文字样式 对话框中创建新的文字样式。

（2） 文字高度(E)：文本框：该文本框用于设置文字高度。

（3） 文字颜色(C)：下拉列表：该下拉列表用于指定文字颜色，单击该下拉列表右边的 按钮，在弹出的下拉列表中选择合适的颜色。

（4） 填充颜色(F)：下拉列表：该下拉列表用于指定数据单元的背景色，系统默认值为"无"。单击该下拉列表右边的 按钮，在弹出的下拉列表中可选择合适的颜色。

（5） 对齐(A)：下拉列表：该下拉列表用于设置表格单元中文字的对正和对齐方式。单击该下拉列表右边的 按钮，在弹出的下拉列表中选择合适的对齐方式。系统为用户提供了"中上"、"右上"、"左上"、"正中"、"右中"、"左下"和"中下"7 种对齐方式。

2. "边框特性"选项组

该选项组用于控制单元边界的外观。边框特性包括栅格线的线宽和颜色。其中各选项功能介绍如下：

（1）"所有边框"按钮 ：将边界特性设置应用于所有数据单元、列标题单元或标题单元的所有边界，具体取决于当前活动的选项卡。

（2）"外边框"按钮 ：将边界特性设置应用于所有数据单元、列标题单元或标题单元的外部边界，具体取决于当前活动的选项卡。

（3）"内边框"按钮 ：将边界特性设置应用于所有数据单元或列标题单元的内部边界，具体取决于当前活动的选项卡，此选项不适用于标题单元。

（4）"无边框"按钮 ：隐藏数据单元、列标题单元或标题单元的边界，具体取决于当前活动的选项卡。

（5）"底部边框"按钮 ：将边界特性设置应用于所有数据单元、列标题单元或标题单元的底边界，具体取决于当前活动的选项卡。

（6） 栅格线宽(L)：下拉列表：该下拉列表用于通过单击边界按钮，设置将要应用于指定边界的线宽。

（7） 栅格颜色(G)：下拉列表：该下拉列表用于通过单击边界按钮，设置将要应用于指定边界的颜色。

3. "基本"选项组

该选项组用于设置表格的方向。单击该对话框中 表格方向(D)：下拉列表右边的 按钮，在弹出的下拉列表中选择"上"或"下"选项，如果选择"上"选项，则创建由下而上读取的表格，标题行和列标题行位于表格的底部；如果选择"下"选项，则创建由上而下读取的表格，标题行和列标题行位于表格的顶部。

4."单元边距"选项组

该选项组用于控制单元边界和单元内容之间的间距，单元边距设置应用于表格中的所有单元。

（1）水平(Z)：文本框：该文本框用于设置单元格中的文字或块与左右单元边界之间的距离。

（2）垂直(V)：文本框：该文本框用于设置单元格中的文字或块与上下单元边界之间的距离。

三、创建表格

在 AutoCAD 2007 中，执行创建表格命令的方法有以下 3 种：

（1）单击"绘图"工具栏中的"表格"按钮 。

（2）选择 绘图(D) → 表格... 命令。

（3）在命令行中输入命令 table。

执行该命令后，弹出 插入表格 对话框，如图 10.4.5 所示。

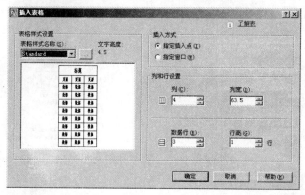

图 10.4.5　"插入表格"对话框

该对话框中各选项功能介绍如下：

（1）表格样式设置 选项组：该选项组用于设置表格的外观。其中包括以下两个选项：

1）表格样式名称(S)：下拉列表框：该下拉列表中包含了当前图形文件中的所有表格样式，用户可以单击该下拉列表框右边的 按钮，在弹出的下拉列表中选择需要的表格样式。如果当前图形中没有用户需要的表格样式，还可以单击该下拉列表右边的 按钮，在弹出的 表格样式 对话框中创建新的表格样式，系统默认的表格样式为 standard。

2）文字高度：显示框：显示当前表格样式下文字的高度。

（2）插入方式 选项组：该选项组用于指定表格的位置。其中包括以下两个选项：

1）指定插入点(I) 单选按钮：选中此单选按钮，指定表格左上角的位置。

2）指定窗口(W) 单选按钮：选中此单选按钮，指定表格的大小和位置。

（3）列和行设置 选项组：该选项组用于设置列和行的数目和大小。

1）列(C)：微调框：指定列的数值。

2）列宽(D)：微调框：指定列间距。

3）数据行(R)：微调框：指定行的数值。

4）行高(G)：微调框：指定行间距。

如图 10.4.6 所示为创建的表格。

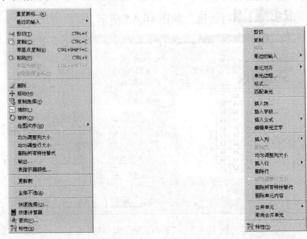

图 10.4.6 创建的表格

四、编辑表格

在 AutoCAD 2007 中，可以使用表格的快捷菜单来编辑表格。当选中整个表格时，其快捷菜单如图 10.4.7 所示，当选中表格单元时，其快捷菜单如图 10.4.8 所示。

图 10.4.7 选中整个表格时的快捷菜单　　　图 10.4.8 选中表格单元时的快捷菜单

1. 编辑表格

使用表格的快捷菜单可以对表格进行剪切、复制、对齐、插入块或公式、插入行或列、合并单元格等操作（必须同时选中两个以上单元格）。另外，当选中整个表格时，在表格上还会显示出很多夹点，如图 10.4.9 所示，用鼠标拖动这些夹点也可以对表格进行编辑。

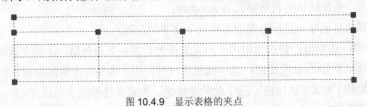

图 10.4.9 显示表格的夹点

2. 编辑表格单元

使用表格单元快捷菜单可以对表格的单元逐个进行编辑，其中主要选项的功能介绍如下：

（1）**单元对齐** 命令：使用该命令可以选择表格单元的对齐方式，系统提供了"左上"、"中上"、"右上"、"左中"、"正中"、"右中"、"左下"、"中下"和"右下"9种对齐方式。

（2）"单元边框"命令：选择该命令，弹出 **单元边框特性** 对话框，如图 10.4.10 所示，在该对话框中可以设置边框的线宽、颜色等特性。

（3）"匹配单元"命令：使用该命令可以用当前选中的表格单元格式匹配其他表格单元。

（4）"插入块"命令：执行该命令，弹出 在表格单元中插入块 对话框，如图 10.4.11 所示，使用该对话框可以在表格中插入指定的块，并设置块在表格单元中的对齐方式、比例和旋转角度等特性。

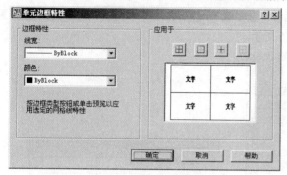

图 10.4.10 "单元边框特性"对话框

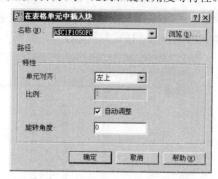

图 10.4.11 "在表格单元中插入块"对话框

第五节 创建工程数量表和注释

本节综合运用本章所学的知识创建如图 10.5.1 所示的工程数量表和注释，操作步骤如下：

一孔拱圈工程数量表					
编号	直径（mm）	长度（cm）	根数（个）	共重（kg）	C25砼（m³）
1	∅12	2460	86	3658	308
2		2330	86		
3	∅8	1694	248	2525	
4		80.0000	2772		

注：
1、本图尺寸均以厘米计。
2、4号筋为隔行梅花形布置，并与3号筋扎在一起。
3、3号筋以拱圈外弧按图中尺寸向圆心方向等分布置。

图 10.5.1 创建工程数量表和注释

（1）选择 格式(O) → 文字样式(S)... 命令，弹出 文字样式 对话框，单击该对话框中的 新建(N)... 按钮，在弹出的 新建文字样式 对话框中输入新建文字样式的名称"注释文字"，效果如图 10.5.2 所示，单击 确定 按钮后返回到 文字样式 对话框，参数设置如图 10.5.3 所示。

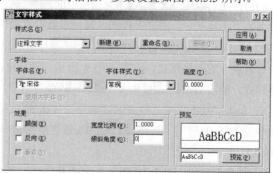

图 10.5.2 "新建文字样式"对话框

图 10.5.3 "文字样式"对话框

（2）单击 <u>关闭(C)</u> 按钮关闭 <u>文字样式</u> 对话框。选择 <u>格式(O)</u> → <u>表格样式(B)...</u> 命令，弹出 <u>表格样式</u> 对话框，如图 10.5.4 所示。

（3）单击 <u>表格样式</u> 对话框中的 <u>新建(N)</u> 按钮，弹出 <u>创建新的表格样式</u> 对话框，在该对话框中的 <u>新样式名(N):</u> 文本框中输入新建表格样式的名称"数量表"，然后在 <u>基础样式(S):</u> 下拉列表中选择系统默认的 Standard 样式为基础样式，如图 10.5.5 所示。

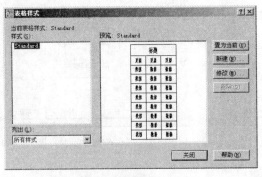

图 10.5.4　"表格样式"对话框　　　　　　图 10.5.5　"创建新的表格样式"对话框

（4）单击 <u>创建新的表格样式</u> 对话框中的 <u>继续</u> 按钮，弹出 <u>新建表格样式：数量表</u> 对话框，打开该对话框中的 <u>数据</u> 选项卡，在该选项卡中的 <u>文字样式(S):</u> 下拉列表中选择名为"注释文字"的文字样式，其他参数设置如图 10.5.6 所示。

（5）打开 <u>新建表格样式：数量表</u> 对话框中的 <u>列标题</u> 选项卡，取消选中该选项卡中的 <u>☐ 包含页眉行(I)</u> 复选框，如图 10.5.7 所示。

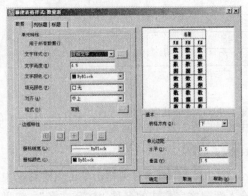
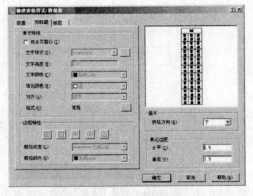

图 10.5.6　"新建表格样式：数量表"对话框　　　图 10.5.7　"列标题"选项卡

（6）打开 <u>新建表格样式：数量表</u> 对话框中的 <u>标题</u> 选项卡，在该选项卡中的 <u>文字样式(S):</u> 下拉列表中选择名为"注释文字"的文字样式，其他参数设置如图 10.5.8 所示。

（7）单击 <u>确定</u> 按钮返回到 <u>表格样式</u> 对话框，在该对话框中的 <u>样式(S):</u> 列表框中选择新建名为"数量表"的表格样式，如图 10.5.9 所示，然后单击该对话框中的 <u>置为当前(U)</u> 按钮将其设置为当前表格样式，单击 <u>关闭</u> 按钮关闭 <u>表格样式</u> 对话框。

（8）单击"绘图"工具栏中的"表格"按钮 <u>　</u>，弹出 <u>插入表格</u> 对话框，在该对话框中设置各项参数如图 10.5.10 所示，单击 <u>确定</u> 按钮在绘图窗口中指定一点作为插入点，插入表格后的效果如图 10.5.11 所示。

（9）选中表格第 3，4 行的第 2 列表格单元，然后单击鼠标右键，在弹出的快捷菜单中选择 <u>合并单元</u> ▶ → <u>全部</u> 命令，将其合并为一个表格单元。然后选中表格第 5，6 行的第 2 列表格单元，利用相同的方法将其合并为一个表格单元，效果如图10.5.12所示。

图10.5.8 "标题"选项卡

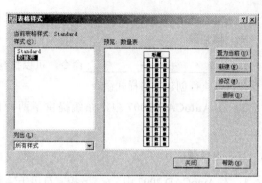

图10.5.9 "表格样式"对话框

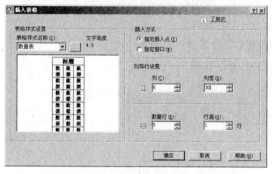

图10.5.10 "插入表格"对话框

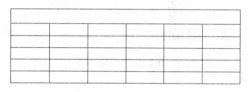

图10.5.11 插入表格后的效果

（10）再次执行 合并单元 命令，用相同的方法合并表格第3，4行的第5列表格单元和第5，6行的第5列表格单元，合并后的效果如图10.5.13所示。

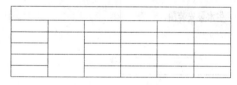

图10.5.12 合并第一组表格单元

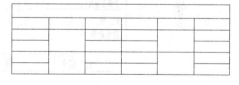

图10.5.13 合并第二组表格单元

（11）选中表格第3，4，5，6行的第6列表格单元，执行合并单元命令，将其合并成一个表格单元，合并后的效果如图10.5.14所示。

（12）用鼠标双击表格单元，激活表格单元后，在表格中输入文字，效果如图10.5.15所示。

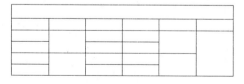

图10.5.14 合并第三组表格单元

一孔拱圈工程数量表					
编号	直径（mm）	长度（cm）	根数（个）	共重（kg）	C25砼（m³）
1	Ø				
2					
3	Ø				
4					

图10.5.15 输入文字

（13）单击"绘图"工具栏中的"多行文字"按钮 **A**，在创建的表格下方创建多行文字，设置文字的高度为4.5，最终效果如图10.5.1所示。

习　题　十

一、填空题

1. 选择_____→_____命令，可以执行创建文字样式命令；选择_____→_____命令，可以执行创建表格样式命令。

2. 在 AutoCAD 2007 中，系统提供了两种创建文字的方法，一种是_____，另一种是_____。

二、选择题

1. 在 AutoCAD 2007 中，（　　）控制符用于输入直径符号。

    A．%%C　　　　　　　　　　　　　B．%%D

    C．%%P　　　　　　　　　　　　　D．%%U

2. 在 AutoCAD 2007 中创建文字样式时，可以为文字设置（　　）效果。

    A．颠倒　　　　　　　　　　　　　B．垂直

    C．反向　　　　　　　　　　　　　D．倾斜

三、上机操作

绘制如题图 10.1 所示的标题块。

总工程师			
项目负责人		生水泵安装图	
主任工程师			
审　核			
设计制图			
年月日	比例	图号	

题图　10.1

第十一章　标注图形尺寸

尺寸标注是绘图设计过程中非常重要的一个环节。由于图形的主要作用是表达物体的形状，而物体各部分的真实大小和各部分之间的确切位置只能通过尺寸标注来表示，因此，没有正确的尺寸标注，绘制出的图纸对于加工制造就没有什么意义。本章将详细介绍尺寸标注的规则和组成、尺寸标注样式的创建、基本标注命令的使用和编辑尺寸标注的方法。

本章主要内容：
- 尺寸标注的规则与组成。
- 尺寸标注样式。
- 尺寸标注命令。
- 编辑尺寸标注。

第一节　尺寸标注的规则与组成

由于尺寸标注对传达有关设计元素的尺寸、材料等信息有着非常重要的作用，因此，在对图形进行标注前应先了解尺寸标注的规则及其组成。

一、尺寸标注的规则

在我国的"工程制图国家标准"中，对尺寸标注的规则作出了一些规定，要求尺寸标注必须遵守以下基本规则：

（1）物体的真实大小应以图形上标注的尺寸数值为依据，与图形的显示大小和绘图的精度无关。

（2）图形中的尺寸以毫米为单位时，不需要标注尺寸单位的代号或名称。如果采用其他单位，则必须注明尺寸单位的代号或名称，如度、厘米、英寸等。

（3）图形中所标注的尺寸为图形所表示的物体的最后完工尺寸，如果是中间过程的尺寸，则必须另加说明。

（4）物体的每一尺寸，一般只标注一次，并应标注在最能清晰反映该结构的视图中。

二、尺寸标注的组成

一个完整的尺寸标注由尺寸线、尺寸界线、箭头和标注文字组成，如图 11.1.1 所示。

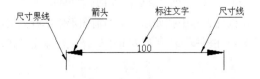

图 11.1.1　尺寸标注的组成

通常，AutoCAD 将构成一个尺寸的尺寸线、尺寸界线、箭头和标注文字以块的形式放在图形文件中，因此可以把一个尺寸看成一个对象。其中各部分含义介绍如下：

（1）尺寸线：表示尺寸标注的范围。通常使用箭头来指出尺寸线的起点和端点。

（2）尺寸界线：表示尺寸线的开始和结束位置，从标注物体的两个端点处引出两条线段表示尺寸标注范围的界线。

（3）箭头：表示尺寸测量的开始和结束位置。

（4）标注文字：表示实际的测量值。该值可以是 AutoCAD 系统计算的值，也可以是用户指定的值，还可以取消标注文字。

第二节　尺寸标注样式

尺寸标注样式决定了尺寸标注的形成，包括尺寸线、尺寸界限、箭头和中心标记的形式，标注文字的位置、特性等。在具体标注一个几何对象的尺寸时，用户可以使用不同的尺寸标注样式对其进行标注，本节将详细介绍尺寸标注样式的创建、编辑和设置的方法。

一、尺寸标注样式管理器

在 AutoCAD 2007 中，用户可以使用"标注样式管理器"对话框来创建和修改自己需要的尺寸标注样式。打开 **标注样式管理器** 对话框的方法有以下 3 种：

（1）单击"标注"工具栏中的"标注样式"按钮 。

（2）选择 格式(O) → 标注样式(D)… 命令。

（3）在命令行中输入命令 dimstyle。

执行此命令后，弹出 **标注样式管理器** 对话框，如图 11.2.1 所示。

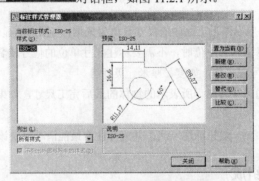

图 11.2.1　"标注样式管理器"对话框

该对话框中各选项功能介绍如下：

（1） **样式(S):** 列表框：在该列表框下边的 **列出(L):** 下拉列表中选择 **所有样式** 或 **正在使用的样式** 选项，就会在该列表框中按要求列出当前图形中的样式名称。

（2） **预览: ISO-25** 区域：在 **样式(S):** 列表框中选择一种标注样式，该预览区域中就会显示这种标注样式的模板。

（3） **置为当前(U)** 按钮：单击此按钮，将选中的标注样式设置为当前样式。

（4） **新建(N)…** 按钮：单击此按钮，弹出 **创建新标注样式** 对话框，如图 11.2.2 所示。在 **新样式名(N):**

文本框中输入样式名称，在 基础样式(S): 下拉列表中选择一种标注样式作为基础样式，在 用于(U): 下拉列表中选择创建的标注样式适用的范围，然后单击 继续 按钮，弹出 新建标注样式:副本 ISO-25 对话框，如图 11.2.3 所示，在该对话框中对新建的标注样式进行设置。

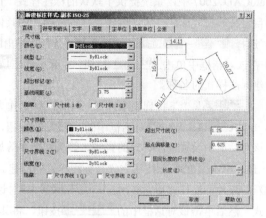

图 11.2.2　"创建新标注样式"对话框　　　　图 11.2.3　"新建标注样式：副本 ISO-25"对话框

（5） 修改(M)... 按钮：在 样式(S): 列表框中选中一种标注样式后，单击此按钮，弹出 修改标注样式: ISO-25 对话框，如图 11.2.4 所示，在该对话框中对选中的标注样式进行修改。

（6） 替代(O)... 按钮：单击此按钮，弹出 替代当前样式: ISO-25 对话框，如图 11.2.5 所示，用新设置的样式替代系统默认的标注样式 ISO-25，此功能只有在选中当前样式下才可用。

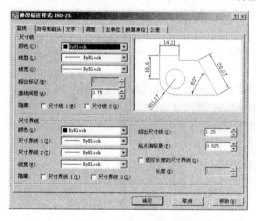

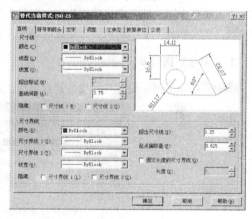

图 11.2.4　"修改标注样式：ISO-25"对话框　　　　图 11.2.5　"替代当前样式：ISO-25"对话框

（7） 比较(C)... 按钮：单击此按钮，弹出 比较标注样式 对话框，如图 11.2.6 所示，在该对话框中可以对两个标注样式进行比较，并列出它们的区别。

图 11.2.6　"比较标注样式"对话框

二、创建尺寸标注样式

在 AutoCAD 2007 中，系统提供了默认的标注样式 "ISO-25"，用户可以以该标注样式为基础样式，创建自定义的尺寸标注样式。创建尺寸标注样式的具体操作步骤如下：

（1）选择 格式(O) → 标注样式(D)... 命令，弹出 标注样式管理器 对话框。

（2）在该对话框中单击 新建(N)... 按钮，在弹出的 创建新标注样式 对话框中的 新样式名(N): 文本框中输入新建标注样式的名称。

（3）在 基础样式(S): 下拉列表中选择一种标注样式作为基础样式。

（4）单击 创建新标注样式 对话框中的 继续 按钮，弹出 新建标注样式: 副本 ISO-25 对话框，用户可以在该对话框中设置标注样式的直线、箭头和文字等属性。

（5）最后单击 确定 按钮完成新标注样式的创建。

创建新的尺寸标注样式后，必须在 标注样式管理器 对话框中的 样式(S): 列表框中选中新建的尺寸标注样式，然后单击该对话框中的 置为当前(U) 按钮，将其设置为当前尺寸标注样式后才能使用。

三、设置尺寸标注样式

新建尺寸标注样式时，用户可以在 新建标注样式: 副本 ISO-25 对话框中设置尺寸标注样式的各项参数。对于已经创建的尺寸标注样式，用户可以在 修改标注样式: ISO-25 对话框中对其各项参数进行修改。这两个对话框中对应的各个选项均相同，都有 7 个选项卡，分别用于设置尺寸标准样式的尺寸线、尺寸界线、箭头和标注文字的格式和位置等参数，以下分别进行介绍。

1. "直线"选项卡

直线 选项卡用于设置尺寸线、尺寸界线、箭头和圆心标记的格式和特性，如图 11.2.7 所示。

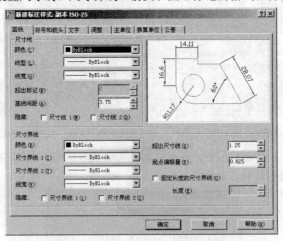

图 11.2.7 "直线"选项卡

该选项卡中各选项的功能介绍如下：

（1）尺寸线 选项组：用于设置尺寸线的特性。其中包括 6 个选项，分别介绍如下：

1）颜色(C): 下拉列表：显示并设置尺寸的颜色。单击下拉列表框右边的 ▼ 按钮，在弹出的下拉列表中选择一种颜色作为当前颜色。

2）线型（L）：下拉列表：设置尺寸线的线型。

3）线宽（G）：下拉列表：设置尺寸线的宽度。单击下拉列表框右边的▼按钮，在弹出的下拉列表中选择一种线宽作为当前线宽。

4）超出标记（N）：微调框：用于指定在使用箭头倾斜、建筑标记、积分标记或无箭头标记时，尺寸线伸出尺寸界线的长度。只有当使用箭头倾斜、建筑标记、积分标记或无箭头标记时，该选项才可用。

5）基线间距（A）：微调框：用于设置基线标注的尺寸线之间的间距。

6）隐藏：复选框：用于隐藏尺寸线。选中 ☑ 尺寸线 1（M） 或 ☑ 尺寸线 2（D） 复选框，即可隐藏尺寸线。

（2）尺寸界线 选项组：用于设置尺寸界线的特性。其中包括以下 8 项内容：

1）颜色（R）：下拉列表：用于设置尺寸界线的颜色。

2）尺寸界线 1（I）：下拉列表：设置第一条尺寸界线的线型。

3）尺寸界线 2（T）：下拉列表：设置第二条尺寸界线的线型。

4）线宽（W）：下拉列表：设置尺寸界线的线宽。

5）隐藏：复选区域：用于设置是否显示或隐藏第一条和第二条尺寸界线。

6）超出尺寸线（X）：微调框：用于设置尺寸界线超出尺寸线的距离。

7）起点偏移量（F）：微调框：用于设置尺寸界线的起点到标注定义点的距离。

8）☑ 固定长度的尺寸界线（O）复选框：设置尺寸界线从尺寸线开始到标注原点的总长度。可以在该选项组中的 长度（E）：文本框中直接输入尺寸界线的长度。

2.“符号和箭头”选项卡

符号和箭头 选项卡用于设置箭头、圆心标记、弧长符号和半径折弯标注的角度，如图 11.2.8 所示。

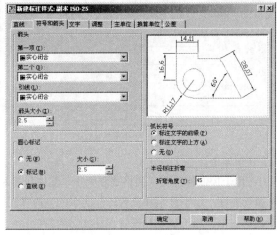

图 11.2.8 “符号和箭头”选项卡

该选项卡中各选项功能介绍如下：

（1）箭头 选项组：该选项组用于控制标注箭头的外观。

1）第一项（T）：下拉列表框：设置第一条尺寸线的箭头。当改变第一个箭头的类型时，第二个箭头将自动改变以和第一个箭头相匹配。

2）第二个（D）：下拉列表框：设置第二条尺寸线的箭头。

3）引线（L）：下拉列表框：设置尺寸标注的引线。

4）**箭头大小(I)**：下拉列表框：显示和设置箭头的大小。

（2）**圆心标记**—选项组：该选项组用于控制直径标注和半径标注的圆心标记和中心线的外观。

1）**⊙ 无(N)** 单选按钮：选中此单选按钮，不创建圆心标记或中心线。

2）**⊙ 标记(M)** 单选按钮：选中此单选按钮，创建圆心标记。

3）**⊙ 直线(E)** 单选按钮：选中此单选按钮，创建中心线。

4）**大小(S)**：微调框：显示和设置圆心标记或中心线的大小。只有在选中 **⊙ 标记(M)** 或 **⊙ 直线(E)** 单选按钮时才有效。

（3）**弧长符号**—选项组：该选项组用于控制弧长标注中圆弧符号的显示。

1）**⊙ 标注文字的前缀(P)** 单选按钮：选中此单选按钮，将弧长符号放在标注文字的前面。

2）**⊙ 标注文字的上方(A)** 单选按钮：选中此单选按钮，将弧长符号放在标注文字的上方。

3）**⊙ 无(O)** 单选按钮：选中此单选按钮，不显示弧长符号。

（4）**半径标注折弯**—选项组：该选项组控制折弯（Z 字型）半径标注的显示。折弯半径标注通常在中心点位于页面外部时创建。折弯角度是指确定用于连接半径标注的尺寸界线和尺寸线的横向直线的角度。用户可以直接在 **折弯角度(J)**：数值框中输入角度值。

3."文字"选项卡

文字 选项卡用于设置标注文字的特性，如图 11.2.9 所示。

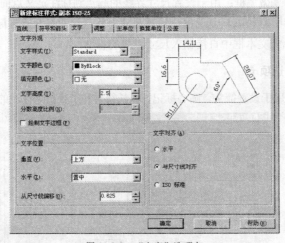

图 11.2.9　"文字"选项卡

该选项卡中各选项功能介绍如下：

（1）**文字外观**—选项组：用于控制标注文字的格式和大小。其中包括 6 个选项：

1）**文字样式(Y)**：下拉列表框：用于显示和设置标注文字的当前样式。

2）**文字颜色(C)**：下拉列表框：用于显示和设置标注文字的颜色。

3）**填充颜色(L)**：下拉列表框：用于显示和设置标注文字的背景色。

4）**文字高度(T)**：微调框：用于显示和设置当前标注文字样式的高度，在微调框中直接输入数值即可。

5）**分数高度比例(H)**：微调框：用于设置比例因子，计算标注分数和公差的文字高度。

6）**☑ 绘制文字边框(F)** 复选框：选中此复选框，将在标注文字外绘制一个边框。

（2）**文字位置**—选项组：组用于控制标注文字的位置。其中包括 3 个选项：

1）**垂直(V)**：下拉列表框：用于控制标注文字相对于尺寸线的垂直对正。其他标注设置也会影响标注文字的垂直对正。单击该下拉列表框右边的 ![按钮] 按钮，在弹出的下拉列表中选择标注文字的垂直位置，其中包括置中（将标注文字放在尺寸线中间）、上方（将标注文字放在尺寸线上方）、外部（将标注文字放在距离定义点最近的尺寸线一侧）和 JIS（按照日本工业标准放置标注文字）。

2）水平(Z)：下拉列表框：用于控制标注文字在尺寸线方向上相对于尺寸界线的水平位置。单击下拉列表框右边的 ![按钮] 按钮，在弹出的下拉列表中选择标注文字的水平位置，共有 5 个选项可供选择，分别为置中、第一条尺寸界线、第二条尺寸界线、第一条尺寸界线上方和第二条尺寸界线上方。

3）从尺寸线偏移(O)：微调框：用于显示和设置当前文字间距，即断开尺寸线以容纳标注文字时与标注文字的距离。

（3）文字对齐(A)选项组：用于控制标注文字的方向（水平或对齐）在尺寸界线的内部或外部。

1）水平 单选按钮：选中此单选按钮，标注文字将水平放置。

2）与尺寸线对齐 单选按钮：选中此单选按钮，标注文字方向与尺寸线方向一致。

3）ISO 标准 单选按钮：选中此单选按钮，标注文字按 ISO 标准放置。

4．"调整"选项卡

调整 选项卡用于设置尺寸线、箭头和文字的放置规则，如图 11.2.10 所示。

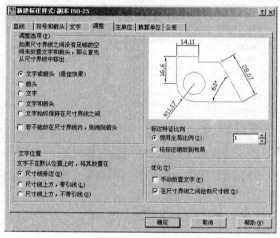

图 11.2.10 "调整"选项卡

该选项卡中各选项功能介绍如下：

（1）调整选项(F)选项组：该选项组的功能是根据尺寸界线之间的可用空间控制将文字和箭头放置在尺寸界线内部还是外部。此选项组可进一步调整标注文字、尺寸线和尺寸箭头的位置。其中包括以下各选项：

1）文字或箭头（最佳效果）单选按钮：选中此单选按钮，根据最佳调整方案将文字或箭头移动到尺寸界线外。

2）箭头 单选按钮：选中此单选按钮，先将箭头移动到尺寸界线外，然后再移动文字。

3）文字 单选按钮：选中此单选按钮，先将文字移动到尺寸界线外，然后再移动箭头。

4）文字和箭头 单选按钮：选中此单选按钮，当尺寸界线间的空间不足以容纳文字和箭头时，将箭头和文字都移出。

5）文字始终保持在尺寸界线之间 单选按钮：选中此单选按钮，始终将文字放置在尺寸界线之间。

6）若不能放在尺寸界线内，则消除箭头 复选框：选中此复选框，如果尺寸界线之间的空间不足以容纳箭头，则不显示标注箭头。

（2）文字位置-选项组：该选项组用于控制文字移动时的反应，指定当文字不在默认位置时，将其放置的位置。

1）尺寸线旁边(B) 单选按钮：选中此单选按钮，尺寸线将随标注文字移动。

2）尺寸线上方，带引线(L) 单选按钮：选中此单选按钮，尺寸线不随文字移动。如果将文字从尺寸线移开，AutoCAD 将创建引线连接文字和尺寸线。

3）尺寸线上方，不带引线(O) 单选按钮：选中此单选按钮，尺寸线不随文字移动。如果将文字从尺寸线移开，文字不与尺寸线相连。

（3）标注特征比例-选项组：该选项组用于设置全局标注比例值或图纸空间缩放比例。如果选中 使用全局比例(S)： 单选按钮，可对全局尺寸标注设置缩放比例，此比例不改变尺寸的测量值；如果选中 将标注缩放到布局 单选按钮，可根据当前模型空间的缩放关系设置比例。

（4）优化(T)-选项组：该选项组提供放置标注文字的其他选项，其中包括 ☑ 手动放置文字(P) 和 ☑ 在尺寸界线之间绘制尺寸线(D) 复选框。

5. "主单位"选项卡

主单位 选项卡用于设置标注主单位特性，如图 11.2.11 所示。

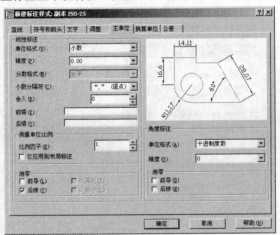

图 11.2.11 "主单位"选项卡

该选项卡中各选项功能介绍如下：

（1）线性标注-选项组：用于设置线性标注的格式和精度。

1）单位格式(U)：下拉列表框：用于为除角度外的各类标注设置当前单位格式。

2）精度(P)：下拉列表框：用于显示和设置标注文字的小数位。

3）分数格式(M)：下拉列表框：用于设置分数格式。

4）小数分隔符(C)：下拉列表框：用于设置小数格式的分隔符。

5）舍入(R)：微调框：用于设置非角度标注测量值的舍入规则。

6）前缀(X)：文本框：用于设置在标注文字前面包含一个前缀。

7）后缀(S)：文本框：用于设置在标注文字后面包含一个后缀。

8）测量单位比例-选项：用于设置线性缩放比例。

9）消零-选项：控制是否显示尺寸标注中的前导和后续零。

（2）角度标注-选项组：用于显示和设置角度标注的当前角度格式。

1）　单位格式(A)：下拉列表框：用于设置角度单位格式。

2）　精度(O)：下拉列表框：用于显示和设置角度标注的小数位。

3）　消零—选项：控制前导和后续消零。

6．"换算单位"选项卡

换算单位 选项卡用于设置辅助标注单位特性，如图 11.2.12 所示。选中 ☑ 显示换算单位(D) 复选框，其他选项才可用。

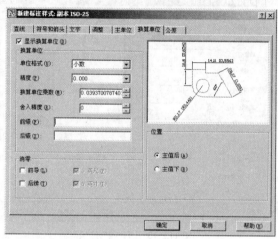

图 11.2.12　"换算单位"选项卡

（1）换算单位—选项组：用于显示和设置除角度之外的所有标注成员的当前单位格式。

1）单位格式(U)：下拉列表框：用于设置换算单位格式。

2）精度(P)下拉列表框：根据所选的"单位"或"角度"格式设置小数位。

3）换算单位乘数(M)：微调框：用于设置原单位转换成换算单位的换算系数。

4）舍入精度(R)：微调框：用于为换算单位设置舍入规则。角度标注不应用舍入值。

5）前缀(F)：文本框：在换算标注文字前面包含一个前缀。

6）后缀(X)：文本框：在换算标注文字后面包含一个后缀。

（2）消零—选项组：用于控制前导和后续消零。

（3）位置—选项组：用于控制换算单位在标注文字中的位置。选中 ⊙ 主值后(A) 单选按钮，将换算单位放在标注文字主单位的后面；选中 ⊙ 主值下(B) 单选按钮，将换算单位放在标注文字主单位的下面。

7．"公差"选项卡

公差 选项卡用于设置标注公差，如图 11.2.13 所示。

该选项卡中各选项功能介绍如下：

（1）公差格式—选项组：用于控制标注文字中的公差格式。

1）方式(M)：下拉列表框：用于设置公差的方式。

2）精度(P)：下拉列表框：用于显示和设置公差文字中的小数位。

3）上偏差(V)：微调框：用于显示和设置最大公差或上偏差值。选择"对称"公差时，AutoCAD 将此值用于公差。

4）下偏差(W)：微调框：用于显示和设置最小公差或下偏差值。

5）**高度比例(H)**：微调框：用于设置比例因子，计算标注分数和公差的文字高度。

6）**垂直位置(S)**：下拉列表框：用于控制对称公差和极限公差的文字对正。选择"上"选项时，公差文字与标注文字的顶部对齐；选择"中"选项时，公差文字与标注文字的中间对齐；选择"下"选项时，公差文字与标注文字的底部对齐。

（2）**换算单位公差**—选项组：用于设置公差换算单位格式，其中 **精度(O)**：选项用于设置换算单位公差值精度。

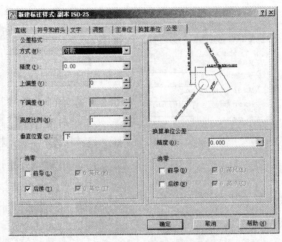

图 11.2.13　"公差"选项卡

第三节　尺寸标注命令

在 AutoCAD 2007 中，用户可以使用"标注"工具栏和"标注"菜单来执行尺寸标注命令，如图 11.3.1 所示。

"标注"工具栏　　　　　　　　　　　　　　　　"标注"菜单

图 11.3.1　"标注"工具栏和"标注"菜单

一、线性标注

线性标注是指标注图形对象在水平方向、垂直方向或指定方向上的尺寸，它又分为水平标注、垂直标注和旋转标注 3 种类型。水平标注是指标注对象在水平方向上的尺寸，即尺寸线沿着水平方向放置。而垂直标注是指标注对象在垂直方向上的尺寸，即尺寸线沿着垂直方向放置。需要说明的是，水平标注、垂直标注并不是只标注水平边、垂直边的尺寸。

在 AutoCAD 2007 中，执行线性标注命令的方法有以下 3 种：

（1）单击"标注"工具栏中的"线性标注"按钮 □ 。

（2）选择 标注(N) → 线性(L) 命令。

（3）在命令行中输入命令 dimlinear。

执行线性标注命令后，命令行提示如下：

命令: _dimlinear

指定第一条尺寸界线原点或 <选择对象>:（指定第一条尺寸界线的端点）

指定第二条尺寸界线原点:（指定第二条尺寸界线的端点）

指定尺寸线位置或[多行文字(M)/文字(T)/角度(A)/水平(H)/垂直(V)/旋转(R)]:（拖动鼠标指定尺寸线的位置）

标注文字 = 20（系统提示测量数据）

其中各命令选项的功能介绍如下：

（1）指定尺寸线位置：拖动鼠标确定尺寸线位置即可。

（2）多行文字(M)：选择此命令选项将弹出 文字格式 编辑器，其中尺寸测量的数据已经被固定，用户可以在数据的前面或后面输入文本。

（3）文字(T)：将以单行文字的形式输入标注文字。

（4）角度(A)：将修改标注文字的角度。

（5）水平(H)：将设置标注文字的水平位置。

（6）垂直(V)：将设置标注文字的垂直位置。

（7）旋转(R)：将创建旋转线性标注。

线性标注的效果如图 11.3.2 所示。

二、对齐标注

对齐标注是指将尺寸线与两条尺寸界线原点的连线相平行。在 AutoCAD 2007 中，执行对齐标注命令的方法有以下 3 种：

（1）单击"标注"工具栏中的"对齐标注"按钮 ↘ 。

（2）选择 标注(N) → 对齐(G) 命令。

（3）在命令行中输入命令 dimaligned。

执行对齐标注命令后，命令行提示如下：

命令: _dimaligned

指定第一条尺寸界线原点或 <选择对象>（指定第一条尺寸界线原点）

指定第二条尺寸界线原点:（指定第二条尺寸界线原点）

指定尺寸线位置或[多行文字(M)/文字(T)/角度(A)]:（拖动鼠标确定尺寸线的位置）

标注文字 = 20（系统显示测量数据）

其中各命令选项功能介绍如下：

（1）指定尺寸线位置：拖动鼠标确定尺寸线的位置。

（2）多行文字(M)：选择此命令选项将弹出 文字格式 编辑器，其中尺寸测量的数据已经被固定，用户可以在数据的前面或后面输入文本。

（3）文字(T)：将以单行文字的形式输入标注文字。

（4）角度(A)：将设置标注文字的旋转角度。

对齐标注的效果如图 11.3.3 所示。

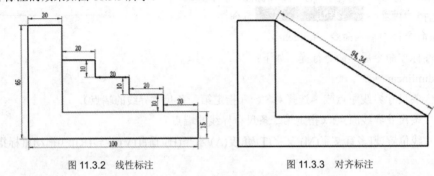

图 11.3.2　线性标注　　　　　　　　图 11.3.3　对齐标注

三、角度标注

角度标注用于测量圆和圆弧的角度、两条直线间的角度以及三点间的角度。在 AutoCAD 2007 中，执行角度标注命令的方法有以下 3 种：

（1）单击"标注"工具栏中的"角度标注"按钮 。

（2）选择 标注(N) → 角度(A) 命令。

（3）在命令行中输入命令 dimangular。

执行角度标注命令后，命令行提示如下：

命令:_dimangular

选择圆弧、圆、直线或 <指定顶点>:（选择要标注的对象）

选择的对象不同，命令行提示也不同。如果选择的对象为圆弧，则命令行提示如下：

指定标注弧线位置或 [多行文字(M)/文字(T)/角度(A)]:（选择圆弧）

标注文字 = 60（系统显示测量数据）

如果选择的对象为圆，则命令行提示如下：

选择圆弧、圆、直线或 <指定顶点>:（选择圆）

指定角的第二个端点:（在该圆上指定另一个测量端点）

指定标注弧线位置或 [多行文字(M)/文字(T)/角度(A)]:（拖动鼠标确定尺寸线的位置）

标注文字 = 452（系统显示测量数据）

系统默认拾取圆的第一点为测量角的第一个端点。

如果选择的对象为直线，则命令行提示如下：

选择圆弧、圆、直线或 <指定顶点>:（选择角的一条边）

选择第二条直线:（选择角的另一条边）

指定标注弧线位置或 [多行文字(M)/文字(T)/角度(A)]:（拖动鼠标确定尺寸线的位置）

标注文字 = 56（系统显示测量数据）

角度标注的效果如图 11.3.4 所示。

四、基线标注

基线标注是指各尺寸线从同一尺寸界线处引出,对多个尺寸进行标注。在进行基线标注之前,必须先标注一尺寸,以确定基线标注所需要的前一标注尺寸的尺寸界线。在 AutoCAD 2007 中,执行基线标注命令的方法有以下 3 种:

(1)单击"标注"工具栏中的"基线标注"按钮。

(2)选择 标注(N) → 基线(B) 命令。

(3)在命令行中输入命令 dimbaseline。

命令行提示如下:

命令:_dimbaseline

指定第二条尺寸界线原点或[放弃(U)/选择(S)]<选择>:(指定下一个尺寸标注原点)

标注文字=46.25(系统显示测量数据)

其中各命令选项功能介绍如下:

(1)指定第二条尺寸界线原点:确定第二条尺寸界线。

(2)放弃(U):选择此命令选项,返回到最近上一次操作。

(3)选择(S):命令行继续提示,提示如下:

选择基准标注:(用拾取框选择新的基准标注)

基线标注的效果如图 11.3.5 所示。

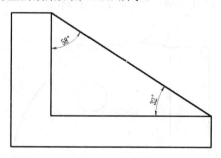
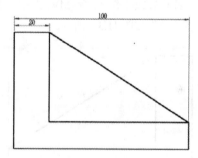

图 11.3.4 角度标注   图 11.3.5 基线标注

五、连续标注

连续标注是指相邻两尺寸线共用同一尺寸界线。在 AutoCAD 2007 中,执行连续标注命令的方法有以下 3 种:

(1)单击"标注"工具栏中的"连续标注"按钮。

(2)选择 标注(N) → 连续(C) 命令。

(3)在命令行中输入命令 dimcontinue。

和基线标注一样,在执行连续标注之前要建立或选择一个线性、坐标或角度标注作为基准标注,然后执行连续标注命令。命令行提示如下:

命令:_dimcontinue

指定第二条尺寸界线原点或[放弃(U)/选择(S)]<选择>:(指定第二条尺寸界线原点)

标注文字=63.64(系统显示测量数据)

其中各命令选项功能介绍如下：

（1）指定第二条尺寸界线原点：确定第二条尺寸界线。

（2）放弃(U)：返回到最近一次操作。

（3）选择(S)：选择此命令选项，命令行会继续提示，提示如下：

选择连续标注：（用拾取框选择新的连续标注）

连续标注的效果如图 11.3.6 所示。

六、半径标注

在 AutoCAD 2007 中，使用半径标注可以标注圆或圆弧的半径尺寸。执行半径标注命令的方法有以下 3 种：

（1）单击"标注"工具栏中的"半径标注"按钮 。

（2）选择 标注(N) → 半径(R) 命令。

（3）在命令行中输入命令 dimradius。

执行半径标注命令后，命令行提示如下：

命令：_dimradius

选择圆弧或圆：（选择要测量的圆弧或圆）

标注文字 = 6（系统显示测量数据）

指定尺寸线位置或 [多行文字(M)/文字(T)/角度(A)]：（拖动鼠标确定尺寸线位置）

半径标注的效果如图 11.3.7 所示。

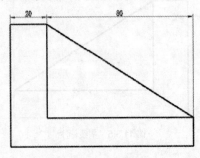

图 11.3.6　连续标注

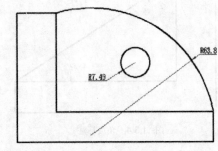

图 11.3.7　半径标注

七、直径标注

在 AutoCAD 2007 中，使用直径标注可以标注圆或圆弧的直径尺寸。执行直径标注命令的方法有以下 3 种：

（1）单击"标注"工具栏中的"直径标注"按钮 。

（2）选择 标注(N) → 直径(D) 命令。

（3）在命令行中输入命令 dimdiameter。

执行直径标注命令后，命令行提示如下：

命令：_dimdiameter

选择圆弧或圆：（选择要测量的圆弧或圆）

标注文字=30（系统显示测量数据）

指定尺寸线位置或[多行文字(M)/文字(T)/角度(A)]：（拖动鼠标确定尺寸线位置）

直径标注的效果如图 11.3.8 所示。

八、快速标注

在 AutoCAD 2007 中，使用快速标注可以快速创建成组的基线、连续和坐标标注，并可快速标注多个圆、圆弧以及编辑现有标注的布局。执行快速标注命令的方法有以下 3 种：

（1）单击"标注"工具栏中的"快速标注"按钮 。

（2）选择 标注(N) → 快速标注(Q) 命令。

（3）在命令行中输入命令 qdim。

执行快速标注命令后，命令行提示如下：

命令:_qdim

关联标注优先级=端点：（系统提示）

选择要标注的几何图形：（选择要标注的对象）

选择要标注的几何图形：（按回车键结束对象选择）

指定尺寸线位置或[连续(C)/并列(S)/基线(B)/坐标(O)/半径(R)/直径(D)/基准点(P)/编辑(E)/设置(T)]<连续>：（拖动鼠标确定尺寸线的位置）

其中各命令选项功能介绍如下：

（1）指定尺寸线位置：拖动鼠标确定尺寸线的位置。

（2）连续(C)：指定多个标注对象，再选择此命令选项，即可创建一系列连续标注。

（3）并列(S)：指定多个标注对象，再选择此命令选项，即可创建一系列并列标注。

（4）基线(B)：指定多个标注对象，再选择此命令选项，即可创建一系列基线标注。

（5）坐标(O)：指定多个标注对象，再选择此命令选项，即可创建一系列坐标标注。

（6）半径(R)：指定多个标注对象，再选择此命令选项，即可创建一系列半径标注。

（7）直径(D)：指定多个标注对象，再选择此命令选项，即可创建一系列直径标注。

（8）基准点(P)：为基线和坐标标注设置新的基准点。选择此命令选项后，命令行提示"选择新的基准点"，指定新基准点后，返回到上一提示。

（9）编辑(E)：编辑一系列标注。选择此命令选项后，命令行提示"指定要删除的标注点或[添加(A)/退出(X)]<退出>"，指定点后返回到上一提示。

（10）设置(T)：为指定尺寸界线原点设置默认对象捕捉。选择此命令选项后，命令行提示"关联标注优先级[端点(E)/交点(I)]<端点>"，选择此命令选项后，按回车键返回到上一提示。

快速标注的效果如图 11.3.9 所示。

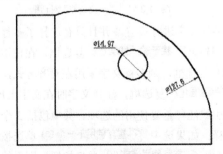

图 11.3.8　直径标注

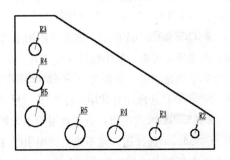

图 11.3.9　快速标注

九、引线标注

在 AutoCAD 2007 中，使用引线标注可以为图形标注一些注释、说明等。执行引线标注命令的方法有以下 3 种：

（1）单击"标注"工具栏中的"快速引线"按钮 。

（2）选择 标注(N) → 引线(E) 命令。

（3）在命令行中输入命令 qleader。

执行引线标注命令后，命令行提示如下：

指定第一个引线点或[设置(S)]<设置>：（指定引线的起点或对引线进行设置）

如果选择"指定第一个引线点"命令选项，则命令行提示如下：

指定下一点：（指定引线的转折点）

指定下一点：（指定引线的另一个端点）

指定文字宽度<0>：（指定文字的宽度）

输入注释文字的第一行<多行文字（M）>：（输入文字，按回车键结束标注）

如果选择"设置(S)"命令选项，则弹出 引线设置 对话框，如图 11.3.10 所示。该对话框中包含 3 个选项卡，其功能介绍如下：

（1） 注释 选项卡：该选项卡用于设置注释类型、多行文字和重复使用注释选项，如图 11.3.10 所示。其中各选项含义介绍如下：

1） 注释类型 选项组：该选项组用于设置引线注释类型，其中包括 5 个选项。如果选中 多行文字(M) 单选按钮，则提示创建多行文字注释，并弹出多行文字编辑器；如果选中 复制对象(C) 单选按钮，则提示为引线注释复制多行文字、文字、公差或块参照对象；如果选中 公差(T) 单选按钮，则弹出 形位公差 对话框，如图 11.3.11 所示，用于创建要附着到引线上的特性控制框；如果选中 块参照(B) 单选按钮，则提示为引线注释插入块参照；如果选中 无(O) 单选按钮，则创建不包含注释的引线。

图 11.3.10　"引线设置"对话框

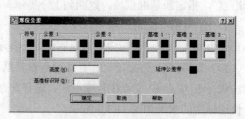
图 11.3.11　"形位公差"对话框

2） 多行文字选项 选项组：该选项组用于对多行文字进行设置，并且只有选择了多行文字注释类型时，该选项才可用。其中包括 3 个选项，如果选中 提示输入宽度(W) 复选框，在使用引线标注时，系统提示指定字宽；如果选中 始终左对齐(L) 复选框，则多行文字采用左对齐方式，该选项不与 提示输入宽度(W) 选项同时使用；如果选中 文字边框(F) 复选框，注释文字时在文字上加边框。

3） 重复使用注释 选项组：该选项组用于设置引线注释重复使用的选项。其中包括 3 个选项，如果选中 无(N) 单选按钮，则不重复使用引线注释；如果选中 重复使用下一个(E) 单选按钮，则重复使用为所有后继引线创建的下一个注释；如果选中 重复使用当前(U) 单选按钮，则系统自动将上一次创建的文字注释复制到当前引线标注中。

（2）引线和箭头 选项卡：该选项卡用于设置引线和箭头特性，如图 11.3.12 所示。其中包括以下选项：

1）引线 选项组：该选项组用于设置引线格式。其中包括两种格式，如果选中 ⊙ 直线(S) 单选按钮，则标注的引线是直线；如果选中 ⊙ 样条曲线(P) 单选按钮，则标注的引线是样条曲线。

2）点数 选项组：该选项组用于设置引线的节点数。系统默认为 3，最少为 2，即引线为一条线段，也可以在 最大值 微调框中输入节点数。如果选中 ☑ 无限制 复选框，则引线可以任意曲折。

3）箭头 选项组：该选项组用于指定引线箭头的样式，系统提供了 21 种箭头样式。

4）角度约束 选项组：该选项组用于设置第一条引线线段和第二条引线线段的角度约束。单击 第一段： 和 第二段： 下拉列表框右边的 ▼ 按钮，在弹出的下拉列表中选择合适的角度，系统提供了 6 种角度可供选择。

（3）附着 选项卡：该选项卡用于设置引线附着到多行文字的位置，如图 11.3.13 所示。

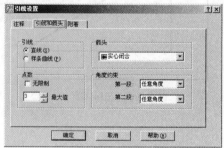

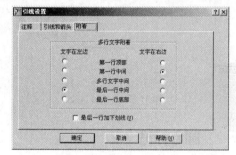

图 11.3.12　"引线和箭头"选项卡　　　　图 11.3.13　"附着"选项卡

该选项卡中包括 5 种文字与引线间的相对位置关系，这 5 种关系分别是"第一行顶部"、"第一行中间"、"多行文字中间"、"最后一行中间"和"最后一行底部"，这 5 个选项都有"文字在左边"和"文字在右边"之分。如果选中 ☑ 最后一行加下划线(U) 复选框，则前面这 5 项均不可用。

引线标注的效果如图 11.3.14 所示。

十、坐标标注

坐标标注用来标注相对于坐标原点的坐标。用户可以通过 UCS 命令改变坐标系原点的位置。在 AutoCAD 2007 中，执行坐标标注命令的方法有以下 3 种：

（1）单击"标注"工具栏中的"坐标标注"按钮。

（2）选择 标注(N) → 坐标(O) 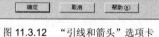 命令。

（3）在命令行中输入命令 dimordinate。

执行坐标标注命令后，命令行提示如下：

命令：_dimordinate

指定点坐标：（捕捉要标注的点坐标）

指定引线端点或 [X 基准(X)/Y 基准(Y)/多行文字(M)/文字(T)/角度(A)]：（拖动鼠标指定尺寸线的位置）

标注文字 = 1243.15（系统显示测量数据）

其中各命令选项的功能介绍如下：

（1）指定引线端点：选择此选项，使用点坐标和引线端点的坐标差可确定它是 X 坐标标注还是 Y 坐标标注。如果 Y 坐标的坐标差较大，则测量 X 坐标，否则测量 Y 坐标。

（2）X 基准(X)：选择此选项，测量 X 坐标并确定引线和标注文字的方向。

（3）Y 基准(Y)：选择此选项，测量 Y 坐标并确定引线和标注文字的方向。

（4）多行文字(M)：选择此选项，弹出 **文字格式** 编辑器，向其中输入要标注的文字后，再确定引线端点。

（5）文字(T)：选择此选项，在命令行中自定义标注文字。

（6）角度(A)：选择此选项，修改标注文字的角度。

坐标标注的效果如图 11.3.15 所示。

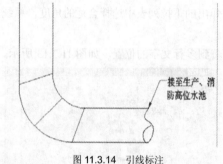
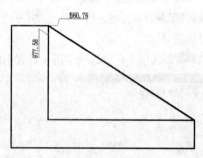

图 11.3.14　引线标注　　　　　　　　图 11.3.15　坐标标注

十一、圆心标记

使用圆心标记可以绘制圆或圆弧的圆心标记或中心线。在 AutoCAD 2007 中，执行圆心标记命令的方式有以下 3 种：

（1）单击"标注"工具栏中的"圆心标记"按钮 ⊕。

（2）选择 **标注(N)** → **圆心标记(M)** 命令。

（3）在命令行中输入命令 dimcenter。

执行圆心标记命令后，命令行提示如下：

命令：_dimcenter

选择圆弧或圆：（选择要标记的圆弧或圆）

圆心标记的样式分为"无"、"标记"和"直线"3 种，如图 11.3.16 所示。该样式可以通过选择"新建标注样式"对话框中的"直线和箭头"选项卡中的"圆心标记"选项组对其类型和大小进行设置。

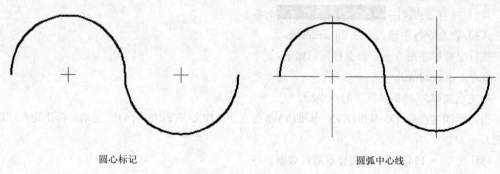

圆心标记　　　　　　　　　　　　　　　圆弧中心线

图 11.3.16　圆心标记样式

十二、形位公差标注

形位公差是表示对象特征的形状、轮廓、方向、位置和数值浮动的允许偏差。AutoCAD 形位公差的组成如图 11.3.17 所示。

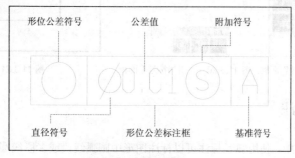

图 11.3.17　形位公差的组成

在 AutoCAD 2007 中，执行公差标注命令的方法有以下 3 种：

（1）单击"标注"工具栏中的"公差引线"按钮 。

（2）选择 标注(N) → 公差(T)... 命令。

（3）在命令行中输入命令 tolerance。

执行形位公差命令后，弹出 形位公差 对话框，如图 11.3.18 所示。

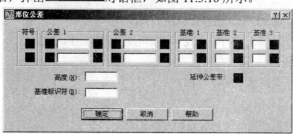

图 11.3.18　"形位公差"对话框

该对话框中各选项功能介绍如下：

（1） 符号 ：单击此选项组中的 图标，打开 特征符号 面板，如图 11.3.19 所示，在该面板中选择合适的特征符号。

（2） 公差 1 和 公差 2 ：单击该选项组中文本框左边的 图标，添加直径符号，此时该图标变为 ；在中间的文本框中输入公差值；单击文本框右边的 图标，打开 附加符号 面板，如图 11.3.20 所示，在该面板中选择合适的图标。

（3） 基准 1 、 基准 2 和 基准 3 ：该选项组中的文本框用于创建基准参照值，直接在文本框中输入数值即可。单击文本框右边的 图标，同样打开 附加符号 面板，如图 11.3.20 所示，在该面板中选择合适的图标。

（4） 高度(H) ：直接在数值框中输入数值，指定公差带的高度。

（5） 基准标识符(D) ：在文本框中输入字母，创建由参照字母组成的基准标识符。

（6） 延伸公差带 ：单击 图标，在投影公差带值的后面插入投影公差带符号，此时该图标变为 形状。

公差标注的效果如图 11.3.21 所示。

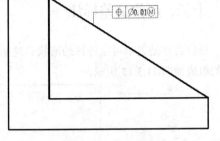

图 11.3.19 "特征符号"面板　图 11.3.20 "附加符号"面板　　图 11.3.21 公差标注

十三、弧长标注

在 AutoCAD 2007 中，使用弧长标注可以标注图形中圆弧线段或多段线圆弧线段部分的弧长。执行弧长标注命令的方法有以下 3 种：

（1）单击"标注"工具栏中的"弧长标注"按钮 。

（2）选择 标注(N) → 弧长(H) 命令。

（3）在命令行中输入命令 dimarc。

执行弧长标注命令后，命令行提示如下：

命令：_dimarc

选择弧线段或多段线弧线段：（选择要标注的弧线）

指定弧长标注位置或 [多行文字(M)/文字(T)/角度(A)/部分(P)/引线(L)]：（拖动鼠标指定尺寸线的位置）

标注文字 = 36.54（系统显示测量数据）

其中各命令选项功能介绍如下：

（1）指定尺寸线位置：拖动鼠标确定尺寸线的位置。

（2）多行文字(M)：选择此命令选项将弹出 文字格式 编辑器，其中尺寸测量的数据已经被固定，用户可以在数据的前面或后面输入文本。

（3）文字(T)：将以单行文字的形式输入标注文字。

（4）角度(A)：将设置标注文字的旋转角度。

（5）部分(P)：将缩短弧长标注的长度。

（6）引线(L)：将添加引线对象。仅当圆弧大于 90°时才会显示此选项。

弧长标注的效果如图 11.3.22 所示。

十四、折弯标注

在 AutoCAD 2007 中，使用折弯标注可以折弯标注圆和圆弧的半径。执行折弯标注命令的方法有以下 3 种：

（1）单击"标注"工具栏中的"折弯标注"按钮 。

（2）选择 标注(N) → 折弯(J) 命令。

（3）在命令行中输入命令 dimjogged。

执行折弯标注命令后，命令行提示如下：

命令: _dimjogged

选择圆弧或圆:（选择要测量的圆弧或圆）

指定中心位置替代:（指定一点作为标注的中心）

标注文字 = 36（系统显示测量数据）

指定尺寸线位置或 [多行文字(M)/文字(T)/角度(A)]:（拖动鼠标指定尺寸线位置）

指定折弯位置:（指定折弯的位置）

折弯标注的效果如图 11.3.23 所示。

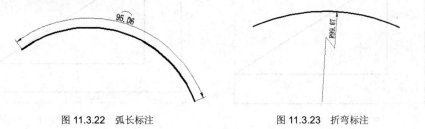

图 11.3.22 弧长标注   图 11.3.23 折弯标注

第四节 编辑尺寸标注

AutoCAD 允许对已经创建的尺寸标注进行编辑修改，包括修改尺寸文本的内容、改变其位置、使尺寸文本倾斜一定的角度等，还可以对尺寸界线进行编辑。

一、编辑标注

在 AutoCAD 2007 中，可以使用 DIMEDIT 命令修改已有的尺寸标注的文本内容、把尺寸文本倾斜一定的角度，还可以对尺寸界线进行修改，使其旋转一定角度，从而标注一段线段在某一方向上的投影的尺寸。使用该命令可以同时对多个尺寸标注进行编辑。在命令行中输入该命令后，命令行提示如下：

命令: dimedit

输入标注编辑类型 [默认(H)/新建(N)/旋转(R)/倾斜(O)] <默认>:

其中各命令选项的功能介绍如下：

（1）默认(H)：按尺寸标注样式中设置的默认位置和方向放置尺寸文本，如图 11.4.1 所示。选择该命令选项，命令行提示如下：

选择对象:（选择要编辑的尺寸标注）

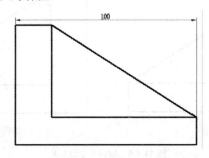

图 11.4.1 默认情况下的尺寸标注

（2）新建(N)：选择此命令选项，打开 **文字格式** 编辑器，在该编辑器中可更改标注文字。

（3）旋转(R)：选择此命令选项，改变尺寸文本行的倾斜角度。尺寸文本的中心点不变，使文本沿给定的角度方向倾斜排列，如图 11.4.2 所示。如果输入角度为 0，则按默认方向排列。

（4）倾斜(O)：选择此命令选项，修改长度型尺寸标注的尺寸界线，使其倾斜一定的角度，与尺寸线不垂直，如图 11.4.3 所示。

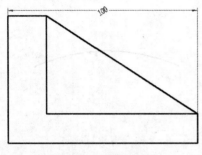
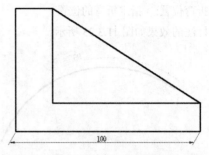

图 11.4.2　旋转尺寸文本　　　　　　　　图 11.4.3　倾斜尺寸界线

二、编辑标注文字的位置

在 AutoCAD 2007 中，可以使用 DIMTEDIT 命令修改尺寸文本的位置，使其位于尺寸线上面左端、右端或中间，而且可以使文本倾斜一定的角度。在命令行中输入该命令后，命令行提示如下：

命令: dimtedit

选择标注：（选择要编辑的尺寸标注）

指定标注文字的新位置或 [左(L)/右(R)/中心(C)/默认(H)/角度(A)]:（指定标注文字的新位置）

其中各命令选项功能介绍如下：

（1）左(L)：选择此命令选项，沿尺寸线左对正标注文字。本选项只适用于线性、直径和半径标注。

（2）右(R)：选择此命令选项，沿尺寸线右对正标注文字。本选项只适用于线性、直径和半径标注。

（3）中心(C)：选择此命令选项，将标注文字放在尺寸线的中间。

（4）默认(H)：选择此命令选项，将标注文字移回默认位置。

（5）角度(A)：选择此命令选项，修改标注文字的角度。

编辑尺寸的效果如图 11.4.4 所示。

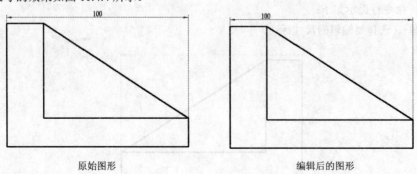

原始图形　　　　　　　　　　　　　　编辑后的图形

图 11.4.4　编辑尺寸的效果

三、替代标注

在标注的过程中,可以在原标注样式内,临时改变标注样式的某些变量,以对当前标注进行编辑,但这种替代只对当前进行的标注起作用,而不会影响原系统设置的变量。可以在 **标注样式管理器** 对话框中设置替代标注,也可以选择 **标注(N)** → **替代(V)** 命令,命令行提示如下:

输入要替代的标注变量名或 [清除替代(C)]:(输入要修改的系统变量名)

其中各选项功能介绍如下:

(1)输入要替代的标注变量名:选择此命令选项,输入要修改的系统变量名后,系统提示输入变量的新值,此时按照需要输入新值即可。

(2)清除替代(C):选择此命令选项,选择对象后,系统自动取消对该对象所做的替代操作,恢复为原来的标注变量。

四、更新标注

在 AutoCAD 2007 中,可以使用更新标注的方法更新已有的尺寸标注,使其采用当前的标注样式。执行标注更新命令的方法有以下两种:

(1)单击"标注"工具栏中的"标注更新"按钮 。

(2)选择 **标注(N)** → **更新(U)** 命令。

执行标注更新命令后,命令行提示如下:

命令: _-dimstyle

当前标注样式:Standard(系统提示)

输入标注样式选项[保存(S)/恢复(R)/状态(ST)/变量(V)/应用(A)/?] <恢复>:(选择更新选项)

其中各命令选项功能介绍如下:

(1)保存(S):选择该命令选项,将标注系统变量的当前设置保存到标注样式。

(2)恢复(R):选择该命令选项,将标注系统变量设置恢复为选定标注样式的设置。

(3)状态(ST):选择该命令选项,显示所有标注系统变量的当前值。

(4)变量(V):选择该命令选项,列出某个标注样式或选定标注的标注系统变量设置,但不修改当前设置。

(5)应用(A):选择该命令选项,将当前尺寸标注系统变量设置应用到选定的标注对象,永久替代应用于这些对象的任何现有标注样式。

(6)?:选择该命令选项,列出当前图形中的命名标注样式。

五、尺寸关联

尺寸关联是指所标注尺寸与被标注对象有关联关系。在 AutoCAD 2007 中,用户可以创建具有关联性的尺寸标注,也可以创建不具有关联性的尺寸标注,还可以对失去关联性的尺寸标注重新关联。

1. 尺寸标注的关联性

在 AutoCAD 2007 中,系统提供了 3 种尺寸标注的关联性,分别介绍如下:

(1)关联标注:当与其标注的对象被修改时,关联标注将自动调整其位置、方向和测量值。布局中的标注可以与模型空间中的对象相关联。

（2）无关联标注：与其测量的对象一起选定和修改。无关联标注在其测量的对象被修改时不发生改变。

（3）分解的标注：包含单个对象而不是单个标注对象的集合。在命令行中输入命令 DIMASSOC，按回车键后命令行提示如下：

输入 DIMASSOC 的新值 <2>:

在提示下输入新的变量值。其中，0 表示分解的标注，1 表示无关联标注，2 表示关联标注，关联标注为默认值。尺寸标注的关联性如图 11.4.5 所示。

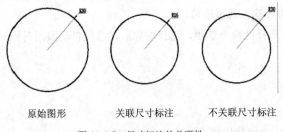

原始图形　　　　　　关联尺寸标注　　　　　不关联尺寸标注

图 11.4.5　尺寸标注的关联性

2. 重新关联

对于已经创建但不具有关联性的尺寸标注，用户可以使用重新关联标注命令使其具有关联性。选择 标注(N) → 重新关联标注(N) 命令，命令行提示如下：

命令: _dimreassociate

选择要重新关联的标注 …（系统提示）

选择对象:（选择要关联的标注）

选择对象:（按回车键结束对象选择）

选择弧或圆<下一个>:（选择要关联的对象）

如果当前标注的定义点与对象没有关联，标记将显示为×；如果定义点与其相关联，标记将显示为包含在框内的×。以上是线性标注的重新关联操作，对于其他类型的尺寸标注，操作方法类似。

第五节　标注齿轮尺寸

本节综合运用本章所学的知识，标注如图 11.5.1 所示的齿轮尺寸，操作步骤如下：

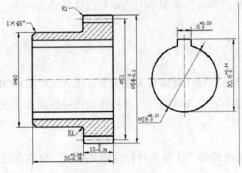

图 11.5.1　标注齿轮尺寸

（1）选择 格式(O) → 文字样式(S)... 命令，弹出 文字样式 对话框，单击该对话框中的
新建(N)... 按钮，在弹出的 新建文字样式 对话框中的"样式名"文本框中输入新建文字样式的名称"标
注文本"，效果如图 11.5.2 所示，单击 确定 按钮返回到 文字样式 对话框，参数设置如图 11.5.3 所示。

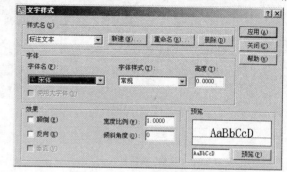

图 11.5.2　"新建文字样式"对话框　　　　　　图 11.5.3　"文字样式"对话框

（2）单击 关闭(C) 按钮关闭 文字样式 对话框。选择 格式(O) → 标注样式(D)... 命令，弹
出 标注样式管理器 对话框，如图 11.5.4 所示。

（3）单击 标注样式管理器 对话框中的 新建(N)... 按钮，弹出 创建新标注样式 对话框，在该对话框
中的 新样式名(N): 文本框中输入新建标注样式的名称"机械图形"，然后在 基础样式(S): 下拉列表中选
择系统默认的 ISO-25 样式为基础样式，如图 11.5.5 所示。

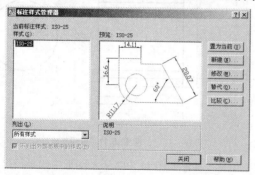

图 11.5.4　"标注样式管理器"对话框　　　　图 11.5.5　"创建新标注样式"对话框

（4）单击 创建新标注样式 对话框中的 继续 按钮，在弹出的 新建标注样式:机械图形 对话框中
对各个选项卡进行设置，如图 11.5.6～图 11.5.9 所示。设置完成后，单击 确定 按钮。

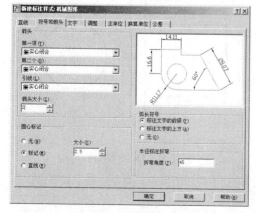

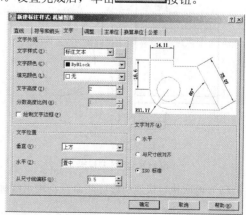

图 11.5.6　"符号和箭头"选项卡　　　　　　图 11.5.7　"文字"选项卡

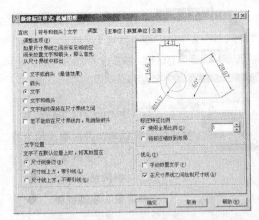

图 11.5.8 "调整"选项卡

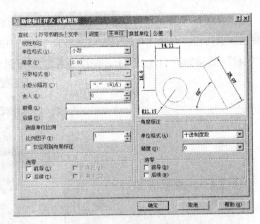

图 11.5.9 "主单位"选项卡

（5）在 标注样式管理器 对话框中选中新建的标注样式，然后单击该对话框中的 置为当前(U) 按钮，将其设置为当前标注样式。单击"标注"工具栏中的"线性"按钮，标注如图 11.5.10 所示图形中的线性尺寸 40，13，51，54，6 和 30.6。

（6）单击"标注"工具栏中的"基线"按钮，标注如图 11.5.11 所示图形中的基线尺寸 35。

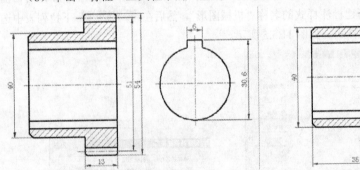

图 11.5.10 标注线性尺寸

图 11.5.11 标注基线尺寸

（7）单击"标注"工具栏中的"半径"按钮，标注如图 11.5.12 所示图形中的半径尺寸 1。

（8）单击"标注"工具栏中的"快速引线"按钮，用引线标注如图 11.5.13 所示齿轮轴套主视图上部的圆角半径。

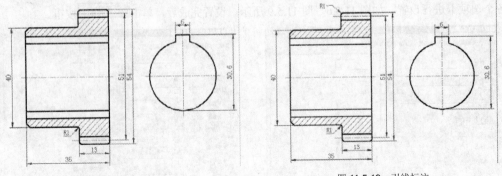

图 11.5.12 半径标注

图 11.5.13 引线标注

（9）再次执行快速引线标注命令，用引线标注齿轮套主视图的倒角，命令行提示如下：

命令: _qleader

指定第一个引线点或 [设置(S)] <设置>:（直接按回车键，弹出 引线设置 对话框，在该对话框中

的 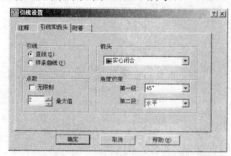

的 引线和箭头 和 附着 选项卡中设置参数如图 11.5.14 和图 11.5.15 所示，然后单击 确定 按钮）

指定第一个引线点或 [设置(S)] <设置>:（捕捉齿轮轴套主视图中上端倒角和端点）

指定下一点:（拖动鼠标，指定引线的下一点）

指定下一点:（拖动鼠标，指定引线的下一点）

指定文字宽度 <0>:（直接按回车键）

输入注释文字的第一行 <多行文字(M)>: 1×45%%d（输入引线文字）

输入注释文字的下一行:（按回车键结束命令）

引线标注的效果如图 11.5.16 所示。

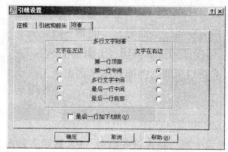

图 11.5.14　"引线和箭头"选项卡　　　　图 11.5.15　"附着"选项卡

（10）选择 格式(O) → 标注样式(D)... 命令，弹出 标注样式管理器 对话框，在该对话框中的 样式(S): 列表框中选择名为"机械图形"的标注样式，然后单击该对话框右边的 替代(O)... 按钮，系统弹出 替代当前样式:机械图形 对话框，在该对话框中的 主单位 选项卡中为替代标注样式添加前缀"%%c"，如图 11.5.17 所示。

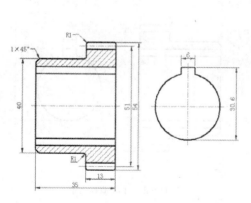
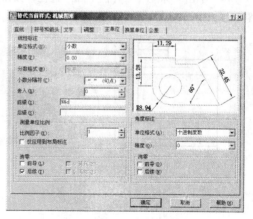

图 11.5.16　引线标注倒角尺寸　　　　图 11.5.17　"主单位"选项卡

（11）单击 确定 按钮后返回到 标注样式管理器 对话框，关闭 标注样式管理器 对话框。单击"标注"工具栏中的"更新标注"按钮，命令行提示如下：

命令: _-dimstyle

当前标注样式:机械图形（系统提示）

当前标注替代: DIMPOST　%%c<>（系统提示）

输入标注样式选项[保存(S)/恢复(R)/状态(ST)/变量(V)/应用(A)/?] <恢复>:_apply（系统提示）

选择对象: 找到 1 个（选择标注尺寸为 40 的线性标注）

选择对象: 找到 1 个，总计 2 个（选择标注尺寸为 51 的线性标注）

选择对象:（按回车键结束命令）

结束命令后，即可为选中的尺寸标注添加直径符号，效果如图 11.5.18 所示。

（12）打开 **标注样式管理器** 对话框，在该对话框中的 **样式(S):** 列表框中选择名为"机械图形"的标注样式，单击该对话框右边的 **替代(O)...** 按钮，在弹出的 **替代当前样式:机械图形** 对话框中的 **主单位** 选项卡中取消刚才添加的前缀"%%c"，然后打开 **公差** 选项卡，在该选项卡中设置各项参数如图 11.5.19 所示。

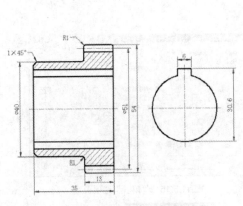

图 11.5.18　替代直径符号

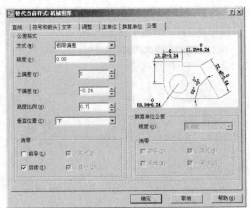

图 11.5.19　设置公差格式

（13）参照步骤（11）的操作替代如图 11.5.18 所示图形中的线性尺寸 13，替代后的效果如图 11.5.20 所示。

（14）单击"标注"工具栏中的"直径"按钮 ⊘，标注如图 11.5.20 所示图形圆弧的直径，效果如图 11.5.21 所示。

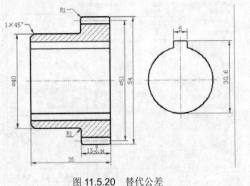

图 11.5.20　替代公差

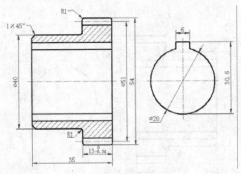

图 11.5.21　标注直径尺寸

（15）重复替代操作，为其他的线性尺寸替代直径符号或公差，最终效果如图 11.5.1 所示。

习题十一

一、填空题

1．一个完整的尺寸标注由_____、_____、_____和_____组成。

2．在 AutoCAD 2007 中，尺寸标注样式可以在_____对话框中进行设置和修改。

二、选择题

1．（　）属于基本标注命令。

　　A．对齐标注　　　　　　　　　　　B．角度标注

　　C．直径标注　　　　　　　　　　　D．折弯标注

2．在 AutoCAD 2007 中，系统提供了 3 种尺寸标注的关联性，分别为（　）。

　　A．关联标注　　　　　　　　　　　B．无关联标注

　　C．分解的标注　　　　　　　　　　D．更新的标注

三、上机操作

绘制如题图 11.1 所示的图形并为其标注尺寸。

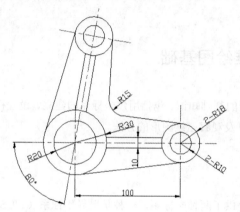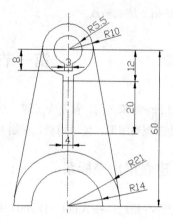

题图　11.1

第十二章 绘制基本三维对象

通常情况下，AutoCAD 用于二维图形的设计与绘制，但随着 CAD 技术的普及和发展，越来越多的工程技术人员也开始用 AutoCAD 来绘制三维图形，更可以通过三维立体图直接得到透视图或平面效果图。本章主要介绍三维绘图的一些基础知识和一些简单三维对象的创建方法。

本章主要内容：

➥ 三维绘图基础。

➥ 绘制三维点和线。

第一节 三维绘图基础

在绘制三维对象之前，首先应了解一些三维绘图的基础知识，包括用户坐标系的建立、设置视图观测点、动态观察图形、使用相机、漫游和飞行，以及观察三维图形的方法。

一、建立用户坐标系

前面已经介绍过，在 AutoCAD 2007 中，系统提供了两种坐标系，一种是世界坐标系（WCS），另一种是用户坐标系（UCS）。世界坐标系主要用于绘制二维图形时使用，而用户坐标系则主要用于绘制三维图形时使用。合理地创建 UCS，用户可以方便地创建三维模型。

在命令行中输入命令 UCS 后按回车键，即可创建用户坐标系，命令行提示如下：

命令: ucs

当前 UCS 名称: *世界*（系统提示）

指定 UCS 的原点或 [面(F)/命名(NA)/对象(OB)/上一个(P)/视图(V)/世界(W)/X/Y/Z/Z 轴(ZA)] <世界>:（指定新坐标系的原点）

其中各命令选项功能介绍如下：

（1）指定 UCS 的原点：选择该命令选项，使用一点、两点或三点定义一个新的 UCS。如果指定单个点，当前 UCS 的原点将会移动而不会更改 X，Y 和 Z 轴的方向。

（2）面(F)：选择该命令选项，依据在三维实体中选中的面来定义 UCS。

（3）命名(NA)：选择该命令选项，按名称保存并恢复使用的 UCS。

（4）对象(OB)：选择该命令选项，根据选定三维对象定义新的坐标系。新建 UCS 的拉伸方向（Z 轴正方向）与选定对象的拉伸方向相同。

（5）上一个(P)：选择该命令选项，恢复上一次使用的 UCS。

（6）视图(V)：选择该命令选项，以垂直于观察方向的平面为 XY 平面，建立新的坐标系。

（7）世界(W)：选择该命令选项，将当前用户坐标系设置为世界坐标系。

（8）X/Y/Z：选择该命令选项，绕指定轴旋转当前 UCS。

（9）Z 轴(ZA)：选择该命令选项，用指定的 Z 轴正半轴定义 UCS。

二、设置视图观测点

视图的观测点也称为视点，是指观测图形的方向。在三维空间中使用不同的视点来观测图形，会得到不同的效果。如图 12.1.1 所示为在三维空间不同视点处观测到三维物体的效果。

图 12.1.1　不同视点处观测到的三维物体效果

在 AutoCAD 2007 中，系统提供了两种视点，一种是标准视点，另一种是用户自定义视点，以下分别进行介绍。

1．标准视点

标准视点是系统为用户定义的视点，共有 10 种，这些视点包括俯视、仰视、左视、右视、主视、后视、西南等轴测、东南等轴测、东北等轴测和西北等轴测。选择 视图(V) → 三维视图(D) 命令的子命令，或单击"视图"工具栏中的相应按钮，即可切换标准视点，如图 12.1.2 所示。

"三维视图"菜单子命令　　　　　　　　"视图"工具栏

图 12.1.2　标准视点

2．自定义视点

自定义视点是用户自己设置的视点，使用自定义视点可以精确地设置观测图形的方向。在 AutoCAD 2007 中，设置自定义视点的方法有以下几种：

（1）视点预置。用户可选择 视图(V) → 三维视图(D) → 视点预置(I)... 命令或在命令行中输入命令 ddvpoint，弹出 视点预置 对话框，如图 12.1.3 所示。

该对话框中各选项功能介绍如下：

1）设置观察角度：此选项用于选择观察角度。如果选中 ⊙ 绝对于 WCS(W) 单选按钮，则视点绝对于世界坐标系；如果选中 ⊙ 相对于 UCS(U) 单选按钮，则视点相对于当前用户坐标系。

2）**目**： 在 **X 轴(A)**： `315.0` 或 **XY 平面(P)**： `35.3` 文本框中直接输入角度值，即可指定查看角度，也可以使用样例图像来指定查看角度。黑针指示新角度，灰针指示当前角度。通过选择圆或半圆的内部区域来指定一个角度，如果选择了边界外面的区域，则舍入在该区域显示的角度值；如果选择了内弧或内弧中的区域，角度将不会舍入，结果可能是一个分数。

3）**设置为平面视图(V)**：单击此按钮，设置查看角度以相对于选定坐标系显示平面视图。

（2）视点。用户可以通过选择 **视图(V)** → **三维视图(D)** ▸ **视点(V)** 命令，或在命令行输入命令 vpoint 执行视点设置命令，如图 12.1.4 所示。通过拖动鼠标移动十字光标，同时坐标系图标也随之变换方向，如果十字光标位于小圆以内，则视点落在 Z 轴正方向上；如果十字光标位于小圆与大圆之间，则视点落在 Z 轴负方向上。当十字光标处于适当位置时，单击鼠标左键即可确定视点。

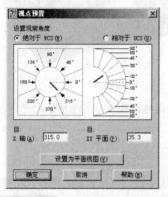
　　　　　　　　　　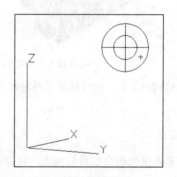

图 12.1.3　"视点预置"对话框　　　　　　图 12.1.4　视点设置

三、动态观察

动态观察用于动态显示三维图形的效果，在 AutoCAD 2007 中，动态观察命令有 3 个，分别为"受约束的动态观察"、"自由动态观察"和"连续动态观察"，选择 **视图(V)** → **动态观察(B)** 命令中的子命令或单击"动态观察"工具栏中的相应按钮即可执行动态观察命令，如图 12.1.5 所示。

"动态观察"子菜单　　　　　　　　　　"动态观察"工具栏

图 12.1.5　动态观察

（1）受约束的动态观察：执行该命令后，即可激活三维动态观察视图，在视图中的任意位置拖动并移动鼠标，即可动态观察图形中的对象。释放鼠标后，对象保持静止。使用该命令观察三维图形时，视图的目标始终保持静止，而观察点将围绕目标移动，所以从用户的视点看起来就像三维模型正在随着鼠标光标的拖动而旋转。拖动鼠标时，如果水平拖动光标，视点将平行于世界坐标系的 XY 平面移动；如果垂直拖动光标，视点将沿 Z 轴移动。

（2）自由动态观察：执行该命令后，激活三维自由动态观察视图，并显示一个导航球，它被更小的圆分成 4 个区域，拖动鼠标即可动态观察三维模型。在执行该命令前，用户可以选中查看整个图形，或者选择一个或多个对象进行观察。

（3）连续动态观察：执行该命令后，在绘图区域中单击并沿任意方向拖动鼠标，即可使对象沿着鼠标拖动方向移动。释放鼠标后，对象在指定方向上继续沿着轨迹运动。拖动鼠标移动的速度决定了对象旋转的速度。

四、使用相机

AutoCAD 2007 系统引入了相机的概念。在模型空间中放置一台或多台相机，用户就可以使用相机来观察三维图形的效果，如图 12.1.6 所示为使用相机观察三维物体的效果。

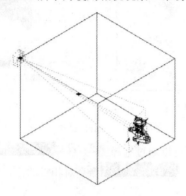

图 12.1.6 使用相机观察三维物体

1．创建相机

在 AutoCAD 2007 中，选择 视图(V) → 创建相机(T) 命令，即可在指定位置为指定的对象创建相机，命令行提示如下：

命令: _camera
当前相机设置: 高度=0 镜头长度=20 毫米（系统提示）
指定相机位置:（拖动鼠标指定相机位置）
指定目标位置:（拖动鼠标指定目标位置）
输入选项 [?/名称(N)/位置(LO)/高度(H)/目标(T)/镜头(LE)/剪裁(C)/视图(V)/退出(X)] <退出>:（按回车键结束命令）

其中各命令选项功能介绍如下：

（1）?：选择此命令选项，列出当前已定义的相机列表。

（2）名称(N)：选择此命令选项，为当前创建的相机设置名称。

（3）位置(LO)：选择此命令选项，指定相机的位置。

（4）高度(H)：选择此命令选项，指定相机的高度。

（5）目标(T)：选择此命令选项，指定相机的目标。

（6）镜头(LE)：选择此命令选项，改变相机的焦距。

（7）剪裁(C)：选择此命令选项，定义前后剪裁平面并设置它们的值。

（8）视图(V)：选择此命令选项，设置当前视图以匹配相机设置。

（9）退出(X)：选择此命令选项，取消该命令。

2．相机预览

当选中已创建的相机后，系统会弹出 相机预览 对话框，该对话框中显示了在相机视图下观察到的视图效果。在 视觉样式: 下拉列表框中选择不同的视觉样式模式，可以改变相机预览的效果，如图 12.1.7 所示。

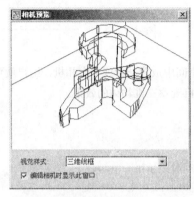
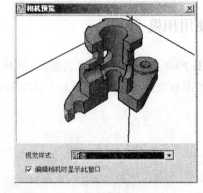

"三维线框"效果　　　　　　　　　　　　"概念"效果

图 12.1.7　相机预览效果

在使用相机预览的过程中，还可以通过选择 视图(V) → 相机(C) → 调整视距(A) 命令或 视图(V) → 相机(C) → 回旋(S) 命令对相机的位置和显示效果进行设置。

五、漫游和飞行

在 AutoCAD 2007 中，用户可以在漫游或飞行模式下通过键盘和鼠标来控制视图显示，并创建导航动画。

1. 漫游和飞行设置

选择 视图(V) → 漫游和飞行(K) → 漫游(K) 或 飞行(F) 命令，进入漫游或飞行环境，同时弹出 漫游和飞行导航映射 提示框和 定位器 选项板，如图 12.1.8 所示。

图 12.1.8　"漫游和飞行导航映射"提示框和"定位器"选项板

在"漫游和飞行导航映射"提示框中显示了用于导航的快捷键及其对应功能。而"定位器"选项板的功能类似于地图，在其预览窗口中显示模型的俯视图，并显示了当前用户在模型中所处的位置。当鼠标指针移动到指示器中时，指针就会变成一个"手"的形状，拖动鼠标即可改变指示器的位置。在"定位器"选项板中的"基本"选项区中可以设置指示器的颜色、尺寸、是否闪烁以及目标指示器的开关状态、颜色、预览透明度和预览视觉样式等。

选择 视图(V) → 漫游和飞行(K) → 漫游和飞行设置(S)... 命令，弹出 漫游和飞行设置 对话框，如图 12.1.9 所示。在该对话框中可以设置显示指令窗口的时机、窗口显示的时间，以及"当前图形设置"选项组中的漫游和飞行步长、每秒步数等参数。

图 12.1.9 "漫游和飞行设置"对话框

2．创建导航动画

通过创建导航动画，用户可以模拟在三维图形中漫游和飞行。具体操作步骤如下：

（1）选择 工具(T) → 选项板 → 面板 命令，在绘图窗口的右侧打开"面板"选项板，单击"三维导航控制台"区域，打开扩展控件，如图 12.1.10 所示。

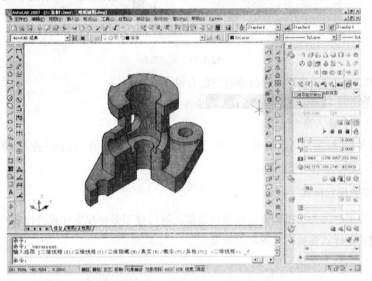

图 12.1.10 打开"面板"选项板

（2）选择 视图(V) → 漫游和飞行(K) → 漫游(K) 命令，打开 定位器 选项板，此时"面板"选项板中的"开始录制动画"按钮 显示为红色，单击该按钮开始录制动画。

（3）在 定位器 选项板的预览窗口中拖动鼠标移动指示器的位置，改变漫游显示效果。

（4）改变漫游显示效果后，单击"面板"选项板中的"播放动画"按钮 ，此时弹出 动画预览 对话框，该对话框中显示了漫游动画效果，如图 12.1.11 所示。

（5）在漫游模式下，用户可以按"F"键切换到飞行模式，在漫游和飞行模式下，均可以创建导航动画。创建导航动画结束后，可以单击"面板"选项板中的"保存动画"按钮 ，对创建的动画进行保存。

图 12.1.11 "动画预览"对话框

六、观察三维图形

在 AutoCAD 2007 中，用户可以使用缩放和平移命令来观察三维图形，在观察三维图形时，还可以通过旋转、消隐及设置视觉样式等方法来观察三维图形。

1. 消隐图形

使用消隐命令可以暂时隐藏位于实体背后被遮挡的部分，这样就可以更好地观察三维曲面及实体的效果，如图 12.1.12 所示。

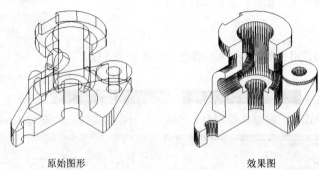

原始图形　　　　　　　　　　　效果图

图 12.1.12　消隐图形

在 AutoCAD 2007 中，执行消隐命令的方法有以下两种：

（1）选择 视图(V) → 消隐(H) 命令。

（2）在命令行中输入命令 hide。

执行消隐命令后，绘图窗口将暂时无法使用"缩放"和"平移"命令，直到选择 视图(V) → 重生成(G) 命令后才能使用。

2. 改变图形的视觉样式

在观察三维图形时，为了得到不同的观察效果，可以使用多种视觉样式进行观察，如图 12.1.13 所示为采用多种视觉样式观察三维图形的效果。

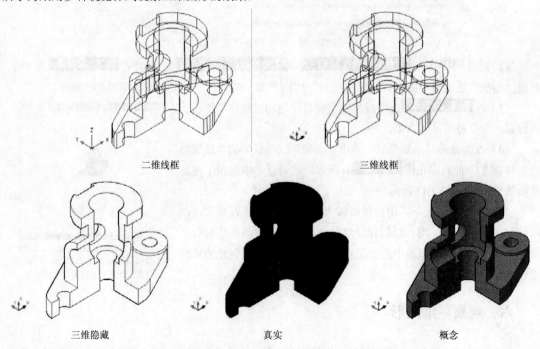

二维线框　　　　　　　　　　　三维线框

三维隐藏　　　　　　　　真实　　　　　　　　概念

图 12.1.13　多种视觉样式观察三维图形

在 AutoCAD 2007 中，改变图形视觉样式的方法有以下两种：

（1）单击"视觉样式"工具栏中的相应按钮，如图 12.1.14 所示。

（2）选择 视图(V) → 视觉样式(S) 菜单子命令，如图 12.1.14 所示。

图 12.1.14 "视觉样式"工具栏和"视觉样式"子命令

3. 设置曲面的轮廓素线

曲面的轮廓素线用于控制三维图形在线框模式下弯曲面的线条数，如图 12.1.15 所示。系统变量 ISOLINES 用于设置曲面的轮廓素线，系统默认值为 4，用户可以根据需要重新设置该系统变量值。曲面的轮廓素线越多，越接近三维实体。

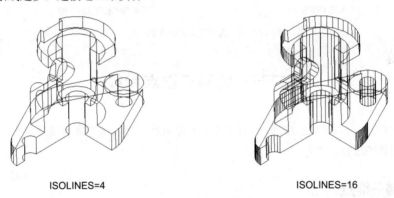

ISOLINES=4 ISOLINES=16

图 12.1.15 设置曲面轮廓素线

4. 显示实体轮廓

在 AutoCAD 2007 中，使用系统变量 DISPSILH 可以以线框形式显示实体轮廓，但必须设置该系统变量值为 1，然后使用消隐命令。如果设置该系统变量值为 0，再使用消隐命令，则在显示实体轮廓的同时还显示实体表面的线框，效果如图 12.1.16 所示。

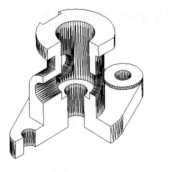
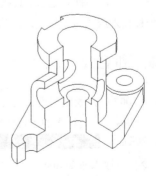

DISPSILH＝0 DISPSILH＝1

图 12.1.16 以线框形式显示实体轮廓

5. 改变实体表面的平滑度

实体表面的平滑度由系统变量 FACETRES 控制，该系统变量用于设置曲面的面数，取值范围为 0.01～10。FACETRES 值越大，曲面越平滑。如图 12.1.17 所示为系统变量 FACETRES 为 1 和 10 时消隐后的效果。

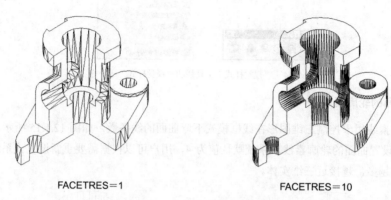

FACETRES＝1　　　　　　　　　　　　　　　FACETRES＝10

图 12.1.17　改变实体表面的平滑度

第二节　绘制三维点和线

在 AutoCAD 中，可以使用三维点、三维直线、样条曲线、多段线和螺旋线命令来绘制简单的三维图形，本节将详细进行介绍。

一、绘制三维点

在 AutoCAD 2007 中，绘制三维点的方法有以下 3 种：

（1）单击"绘图"工具栏中的"点"按钮 ．。

（2）选择 绘图(D) → 点(O) ▶ → 单点(S) 命令。

（3）在命令行中输入命令 point。

执行该命令后，在命令行的提示下直接输入三维坐标即可绘制三维点。在输入三维坐标时，用户可以采用绝对坐标输入或相对坐标输入，同时也可以使用对象捕捉来拾取特殊点。

二、绘制三维直线

在 AutoCAD 2007 中，绘制三维直线的方法有以下 3 种：

（1）单击"绘图"工具栏中的"直线"按钮 ╱。

（2）选择 绘图(D) → 直线(L) 命令。

（3）在命令行中输入命令 line。

执行该命令后，根据命令行提示依次输入三维空间直线的起点和端点绘制三维直线。如果输入多个端点，则绘制空间折线。

例如，用三维直线命令绘制如图 12.2.1 所示的空间三维折线，具体操作方法如下：

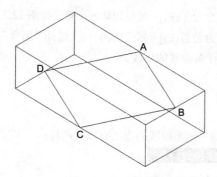

图 12.2.1　绘制三维空间折线

命令: _line

指定第一点:（捕捉如图 12.2.1 所示图形中的 A 点）

指定下一点或 [放弃(U)]:（捕捉如图 12.2.1 所示图形中的 B 点）

指定下一点或 [放弃(U)]:（捕捉如图 12.2.1 所示图形中的 C 点）

指定下一点或 [闭合(C)/放弃(U)]:（捕捉如图 12.2.1 所示图形中的 D 点）

指定下一点或 [闭合(C)/放弃(U)]: c（选择"闭合"命令闭合绘制的直线）

三、绘制三维样条曲线

在 AutoCAD 2007 中，绘制三维样条曲线的方法有以下 3 种:

（1）单击"绘图"工具栏中的"样条曲线"按钮 ～。

（2）选择 绘图(D) → 样条曲线(S) 命令。

（3）在命令行中输入命令 spline。

执行该命令后，根据命令行提示依次输入三维样条曲线的起点和端点，并确定三维样条曲线的起点切向和端点切向即可绘制三维多段线。

例如，用三维样条曲线命令绘制如图 12.2.2 所示的三维样条曲线，具体操作方法如下:

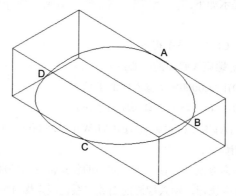

图 12.2.2　绘制三维样条曲线

命令: _spline

指定第一个点或 [对象(O)]:（捕捉如图 12.2.2 所示图形中的中点 A）

指定下一点:（捕捉如图 12.2.2 所示图形中的中点 B）

指定下一点或 [闭合(C)/拟合公差(F)] <起点切向>:（捕捉如图 12.2.2 所示图形中的中点 C）

指定下一点或 [闭合(C)/拟合公差(F)] <起点切向>:（捕捉如图 12.2.2 所示图形中的中点 D）

指定下一点或 [闭合(C)/拟合公差(F)] <起点切向>: c（选择"闭合"命令选项闭合绘制的多段线）

指定切向:（按回车键确定样条曲线的切线）

四、绘制三维多段线

在 AutoCAD 2007 中，绘制三维多段线的方法有以下两种：

（1）选择 绘图(D) → 三维多段线(3) 命令。

（2）在命令行中输入命令 3dpoly。

执行该命令后，命令行提示如下：

命令: _3dpoly

指定多段线的起点:（指定三维多段线的起点）

指定直线的端点或 [放弃(U)]:（指定三维多段线的端点）

指定直线的端点或 [放弃(U)]:（指定下一段三维多段线的端点）

指定直线的端点或 [闭合(C)/放弃(U)]:（指定下一段三维多段线的端点）

指定直线的端点或 [闭合(C)/放弃(U)]:（按回车键结束命令）

执行绘制三维多段线命令后，根据系统提示依次输入三维多段线在三维空间中的起点和端点即可。如果执行 pline 命令，则只能绘制二维多段线，不能绘制三维多段线。

五、绘制螺旋线

在 AutoCAD 2007 中，绘制螺旋线的方法有以下 3 种：

（1）单击"建模"工具栏中的"螺旋"按钮。

（2）选择 绘图(D) → 螺旋(X) 命令。

（3）在命令行中输入命令 helix。

执行该命令后，命令行提示如下：

命令: _helix

圈数 = 3.0000　　　扭曲=CCW（系统提示）

指定底面的中心点:（指定螺旋线底面的中心点）

指定底面半径或 [直径(D)] <1.0000>:（输入底面半径）

指定顶面半径或 [直径(D)] <6.9248>:（输入顶面半径）

指定螺旋高度或 [轴端点(A)/圈数(T)/圈高(H)/扭曲(W)] <1.0000>:（输入螺旋线的高度）

其中各命令选项功能介绍如下：

（1）轴端点(A)：选择该命令选项，在三维空间中的任意位置指定螺旋轴的端点。

（2）圈数(T)：选择该命令选项，输入螺旋的圈数。系统规定螺旋的圈数最多不能超过 500。

（3）圈高(H)：选择该命令选项，指定螺旋内一个完整圈的高度。

（4）扭曲(W)：选择该命令选项，指定以顺时针（CW）方向还是逆时针方向（CCW）绘制螺旋。螺旋扭曲的默认值是逆时针。

如图 12.2.3 所示为绘制的三维螺旋线。

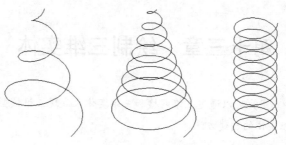

图 12.2.3 绘制的三维螺旋线

习题十二

一、填空题

1. 在 AutoCAD 2007 中，系统提供了两种视点，一种是_____，另一种是_____。

2. 在 AutoCAD 2007 中，系统变量_____用于设置曲面的轮廓素线，系统变量_____用于设置曲面的面数。

二、选择题

1. （   ）属于标准视点。

    A. 俯视　　　　　　　　　　　　　　B. 右视

    C. 西南等轴测　　　　　　　　　　　D. 东北等轴测

2. 在 AutoCAD 2007 中，新增加了绘制（   ）命令。

    A. 三维多段线　　　　　　　　　　　B. 三维直线

    C. 三维样条曲线　　　　　　　　　　D. 螺旋线

第十三章　绘制三维实体

在 AutoCAD 2007 中，用户可以通过三维网格和三维实体来表现三维模型的各种结构特征。本章主要介绍三维网格与三维实体的创建方法。

本章主要内容：

◆　绘制三维网络。

◆　绘制基本三维实体。

◆　通过二维图形创建实体。

第一节　绘制三维网格

在 AutoCAD 中，不仅可以绘制三维曲面，还可以绘制旋转网格、平移网格、直纹网格和边界网格。选择 绘图(D) → 建模(M) → 网格(M) 菜单子命令，即可执行绘制三维网格命令，如图 13.1.1 所示。

图 13.1.1　"网格"菜单子命令

一、绘制平面曲面

使用平面曲面命令可以创建平面曲面或将对象转换为平面对象。在 AutoCAD 2007 中，绘制平面曲面的方法有以下 3 种：

（1）单击"建模"工具栏中的"平面曲面"按钮 。

（2）选择 绘图(D) → 建模(M) → 平面曲面(F) 命令。

（3）在命令行中输入命令 planesurf。

执行该命令后，命令行提示如下：

命令：_Planesurf

指定第一个角点或 [对象(O)] <对象>:（指定平面曲面的第一个角点）

指定其他角点:（指定平面曲面的另一个角点）

如果选择"对象(O)"命令选项，则在命令行"选择对象"的提示下选择要转换为平面的对象即可，如图 13.1.2 所示为绘制的平面曲面。

系统变量 surfu 和 surfv 控制曲面的行数和列数，系统默认为 6。

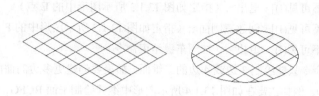

图 13.1.2 平面曲面

二、绘制三维面与多边三维面

使用三维面命令可以通过确定三维面上各顶点的方式绘制三维面。三维面是三维空间中的表面，它没有厚度，也没有质量属性。三维面的各个顶点可以不在一个平面上，但构成三维面的顶点数不能超过 4 个。如果构成面的 4 个顶点共面，则"消隐"命令认为该面是不透明的，即可以消隐；反之，消隐命令对其无效。在 AutoCAD 2007 中绘制三维面的方法有以下两种：

（1）选择 绘图(D) → 建模(M) ▶ → 网格(M) ▶ → ✎ 三维面(F) 命令。

（2）在命令行中输入命令 3dface。

执行该命令后，命令行提示如下：

命令: _3dface

指定第一点或 [不可见(I)]：（输入三维面的第一个顶点坐标）

指定第二点或 [不可见(I)]：（输入三维面的第二个顶点坐标）

指定第三点或 [不可见(I)] <退出>：（输入三维面的第三个顶点坐标）

指定第四点或 [不可见(I)] <创建三侧面>：（输入三维面的第四个顶点坐标）

指定第三点或 [不可见(I)] <退出>：（按回车键结束命令）

当命令行提示："指定第三点或 [不可见(I)] <退出>"时，如果用户再次输入三维空间点坐标，则继续创建三维面。

例如，用三维面命令绘制如图 13.1.3 所示图形，具体操作步骤如下：

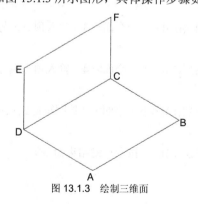

图 13.1.3 绘制三维面

命令: _3dface

指定第一点或 [不可见(I)]：（指定如图 13.1.3 所示图形中的 A 点）

指定第二点或 [不可见(I)]：（指定如图 13.1.3 所示图形中的 B 点）

指定第三点或 [不可见(I)] <退出>：（指定如图 13.1.3 所示图形中的 C 点）

指定第四点或 [不可见(I)] <创建三侧面>：（指定如图 13.1.3 所示图形中的 D 点）

指定第三点或 [不可见(I)] <退出>:（指定如图 13.1.3 所示图形中的 E 点）

指定第四点或 [不可见(I)] <创建三侧面>:（指定如图 13.1.3 所示图形中的 F 点）

指定第三点或 [不可见(I)] <退出>:（按回车键结束命令）

使用"三维面"命令只能绘制 3 边或 4 边的三维面，如果要创建更多边的曲面，则必须使用多边三维面命令（PFACE）。例如，要在如图 13.1.4 所示图形中继续绘制平面 BCFG，具体操作步骤如下：

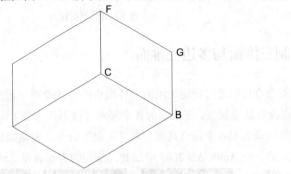

图 13.1.4　绘制的多边三维面

命令: pface

指定顶点 1 的位置:（指定如图 13.1.4 所示图形中的 B 点）

指定顶点 2 的位置 或 <定义面>:（指定如图 13.1.4 所示图形中的 C 点）

指定顶点 3 的位置 或 <定义面>:（指定如图 13.1.4 所示图形中的 F 点）

指定顶点 4 的位置 或 <定义面>:（指定如图 13.1.4 所示图形中的 G 点）

指定顶点 5 的位置 或 <定义面>:（按回车键结束命令）

面 1，顶点 1:（系统提示）

输入顶点编号或 [颜色(C)/图层(L)]: 1（输入顶点编号 1）

面 1，顶点 2:（系统提示）

输入顶点编号或 [颜色(C)/图层(L)] <下一个面>: 2（输入顶点编号 2）

面 1，顶点 3:（系统提示）

输入顶点编号或 [颜色(C)/图层(L)] <下一个面>: 3（输入顶点编号 3）

面 1，顶点 4:（系统提示）

输入顶点编号或 [颜色(C)/图层(L)] <下一个面>: 4（输入顶点编号 4）

面 1，顶点 5:（系统提示）

输入顶点编号或 [颜色(C)/图层(L)] <下一个面>:（按回车键结束命令）

面 2，顶点 1:（系统提示）

输入顶点编号或 [颜色(C)/图层(L)]: （按回车键结束命令）

三、绘制三维网格

AutoCAD 可以根据用户指定的 M 行 N 列顶点和每一顶点的位置生成三维空间的多边形网格。绘制三维网格的方法有以下两种：

（1）选择 绘图(D) → 建模(M) ▶ 网格(M) ▶ ◈ 三维网格(M) 命令。

（2）在命令行中输入命令 3dmesh。

执行该命令后，命令行提示如下：

命令: _3dmesh

输入 M 方向上的网格数量:（输入网格在 M 方向上的节点数）

输入 N 方向上的网格数量:（输入网格在 N 方向上的节点数）

指定顶点 (0，0) 的位置:（指定网格第一行第一列的顶点坐标）

指定顶点 (0，1) 的位置:（指定网格第一行第二列的顶点坐标）

……

指定顶点 (M+1，N+1) 的位置:（指定网格第 M 行第 N 列的顶点坐标）

指定所有的顶点后，系统将自动生成一组多边形网格曲面，如图 13.1.5 所示为绘制的三维网格。

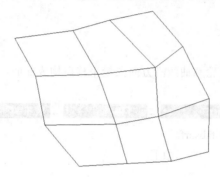

图 13.1.5 绘制的三维网格

四、绘制旋转网格

使用旋转网格命令可以将曲线绕旋转轴旋转一定的角度而形成曲面。创建旋转网格的方法有以下两种：

（1）选择 绘图(D) → 建模(M) ▶ 网格(M) ▶ 旋转网格(M) 命令。

（2）在命令行中输入命令 revsurf。

执行旋转网格命令后，命令行提示如下：

命令: _revsurf

当前线框密度: SURFTAB1=6   SURFTAB2=6（系统提示）

选择要旋转的对象:（选择被旋转的对象）

选择定义旋转轴的对象:（选择旋转轴）

指定起点角度 <0>:（确定起点角度）

指定包含角 (+=逆时针, -=顺时针) <360>:（确定旋转角度）

其中 SURFTAB1 和 SURFTAB2 的值决定了曲线沿旋转方向和轴线方向的线框密度，值越大，旋转形成的网格越光滑。

在绘制旋转网格时，首先要绘制出旋转对象和旋转轴。旋转对象可以是直线段、圆弧、圆、样条曲线、二维多段线及三维多段线等对象。旋转轴可以是直线段、二维多段线及三维多段线等对象。如图 13.1.6 所示为 SURFTAB1 和 SURFTAB2 的值为 20 时绘制的旋转网格。

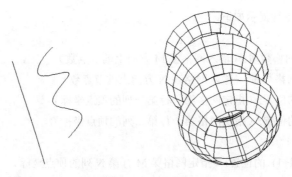

图 13.1.6　绘制的旋转网格

五、绘制平移网格

使用平移网格命令可以将轮廓曲线沿方向矢量平移后构成曲面。创建平移网格的方法有以下两种：

（1）选择 绘图(D) → 建模(M) → 网格(M) → 平移网格(T) 命令。

（2）在命令行中输入命令 tabsurf。

执行平移网格命令后，命令行提示如下：

命令: _tabsurf

当前线框密度: SURFTAB1=32（系统提示）

选择用做轮廓曲线的对象:（指定轮廓线对象）

选择用做方向矢量的对象:（指定方向矢量对象）

绘制平移网格时，先要绘制出作为轮廓曲线和方向矢量的对象。用做轮廓曲线的对象可以是直线段、圆弧、圆、样条曲线、二维多段线及三维多段线等对象。作为方向矢量的对象可以是直线段或非闭合的二维多段线、三维多段线等对象。如图 13.1.7 所示为系统变量 SURFTAB1=32 时绘制的平移网格。

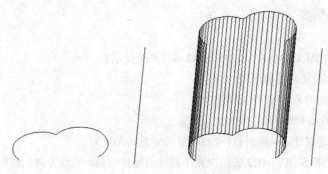

图 13.1.7　绘制的平移网格

六、绘制直纹网格

使用直纹网格命令可以在两条曲线之间构成曲面。创建直纹网格的方法有以下两种：

（1）选择 绘图(D) → 建模(M) → 网格(M) → 直纹网格(R) 命令。

（2）在命令行中输入命令 rulesurf。

执行直纹网格命令后，命令行提示如下：

命令: _rulesurf

当前线框密度: SURFTAB1=32（系统提示）

选择第一条定义曲线：（指定第一个对象）

选择第二条定义曲线：（指定第二个对象）

在绘制直纹网格时，首先要绘制出用来创建直纹网格的曲线，这些曲线可以是直线段、点、圆弧、圆、样条曲线、二维多段线或三维多段线等对象。如果一条曲线是封闭的，另一条曲线也必须是封闭的或是一个点；如果曲线不是封闭的，则直纹网格总是从曲线上离拾取点近的一端画出；如果曲线是闭合的，则直纹网格从圆的零度角位置画起。如图 13.1.8 所示为系统变量 SURFTAB1=32 时绘制的直纹网格。

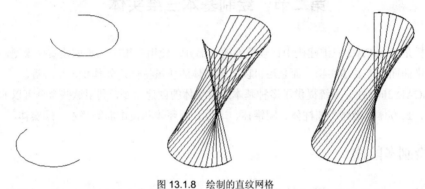

图 13.1.8 绘制的直纹网格

七、绘制边界网格

使用边界网格命令可以用 4 条首尾连接的边绘制边界网格。创建边界网格的方法有以下两种：

（1）选择 绘图(D) → 建模(M) → 网格(M) → 边界网格(E) 命令。

（2）在命令行中输入命令 edgesurf。

执行边界网格命令后，命令行提示如下：

命令: _edgesurf

当前线框密度: SURFTAB1=32　SURFTAB2=32（系统提示）

选择用做曲面边界的对象 1：（选择第一个边界对象）

选择用做曲面边界的对象 2：（选择第二个边界对象）

选择用做曲面边界的对象 3：（选择第三个边界对象）

选择用做曲面边界的对象 4：（选择第四个边界对象）

在绘制边界网格时，先要绘制出用于创建边界曲面的各对象，这些对象可以是直线段、圆弧、样条曲线、二维多段线、三维多段线等。在选择对象时，选择的第一个对象的方向为多边形网格的 M 方向，它的临边方向为网格的 N 方向。如图 13.1.9 所示为系统变量 SURFTAB1 和 SURFTAB2 为 32 时绘制的边界网格。

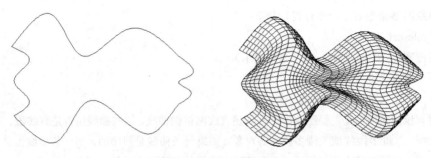

图 13.1.9　绘制的边界网格

第二节　绘制基本三维实体

实体建模是 AutoCAD 三维建模中比较重要的一部分。使用三维实体来创建实体模型，比使用三维线框、三维曲面更能表达实物，而且还可以分析实体的质量特性，如体积、重心等。

在 AutoCAD 2007 中，系统提供了多种基本三维实体的创建命令，利用这些命令可以非常方便地创建多段体、长方体、楔体、圆柱体、圆锥体、球体、圆环体和棱锥面等基本三维实体。

一、绘制多段体

多段体是 AutoCAD 2007 中新增加的一种实体，使用多段体命令可以创建实体或将对象转换为实体。绘制多段体的方法有以下 3 种：

（1）单击"建模"工具栏中的"多段体"按钮 。

（2）选择 绘图(D) → 建模(M) ▶ 多段体(P) 命令。

（3）在命令行中输入命令 polysolid。

执行该命令后，命令行提示如下：

命令：_Polysolid

指定起点或 [对象(O)/高度(H)/宽度(W)/对正(J)] <对象>：（指定多段体的起点）

指定下一个点或 [圆弧(A)/放弃(U)]：（指定多段体的下一点）

指定下一个点或 [圆弧(A)/放弃(U)]：（按回车键结束命令）

其中各命令选项的功能介绍如下：

（1）对象(O)：选择此命令选项，指定将二维图形转换成多段体。

（2）高度(H)：选择此命令选项，为绘制的多段体设置高度。

（3）宽度(W)：选择此命令选项，为绘制的多段体设置宽度。

（4）对正(J)：选择此命令选项，为绘制的多段体设置对齐方式，系统默认为居中对齐，还可以根据需要设置为左对齐或右对齐。

（5）圆弧(A)：选择此命令选项，创建圆弧多段体。

（6）放弃(U)：选择此命令选项，放弃上一步的操作。

如图 13.2.1 所示为绘制的多段体。

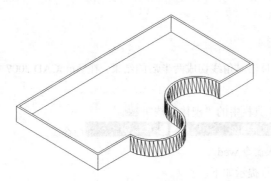

图 13.2.1　绘制的多段体

二、绘制长方体和立方体

长方体和立方体都是有 6 个相互垂直面的实体，只是各面的边长不同而已。所以，在 AutoCAD 2007 中，长方体和立方体的创建方法是相同的，绘制长方体和立方体的方法有以下 3 种：

（1）单击"建模"工具栏中的"长方体"按钮 。

（2）选择 绘图(D) → 建模(M) → ◢ 长方体(B) 命令。

（3）在命令行中输入命令 box。

执行该命令后，命令行提示如下：

命令: _box

指定第一个角点或 [中心(C)]：（指定长方体底面的第一个角点）

指定其他角点或 [立方体(C)/长度(L)]：（指定长方体底面的第二个角点）

指定高度或 [两点(2P)]：（输入长方体的高）

其中各命令选项功能介绍如下：

（1）中心点(C)：选择此命令选项，使用指定的中心点创建长方体。

（2）立方体(C)：选择此命令选项，创建一个长、宽、高相同的长方体。

（3）长度(L)：选择此命令选项，按照指定的长、宽、高创建长方体。

（4）两点(2P)：选择此命令选项，指定两点确定长方体的高。

在创建长方体时，长方体各边分别与当前 UCS 的 X 轴、Y 轴和 Z 轴平行，输入各边长度时，正值表示沿相应坐标轴的正方向创建长方体，反之沿坐标轴的负方向创建长方体。如图 13.2.2 所示为绘制的长方体和立方体。

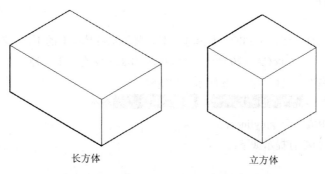

长方体　　　　　　　　　　　　立方体

图 13.2.2　绘制的长方体和立方体

三、绘制楔体

楔体可以看做是长方体沿对角线切成两半后的结果。在 AutoCAD 2007 中，绘制楔体的方法有以下 3 种：

（1）单击"建模"工具栏中的"楔体"按钮 。

（2）选择 绘图(D) → 建模(M) → 楔体(W) 命令。

（3）在命令行中输入命令 wedge。

执行该命令后，命令行提示如下：

命令: _wedge

指定第一个角点或 [中心(C)]:（指定楔体底面的第一个角点）

指定其他角点或 [立方体(C)/长度(L)]:（指定楔体底面的第二个角点）

指定高度或 [两点(2P)] <35.1247>:（输入楔体的高度）

其中各命令选项功能介绍如下：

（1）中心点(C)：选择此命令选项，使用指定中心点创建楔体。

（2）立方体(C)：选择此命令选项，创建等边楔体。

（3）长度(L)：选择此命令选项，创建指定长度、宽度和高度值的楔体。

（4）两点(2P)：选择此命令选项，通过指定两点来确定楔体的高度。

在指定楔体各边长度时，正值表示沿相应坐标轴的正方向创建楔体、反之沿坐标轴的负方向创建楔体，如图 13.2.3 所示为绘制的楔体。

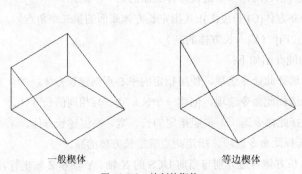

一般楔体　　　　　　　　　　等边楔体

图 13.2.3　绘制的楔体

四、绘制圆柱体

圆柱体是 AutoCAD 中经常用到的一种基本实体，根据圆柱体底面的不同，圆柱体可以分为一般圆柱体和椭圆圆柱体。在 AutoCAD 2007 中，绘制圆柱体的方法有以下 3 种：

（1）单击"建模"工具栏中的"圆柱体"按钮 。

（2）选择 绘图(D) → 建模(M) → 圆柱体(C) 命令。

（3）在命令行中输入命令 cylinder。

执行该命令后，命令行提示如下：

命令: _cylinder

指定底面的中心点或[三点(3P)/两点(2P)/相切、相切、半径(T)/椭圆(E)]:（指定圆柱体底面中心点）

指定底面半径或 [直径(D)] <20.0000>:（输入圆柱体底面半径）

指定高度或 [两点(2P)/轴端点(A)] <60>:（输入圆柱体高度）

其中各命令选项功能介绍如下：

（1）三点(3P)：选择此命令选项，通过指定 3 点来确定圆柱体的底面。

（2）两点(2P)：选择此命令选项，通过指定两点来确定圆柱体的底面。

（3）相切、相切、半径(T)：选择此命令选项，通过指定圆柱体底面的两个切点和半径来确定圆柱体的底面。

（4）椭圆(E)：选择此命令选项，创建具有椭圆底的圆柱体。

（5）直径(D)：选择此命令选项，通过输入直径确定圆柱体的底面。

（6）两点(2P)：选择此命令选项，通过两点确定圆柱体的高。

（7）轴端点(A)：选择此命令选项，指定圆柱体轴的端点位置。

在创建圆柱体时，可以按指定的方式创建圆柱体的底面，如三点法，两点法或相切、相切、半径法等，圆柱体的直径可以通过指定两点之间的距离来确定，也可以由用户直接在命令行中输入，如图 13.2.4 所示为绘制的圆柱体。

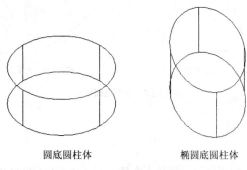

圆底圆柱体　　　　　　　椭圆底圆柱体

图 13.2.4　绘制的圆柱体

五、绘制圆锥体

圆锥体是 AutoCAD 中常用的另一种基本实体。在 AutoCAD 2007 中，绘制圆锥体的方法有以下 3 种：

（1）单击"建模"工具栏中的"圆锥体"按钮 。

（2）选择 绘图(D) → 建模(M) → 圆锥体(O) 命令。

（3）在命令行中输入命令 cone。

执行该命令后，命令行提示如下：

命令：_cone

指定底面的中心点或 [三点(3P)/两点(2P)/相切、相切、半径(T)/椭圆(E)]：（指定圆锥体底面的中心点）

指定底面半径或 [直径(D)] <20.0000>:（输入圆锥体底面的半径）

指定高度或 [两点(2P)/轴端点(A)/顶面半径(T)] <86.2584>:（输入圆锥体的高度）

其中各命令选项功能介绍如下：

（1）三点(3P)：选择此命令选项，通过指定 3 点来确定圆锥体的底面。

（2）两点(2P)：选择此命令选项，通过指定两点来确定圆锥体的底面，两点的连线为圆锥体底面圆的直径。

（3）相切、相切、半径(T)：选择此命令选项，通过指定圆锥体底面圆的两个切点和半径来确定圆锥体的底面。

（4）椭圆(E)：选择此命令选项，创建具有椭圆底的圆锥体。

（5）直径(D)：选择此命令选项，通过输入直径确定圆锥体的底面。

（6）两点(2P)：选择此命令选项，通过指定两点来确定圆锥体的高。

（7）轴端点(A)：选择此命令选项，指定圆锥体轴的端点位置。

（8）顶面半径(T)：选择此命令选项，输入圆锥体顶面圆的半径。

如图 13.2.5 所示为绘制的圆锥体。

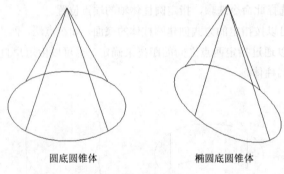

圆底圆锥体　　　　　　　　　椭圆底圆锥体

图 13.2.5　绘制的圆锥体

六、绘制球体

球体是 AutoCAD 中经常使用的另一种基本实体。在 AutoCAD 2007 中，绘制球体的方法有以下 3 种：

（1）单击"建模"工具栏中的"球体"按钮 ⬤。

（2）选择 绘图(D) → 建模(M) ▶ ⬤ 球体(S) 命令。

（3）在命令行中输入命令 sphere。

执行该命令后，命令行提示如下：

命令: _sphere

指定中心点或 [三点(3P)/两点(2P)/相切、相切、半径(T)]：（指定球体的球心）

指定半径或 [直径(D)]：（输入球体的半径或直径）

其中各命令选项功能介绍如下：

（1）三点(3P)：选择此命令选项，通过指定 3 点来确定球体的大小和位置。

（2）两点(2P)：选择此命令选项，通过指定两点来确定球体的大小和位置，两点的端点为球体一条直径的端点。

（3）相切、相切、半径(T)：选择此命令选项，通过指定球体表面的两个切点和半径来确定球体的大小和位置。

（4）直径(D)：选择此命令选项，通过指定球体的直径来确定球体的大小。

系统变量 ISOLINES 控制实体的线框密度，确定实体表面上的网格线数，效果如图 13.2.6 所示。

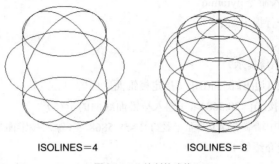

ISOLINES＝4　　　　　　　　　ISOLINES＝8

图 13.2.6　绘制的球体

七、绘制圆环体

圆环体是 AutoCAD 中比较特殊的一种基本实体，在 AutoCAD 2007 中，绘制圆环体的方法有以下 3 种：

（1）单击"建模"工具栏中的"圆环体"按钮 ⊙。

（2）选择 绘图(D) → 建模(M) → ⊙ 圆环体(T) 命令。

（3）在命令行中输入命令 torus。

执行该命令后，命令行提示如下：

命令: _torus

指定中心点或 [三点(3P)/两点(2P)/相切、相切、半径(T)]:（指定圆环体的中心）

指定半径或 [直径(D)] <56.1574>:（输入圆环体的半径或直径）

指定圆管半径或 [两点(2P)/直径(D)]:（输入圆管的半径或直径）

圆环体的半径和圆管的半径值决定了圆环的形状，且圆管半径必须为非零正数。如果圆环体半径为负值，则系统要求圆管半径必须大于圆环半径的绝对值。如图 13.2.7 所示为绘制的圆环体。

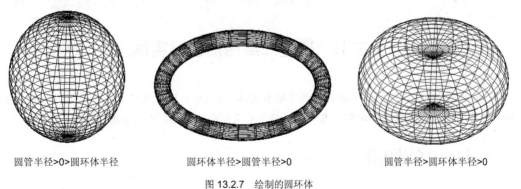

圆管半径>0>圆环体半径　　　　　　圆环体半径>圆管半径>0　　　　　　圆管半径>圆环体半径>0

图 13.2.7　绘制的圆环体

八、绘制棱锥面

在 AutoCAD 2007 中，使用棱锥面命令可以创建多边形棱锥或棱台。绘制棱锥面的方法有以下 3 种：

（1）单击"建模"工具栏中的"棱锥面"按钮 ◭。

（2）选择 绘图(D) → 建模(M) → ◮ 棱锥面(Y) 命令。

（3）在命令行中输入命令 pyramid。

执行该命令后，命令行提示如下：

命令: _pyramid

　4 个侧面　外切（系统提示）

指定底面的中心点或 [边(E)/侧面(S)]:（指定棱锥面底面的中心点）

指定底面半径或 [内接(I)] <28.3684>:（输入棱锥面底面的半径）

指定高度或 [两点(2P)/轴端点(A)/顶面半径(T)] <59.5868>:（输入棱锥面的高度）

其中各命令选项功能介绍如下：

（1）边(E)：选择此命令选项，通过指定棱锥面底面的边长来确定棱锥面的底面。

（2）侧面(S)：选择此命令选项，确定棱锥面的侧面数。

（3）内接(I)：选择此命令选项，指定棱锥面底面内接于棱锥面的底面半径。

（4）两点(2P)：选择此命令选项，通过两点来确定棱锥面的高。

（5）轴端点(A)：选择此命令选项，指定棱锥面轴的端点位置。

（6）顶面半径(T)：选择此命令选项，指定棱锥面的顶面半径，并创建棱锥体平截面。

如图 13.2.8 所示为绘制的棱锥面。

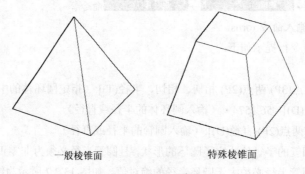

一般棱锥面　　　　　　　　　　　特殊棱锥面

图 13.2.8　绘制的棱锥面

第三节　通过二维图形创建实体

在 AutoCAD 2007 中，不仅可以直接创建基本实体，而且还可以通过对二维图形进行拉伸、旋转、扫掠和放样等操作来创建实体对象，本节将详细介绍这些特殊三维实体的创建方法。

一、拉伸并创建实体

拉伸并创建实体是指将封闭的二维图形按指定高度或路径进行拉伸来创建实体对象。在 AutoCAD 2007 中，执行拉伸命令的方法有以下 3 种：

（1）单击"建模"工具栏中的"拉伸"按钮 $\square$。

（2）选择 绘图(D) → 建模(M) ▶ → 拉伸(X) 命令。

（3）在命令行中输入命令 extrude。

执行该命令后，命令行提示如下：

命令: _extrude

当前线框密度: ISOLINES=8（系统提示）

选择要拉伸的对象:（选择可拉伸的二维图形）

选择要拉伸的对象:（按回车键结束对象选择）

指定拉伸的高度或 [方向(D)/路径(P)/倾斜角(T)] <36.5478>:（指定拉伸高度）

其中各命令选项功能介绍如下:

（1）方向(D)：选择此命令选项，通过指定两个点来确定拉伸的高度和方向。

（2）路径(P)：选择此命令选项，将对象指定为拉伸的方向。

（3）倾斜角(T)：选择此命令选项，输入拉伸对象时倾斜的角度。

如图 13.3.1 所示为拉伸并创建的三维实体效果。

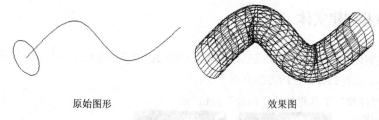

原始图形　　　　　　　　　　　　　　　　效果图

图 13.3.1　拉伸并创建实体

二、旋转并创建实体

旋转并创建实体是指通过绕旋转轴旋转二维对象来创建三维实体。在 AutoCAD 2007 中，执行旋转命令的方法有以下 3 种：

（1）单击"建模"工具栏中的"旋转"按钮 ◎。

（2）选择 绘图(D) → 建模(M) → ◎ 旋转(R) 命令。

（3）在命令行中输入命令 revolve。

执行旋转命令后，命令行提示如下:

命令: _revolve

当前线框密度: ISOLINES=4（系统提示）

选择要旋转的对象:（选择旋转的对象）

选择要旋转的对象:（按回车键结束对象选择）

指定轴起点或根据以下选项之一定义轴 [对象(O)/X/Y/Z] <对象>:（指定旋转轴的起点）

指定轴端点:（指定旋转轴的端点）

指定旋转角度或 [起点角度(ST)] <360>:（输入旋转角度）

其中各命令选项功能介绍如下:

（1）对象(O)：选择此命令选项，选择现有的直线或多段线中的单条线段定义轴，这个对象将绕该轴旋转。

（2）X：选择此命令选项，使用当前 UCS 的正向 X 轴作为轴的正方向。

（3）Y：选择此命令选项，使用当前 UCS 的正向 Y 轴作为轴的正方向。

（4）Z：选择此命令选项，使用当前 UCS 的正向 Z 轴作为轴的正方向。

如图 13.3.2 所示为旋转并创建的三维实体。

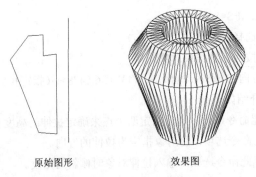

原始图形　　　　　　　　　　　　　　　效果图

图 13.3.2　旋转并创建的三维实体

三、扫掠并创建实体

扫掠并创建实体是指创建网格面或三维实体。如果扫掠的平面曲线不闭合，则生成三维曲面，否则生成三维实体。执行扫掠命令的方法有以下 3 种：

（1）单击"建模"工具栏中的"扫掠"按钮 。

（2）选择 绘图(D) → 建模(M) ▶ 扫掠(P) 命令。

（3）在命令行中输入命令 sweep。

执行该命令后，命令行提示如下：

命令：_sweep

当前线框密度：ISOLINES=4（系统提示）

选择要扫掠的对象：（选择扫掠的对象）

选择要扫掠的对象：（按回车键结束对象选择）

选择扫掠路径或 [对齐(A)/基点(B)/比例(S)/扭曲(T)]：（选择扫掠的路径）

其中各命令选项功能介绍如下：

（1）对齐(A)：选择此命令选项，确定是否对齐垂直于路径的扫掠对象。

（2）基点(B)：选择此命令选项，指定扫掠的基点。

（3）比例(S)：选择此命令选项，指定扫掠的比例因子。

（4）扭曲(T)：选择此命令选项，指定扫掠的扭曲度。

如图 13.3.3 所示为扫掠并创建的三维网格和实体。

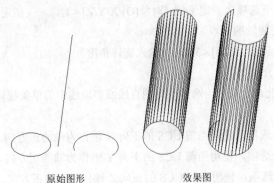

原始图形　　　　　　　　　　　　　　　效果图

图 13.3.3　扫掠并创建的三维网格和实体

四、放样并创建实体

放样并创建实体是指将二维图形放样生成三维实体。在 AutoCAD 2007 中，执行放样命令的方法有以下 3 种：

（1）单击"建模"工具栏中的"放样"按钮 。

（2）选择 绘图(D) ➞ 建模(M) ➞ 放样(L) 命令。

（3）在命令行中输入命令 loft。

执行该命令后，命令行提示如下：

命令：_loft

按放样次序选择横截面：（选择第一个放样横截面）

按放样次序选择横截面：（选择下一个放样横截面）

按放样次序选择横截面：（按回车键结束对象选择）

输入选项 [导向(G)/路径(P)/仅横截面(C)] <仅横截面>（选择放样方式）

其中各命令选项功能介绍如下：

（1）导向(G)：选择此命令选项，为放样曲面或实体指定导向曲线，每条导向曲线均与放样曲面相交，且开始于第一个截面，终止于最后一个截面。

（2）路径(P)：选择此命令选项，为放样曲面或实体指定放样路径，路径必须与每个截面相交。

（3）仅横截面(C)：选择此命令选项，弹出 放样设置 对话框，如图 13.3.4 所示，在该对话框中可以设置放样横截面上的曲面控制选项。

如图 13.3.5 所示为放样生成的三维实体和曲面。

图 13.3.4　"放样设置"对话框

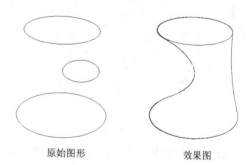

原始图形　　　　　效果图

图 13.3.5　放样生成的三维实体和曲面

第四节　绘制机件模型

本节综合运用本章所学的知识绘制如图 13.4.1 所示的机件模型，操作步骤如下：

（1）单击"建模"工具栏中的"长方体"按钮 ，以点（0，0，100）为长方体的第一个角点，绘制一个长为 460，宽为 320，高为 140 的长方体，效果如图 13.4.2 所示。

（2）单击"建模"工具栏中的"圆柱体"按钮 ，以点（460，160，100）为圆柱体底面圆心，绘制一个底面半径为 160，高为 140 的圆柱体，效果如图 13.4.3 所示。

图 13.4.1

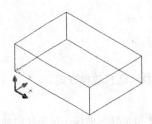

图 13.4.2

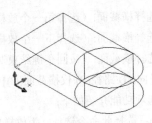

图 13.4.3

（3）单击"建模"工具栏中的"并集"按钮 ⑩，对绘制的长方体和圆柱体进行并集操作，效果如图 13.4.4 所示。

（4）执行绘制长方体命令，以点（150，80，100）为长方体的第一个角点，绘制一个长为 310，宽为 160，高为 140 的长方体，效果如图 13.4.5 所示。

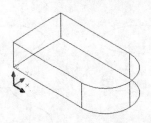

图 13.4.4

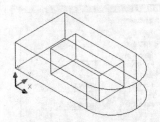

图 13.4.5

（5）执行绘制圆柱体命令，分别以步骤（4）绘制的长方体宽边的中点为圆心，绘制两个底面半径为 80，高为 140 的圆柱体，效果如图 13.4.6 所示。

（6）单击"建模"工具栏中的"并集"按钮 ⑩，对步骤（4）和步骤（5）绘制的长方体和圆柱体执行并集操作，效果如图 13.4.7 所示。

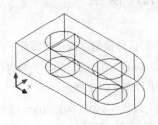

图 13.4.6

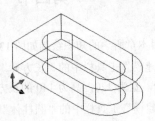

图 13.4.7

（7）单击"建模"工具栏中的"差集"按钮 ⑩，用步骤（3）并集后的实体减去步骤（6）并集后的实体，消隐后的效果如图 13.4.8 所示。

（8）执行绘制长方体命令，以坐标系原点为第一个角点，绘制长为-150，宽为 320，高为 600 的长方体，效果如图 13.4.9 所示。

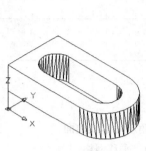

图 13.4.8

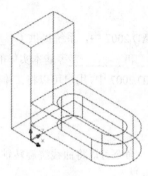

图 13.4.9

（9）执行绘制长方体命令，以点（0，90，600）为长方体第一个角点，绘制一个长为-150，宽为 320，高为-100 的长方体，效果如图 13.4.10 所示。

（10）执行差集命令，用步骤（8）绘制的长方体减去步骤（9）绘制的长方体，消隐后的效果如图 13.4.11 所示。

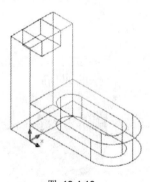

图 13.4.10

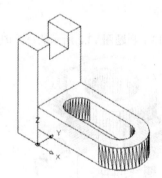

图 13.4.11

（11）新建用户坐标系如图 13.4.12 所示，执行绘制圆柱体命令，以如图 13.4.12 所示图形中的点 A 和点 B 连线的中点为圆心，绘制底面半径为 40，高为-150 的圆柱体，效果如图 13.4.12 所示。

（12）执行差集命令，用步骤（10）生成的实体减去步骤（11）绘制的圆柱体，消隐后的效果如图 13.4.13 所示。

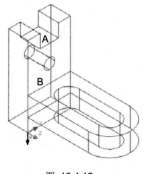

图 13.4.12

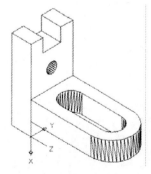

图 13.4.13

（13）对绘制的图形进行并集操作，渲染后的效果如图 13.4.1 所示。

习题十三

一、填空题

1. 在 AutoCAD 2007 中，系统提供了_____、_____、_____、_____、圆柱体、圆锥体、_____和_____等基本实体的绘制命令。

2. 在 AutoCAD 2007 中，用户可以将二维图形经过_____、_____、_____和_____生成三维实体。

二、选择题

1. 使用（　　）命令可以将曲线绕旋转轴旋转一定的角度而形成曲面。

    A. 旋转网格　　　　　　　　　　　　　　B. 平移网格

    C. 直纹网格　　　　　　　　　　　　　　D. 边界网格

2. 单击（　　）按钮可以执行放样命令。

    A. ▦　　　　　　　　　　　　　　　　　B. ⟳

    C. ⬡　　　　　　　　　　　　　　　　　D. ⬢

三、上机操作

绘制如题图 13.1 和题图 13.2 所示的三维图形。

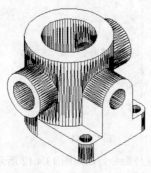
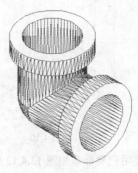

题图 13.1　　　　　　　　　　　　　　　　　　　　　题图 13.2

第十四章 编辑三维实体

在 AutoCAD 2007 中，使用三维编辑命令可以对三维实体进行各种编辑操作，从而创建各种更加逼真的实体模型；另外，还可以对三维实体进行着色和渲染处理，增加色泽感和真实感。

本章主要内容：
- ➥ 编辑三维对象。
- ➥ 编辑三维实体对象。
- ➥ 视觉样式。
- ➥ 渲染对象。

第一节 编辑三维对象

在三维空间中，可以使用各种编辑命令对实体对象进行移动、旋转、对齐、复制、镜像和阵列等操作，本节主要介绍在三维空间中对实体模型的操作方法。

一、三维移动

在平面图形中，用户可以使用"移动"命令对二维图形进行移动，但这种移动仅仅局限在一个平面内，而要在三维空间中任意移动实体对象，就必须使用三维移动命令。在 AutoCAD 2007 中，执行三维移动命令的方法有以下 3 种：

（1）单击"建模"工具栏中的"三维移动"按钮 。
（2）选择 修改(M) → 三维操作(3) → 三维移动(M) 命令。
（3）在命令行中输入命令 3dmove。

执行该命令后，命令行提示如下：

命令: _3dmove

选择对象:（选择要移动的对象）

选择对象:（按回车键结束对象选择）

指定基点或 [位移(D)] <位移>:（指定移动基点）

指定第二个点或 <使用第一个点作为位移>:（指定移动目标点）

执行该命令后，选择要移动的实体对象，此时在鼠标指针处会出现一个新的坐标轴，如图 14.1.1 所示。指定移动基点后，移动鼠标到该坐标轴的轴或面上，即可将选中的对象约束到指定的轴或面上，并进行移动。

二、三维旋转

在 AutoCAD 2007 中，使用三维旋转命令可以在三维空间中任意旋转指定的实体对象。执行三维旋转命令的方法有以下 3 种：

（1）单击"建模"工具栏中的"三维旋转"按钮 ⊕。

（2）选择 修改(M) → 三维操作(3) ▶ → 三维旋转(R) 命令。

（3）在命令行中输入命令 3drotate。

执行该命令后，命令行提示如下：

命令：_3drotate

UCS 当前的正角方向：　ANGDIR=逆时针　ANGBASE=0（系统提示）

选择对象：（选择需要旋转的对象）

选择对象：（按回车键结束对象选择）

指定基点：（指定对象上的基点）

拾取旋转轴：（捕捉旋转轴）

指定角的起点：（指定三维旋转的起点）

指定角的端点：（指定三维旋转的终点）

执行三维旋转命令并选中要旋转的对象后，系统会显示如图 14.1.2 所示的三维旋转图标，指定旋转基点并确定旋转轴和旋转角度后，即可按指定的设置在三维空间中旋转选定的对象。

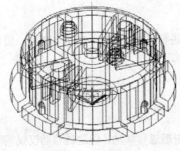
图 14.1.1　三维移动

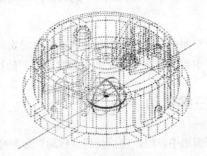
图 14.1.2　三维旋转

三、对齐位置

使用三维对齐命令可以用 3 个源点和目标点来对齐选中的实体对象。在 AutoCAD 2007 中，执行三维对齐命令的方法有以下 3 种：

（1）单击"建模"工具栏中的"三维对齐"按钮 ⬚。

（2）选择 修改(M) → 三维操作(3) ▶ → ⬚ 三维对齐(A) 命令。

（3）在命令行中输入命令 3dalign。

执行该命令后，命令行提示如下：

命令：_3dalign

选择对象：（选择要对齐的对象）

选择对象：（按回车键结束对象选择）

指定源平面和方向 ...（系统提示）

指定基点或 [复制(C)]:（指定对象上的基点）

指定第二个点或 [继续(C)] <C>:（指定对象上的第二个源点）

指定第三个点或 [继续(C)] <C>:（指定对象上的最后一个源点）

指定目标平面和方向 ...（系统提示）

指定第一个目标点：（指定第一个目标点）

指定第二个目标点或 [退出(X)] <X>：（指定第二个目标点）

指定第三个目标点或 [退出(X)] <X>：（指定第三个目标点）

例如，对齐如图 14.1.3（a）所示切割后的实体对象，具体操作步骤如下：

命令：_3dalign

选择对象：找到 1 个（选择如图 14.1.3（a）所示切割的左边半个实体）

选择对象：（按回车键结束对象选择）

指定源平面和方向 ...（系统提示）

指定基点或 [复制(C)]：（捕捉如图 14.1.3（a）所示图形中的 A 点）

指定第二个点或 [继续(C)] <C>：（捕捉如图 14.1.3（a）所示图形中的 B 点）

指定第三个点或 [继续(C)] <C>：（捕捉如图 14.1.3（a）所示图形中的 C 点）

指定目标平面和方向 ...（系统提示）

指定第一个目标点：（捕捉如图 14.1.3（a）所示图形中的 A_1 点）

指定第二个目标点或 [退出(X)] <X>：（捕捉如图 14.1.3（a）所示图形中的 B_1 点）

指定第三个目标点或 [退出(X)] <X>：（捕捉如图 14.1.3（a）所示图形中的 C_1 点）

对齐后的效果如图 14.1.3（b）所示。

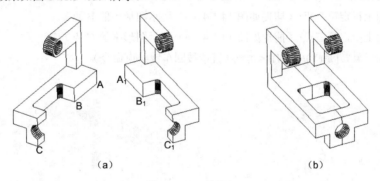

图 14.1.3 三维对齐

（a）原始图形；（b）效果图

四、三维镜像

在三维空间中使用三维镜像命令可以将指定对象相对于某一平面进行镜像操作。在 AutoCAD 2007 中，执行三维镜像命令的方法有以下两种：

（1）选择 修改(M) → 三维操作(3) → 三维镜像(M) 命令。

（2）在命令行中输入命令 mirror3d。

执行此命令后，命令行提示如下：

命令：_mirror3d

选择对象：（选择需要镜像的对象）

选择对象：（按回车键结束对象选择）

指定镜像平面(三点) 的第一个点或[对象(O)/最近的(L)/Z 轴(Z)/视图(V)/XY 平面(XY)/YZ 平面(YZ)/ZX 平面(ZX)/三点(3)] <三点>：

其中各命令选项功能介绍如下：

（1）对象(O)：选择此命令选项，使用选定平面对象的平面作为镜像平面。可用于选择的对象包括圆、圆弧或二维多段线。

（2）最近的(L)：选择此命令选项，使用上一次指定的平面作为镜像平面进行镜像操作。

（3）Z 轴(Z)：选择此命令选项，根据平面上的一个点和平面法线上的一个点定义镜像平面。

（4）视图(V)：选择此命令选项，将镜像平面与当前视口中通过指定点的视图平面对齐。

（5）XY 平面(XY) /YZ 平面(YZ) /ZX 平面(ZX)：选择相应的命令选项，将镜像平面与一个通过指定点的标准平面（XY，YZ 或 ZX）对齐。

（6）三点(3)：选择此命令选项，通过指定 3 点确定镜像平面。

例如，用三维镜像命令复制如图 14.1.4（a）所示图形，效果如图 14.1.4（b）所示，具体操作步骤如下：

命令：_mirror3d

选择对象：找到 1 个（选择如图 14.1.4（a）所示图形）

选择对象：（按回车键结束对象选择）

指定镜像平面 (三点) 的第一个点或[对象(O)/最近的(L)/Z 轴(Z)/视图(V)/XY 平面(XY)/YZ 平面(YZ)/ZX 平面(ZX)/三点(3)] <三点>：（捕捉如图 14.1.4（a）所示图形中的 A 点）

在镜像平面上指定第二点：（捕捉如图 14.1.4（a）所示图形中的 B 点）

在镜像平面上指定第三点：（捕捉如图 14.1.4（a）所示图形中的 C 点）

是否删除源对象？[是(Y)/否(N)] <否>：（直接按回车键结束命令）

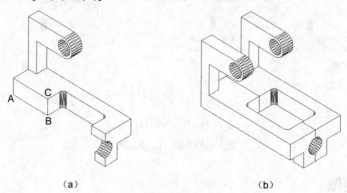

（a）　　　　　　　　　　　　　（b）

图 14.1.4　三维镜像

（a）原始图形；（b）效果图

五、三维阵列

在三维空间中使用三维阵列命令可以按环形或矩形方式复制对象。在 AutoCAD 2007 中，执行三维阵列命令的方法有以下两种：

（1）选择 修改(M) → 三维操作(3) → 三维阵列(3) 命令。

（2）在命令行中输入命令 3darray 后按回车键。

执行该命令后，命令行提示如下：

命令：_3darray

选择对象:（选择需要阵列的对象）

选择对象:（按回车键结束对象选择）

输入阵列类型 [矩形(R)/环形(P)] <矩形>:（选择阵列的类型）

三维阵列也分为矩形阵列和环形阵列两种，选择不同的阵列类型，具体操作也不同。

1. 矩形阵列

如果选择矩形阵列，则命令行提示如下:

输入行数 (---) <1>:（指定阵列的行数）

输入列数 (‖‖) <1>:（指定阵列的列数）

输入层数 (...) <1>:（指定阵列的层数）

指定行间距 (---):（指定行间距）

指定列间距 (‖‖):（指定列间距）

指定层间距 (...):（指定层间距）

阵列的行数、列数和层数均为正数；阵列的行、列、层间距可以是正数，也可以是负数，正数表示沿相应坐标轴正方向阵列，负数表示沿坐标轴负方向阵列。

例如，使用矩形阵列命令对如图 14.1.5（a）所示图形进行阵列操作，具体操作步骤如下:

命令:_3darray

选择对象: 找到 1 个（选择如图 14.1.5（a）所示的图形）

选择对象:（按回车键结束对象选择）

输入阵列类型 [矩形(R)/环形(P)] <矩形>:（直接按回车键选择矩形阵列）

输入行数 (---) <1>: 4（输入阵列的行数 4）

输入列数 (‖‖) <1>: 3（输入阵列的列数 3）

输入层数 (...) <1>: 2（输入阵列的层数 2）

指定行间距 (---): 150（输入阵列的行间距 150）

指定列间距 (‖‖): 150（输入阵列的列间距 150）

指定层间距 (...): 200（输入阵列的层间距 200）

三维矩形阵列后的效果如图 14.1.5（b）所示的图形。

（a）　　　　　　　　　　　（b）

图 14.1.5　三维矩形阵列

（a）原始图形；（b）效果图

2. 环形阵列

如果选择环形阵列，则命令行提示如下:

输入阵列中的项目数目:（指定环形阵列的数目）

指定要填充的角度 (+=逆时针, -=顺时针) <360>:（指定环形阵列的填充角度）

旋转阵列对象？ [是(Y)/否(N)] <Y>:（选择环形阵列的同时是否旋转阵列的对象）

指定阵列的中心点:（指定环形阵列旋转轴上的第一点）

指定旋转轴上的第二点:（指定环形阵列旋转轴上的第二点）

在进行环形阵列时，如果不指定旋转阵列对象，则阵列后的图形会保持原来的方向不变。

例如，使用环形阵列命令对如图 14.1.6（a）所示图形进行阵列，具体操作步骤如下：

命令:_3darray

选择对象: 找到 1 个（选择如图 14.1.6（a）所示图形）

选择对象:（按回车键结束对象选择）

输入阵列类型 [矩形(R)/环形(P)] <矩形>:p（选择"环形"命令选项）

输入阵列中的项目数目: 12（输入阵列的数目）

指定要填充的角度 (+=逆时针, -=顺时针) <360>:（按回车键默认旋转 360°）

旋转阵列对象？ [是(Y)/否(N)] <Y>:（按回车键选择旋转阵列对象）

指定阵列的中心点:（捕捉如图 14.1.6（b）所示图形中的 A 点）

指定旋转轴上的第二点:（捕捉如图 14.1.6（b）所示图形中的 B 点）

环形阵列后的效果如图 14.1.6（b）所示。

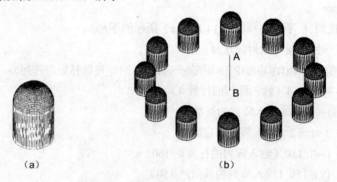

图 14.1.6　三维环形阵列

（a）原始图形；（b）效果图

第二节　编辑三维实体对象

在 AutoCAD 2007 中，可以使用各种编辑命令对实体对象进行布尔运算、分解、倒角和圆角、剖切、加厚等编辑操作，而且还可以单独对实体的面和边进行编辑。

一、三维实体的布尔运算

在 AutoCAD 中，使用布尔运算对实体进行并集、差集、交集和干涉操作，可以创建出各种复杂的实体对象。

1. 对实体进行并集运算

使用并集运算可以将多个相交或不相交的实体对象组合成一个实体对象。如果多个对象不相交，则并集运算后的显示效果与原图形相同,但实际上并集后的所有对象均被视做一个对象。在 AutoCAD 2007 中,执行并集运算命令的方法有以下 3 种:

(1)单击"实体编辑"工具栏中的"并集"按钮 ⑩ 。

(2)选择 修改(M) → 实体编辑(N) → ⑩ 并集(U) 命令。

(3)在命令行中输入命令 union。

执行并集命令后,命令行提示如下:

命令: _union

选择对象:(选择需要进行并集运算的对象,至少两个)

选择对象:(按回车键结束命令)

如图 14.2.1 所示为对实体并集运算的效果。

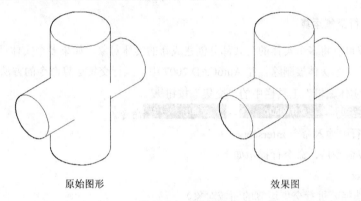

原始图形　　　　　　　　　　　　效果图

图 14.2.1　并集运算

2．对实体进行差集运算

使用差集运算可以从一些实体中减去另一些实体,从而得到新的实体。如果被减去的实体与原实体相交,且小于原实体,则差集运算后会创建出一个新的实体对象;如果被减去的实体大于原实体,或被减去的实体与原实体不相交,则执行差集运算后实体对象被删除。在 AutoCAD 2007 中,执行差集运算命令的方法有以下 3 种:

(1)单击"实体编辑"工具栏中的"差集"按钮 ⑩ 。

(2)选择 修改(M) → 实体编辑(N) → ⑩ 差集(S) 命令。

(3)在命令行中输入命令 subtract。

执行差集命令后,命令行提示如下:

命令: _subtract

选择要从中减去的实体或面域...(系统提示)

选择对象:(选择作为减数的对象)

选择对象:(按回车键结束作为减数对象的选择)

选择要减去的实体或面域...(系统提示)

选择对象:(选择作为被减数的对象)

选择对象:(按回车键结束对象选择,同时结束差集命令)

如图 14.2.2 所示为差集运算的效果。

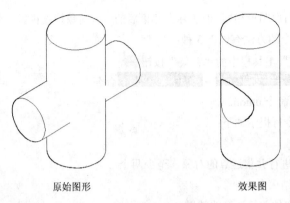

原始图形   效果图

图 14.2.2   差集运算

3．对实体进行交集运算

使用交集运算可以将多个实体的公共部分创建成新的实体对象。如果多个实体没有相交的部分，则执行交集运算后多个实体被删除。在 AutoCAD 2007 中，执行交集运算命令的方法有以下 3 种：

（1）单击"实体编辑"工具栏中的"交集"按钮 。

（2）选择 修改(M) → 实体编辑(N) → 交集(I) 命令。

（3）在命令行中输入命令 intersect。

执行交集运算命令后，命令行提示如下：

命令: _intersect

选择对象:（选择要进行交集运算的面域对象）

选择对象:（按回车键结束交集运算命令）

如图 14.2.3 所示为交集运算的效果。

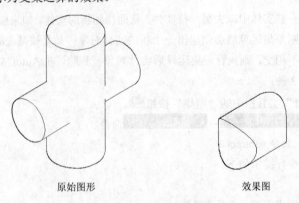

原始图形   效果图

图 14.2.3   交集运算

4．对实体进行干涉运算

使用干涉运算可以用多个实体的交集生成一个新实体，同时将原实体保留下来。在 AutoCAD 2007 中，执行干涉运算命令的方法有以下两种：

（1）选择 修改(M) → 三维操作(3) → 干涉检查(I) 命令。

（2）在命令行中输入命令 interfere。

执行干涉检查命令后，命令行提示如下：

命令: _interfere

选择第一组对象或 [嵌套选择(N)/设置(S)]:（选择一组对象）

选择第一组对象或 [嵌套选择(N)/设置(S)]:（选择下一组对象）

选择第一组对象或 [嵌套选择(N)/设置(S)]:（按回车键结束对象选择）

选择第二组对象或 [嵌套选择(N)/检查第一组(K)] <检查>:（按回车键执行干涉检查）

执行干涉检查命令后，弹出 干涉检查 对话框，如图 14.2.4 所示，同时干涉对象亮显，如图 14.2.5 所示。

 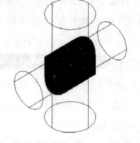

图 14.2.4 "干涉检查"对话框   图 14.2.5 干涉对象

在该对话框中的 干涉对象 选项组中显示了干涉检查的各种信息，单击该对话框中 亮显 选项组中的 上一个(P) 和 下一个(N) 按钮可以查看干涉后的对象，或者单击该对话框右边的"实时缩放"按钮 、"实时平移"按钮 、"三维动态观察器"按钮 观察干涉后的对象。取消选中该对话框下边的 关闭时删除已创建的干涉对象(D) 复选框，单击 关闭(C) 按钮保留创建的干涉实体。

二、分解实体

使用分解命令可以将实体分解为一系列面域和主体。实体被分解后，平面部分被转换成面域，曲面部分被转换成主体。如果继续对分解生成的面域和主体使用分解命令，这些面域和主体就会被分解成直线、圆和圆弧等基本图形对象。在 AutoCAD 2007 中，执行分解命令的方法有以下 3 种：

（1）单击"修改"工具栏中的"分解"按钮 。

（2）选择 修改(M) → 分解(X) 命令。

（3）在命令行中输入命令 explode 后按回车键。

如图 14.2.6 所示为分解实体的效果。

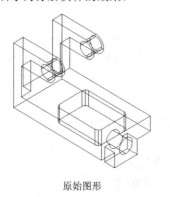 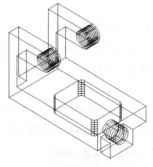

原始图形   效果图

图 14.2.6 分解实体

三、对实体倒角和圆角

在 AutoCAD 2007 中，使用倒角和圆角命令不仅可以对平面图形进行编辑，而且还可以对实体模型进行编辑，但具体操作却有所不同。

1．对实体倒角

使用倒角命令可以对实体的棱边进行编辑，在两个相邻曲面之间生成一个平坦的过渡面。在 AutoCAD 2007 中，执行倒角命令的方法有以下 3 种：

（1）单击"修改"工具栏中的"倒角"按钮 ▭ 。

（2）选择 修改(M) → 倒角(C) 命令。

（3）在命令行中输入命令 chamfer。

执行倒角命令后，命令行提示如下：

命令：_chamfer

（"修剪"模式) 当前倒角距离 1 = 0.0000，距离 2 = 0.0000（系统提示）

选择第一条直线或 [放弃(U)/多段线(P)/距离(D)/角度(A)/修剪(T)/方式(E)/多个(M)]：（选择三维实体模型）

基面选择...（系统提示）

输入曲面选择选项 [下一个(N)/当前(OK)] <当前>：（选择曲面）

指定基面的倒角距离 <1.0000>：（指定基面倒角距离）

指定其他曲面的倒角距离 <1.0000>：（指定另外曲面的倒角距离）

选择边或 [环(L)]：（指定用于倒角的边）

选择边或 [环(L)]：（按回车键结束命令）

其中各命令选项功能介绍如下：

（1）下一个(N)：选择此命令选项，更换选择基面。

（2）当前(OK)：选择此命令选项，指定当前选择面作为基面。

（3）选择边：选择此命令选项，表示选择基面上的一条或多条边。

（4）环(L)：选择此命令选项，表示一次选择基面上的所有边。

例如，使用倒角命令对如图 14.2.7（a）所示图形中实体的棱边进行倒角，具体操作步骤如下：

命令：_chamfer

（"修剪"模式) 当前倒角距离 1 = 0.0000，距离 2 = 0.0000（系统提示）

选择第一条直线或 [放弃(U)/多段线(P)/距离(D)/角度(A)/修剪(T)/方式(E)/多个(M)]：（选择如图 14.2.7（a）所示图形中的面 a）

基面选择...（系统提示）

输入曲面选择选项 [下一个(N)/当前(OK)] <当前(OK)>：（按回车键）

指定基面的倒角距离 <0.0000>：3（输入第一个倒角距离）

指定其他曲面的倒角距离 <0.0000>：5（输入第二个倒角距离）

选择边或 [环(L)]： （选择如图 14.2.7（a）所示图形中的边 AB）

选择边或 [环(L)]：（按回车键结束命令）

对实体边倒角后的效果如图 14.2.7（b）所示。

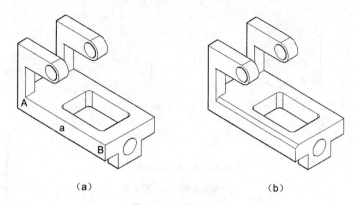

图 14.2.7　对实体倒角

（a）原始图形；（b）效果图

2．对实体圆角

使用圆角命令可以对实体的棱边进行编辑，在两个相邻曲面之间生成一个圆滑的过渡面。在 AutoCAD 2007 中，执行圆角命令的方法有以下 3 种：

（1）单击"修改"工具栏中的"圆角"按钮 。

（2）选择 修改(M) → 圆角(F) 命令。

（3）在命令行中输入命令 fillet。

执行该命令后，命令行提示如下：

命令: _fillet

当前设置: 模式 = 修剪，半径 = 0.0000（系统提示）

选择第一个对象或 [放弃(U)/多段线(P)/半径(R)/修剪(T)/多个(M)]:（选择要进行圆角的边）

输入圆角半径:（指定圆角的半径）

选择边或 [链(C)/半径(R)]:（指定圆角的边）

选择边或 [链(C)/半径(R)]:（按回车键结束命令）

其中各命令选项的功能介绍如下：

（1）选择边：此命令选项为默认选项，可以选取三维对象的多条边，同时对其进行圆角操作。

（2）链(C)：选择此命令选项，当选取三维对象的一条边时，同时选取与其相切的边。

（3）半径(R)：选择此命令选项，可重新设置圆角的半径。

例如，用圆角命令对如图 14.2.8（a）所示图形中实体的棱边进行圆角操作，具体操作步骤如下：

命令: _fillet

当前设置: 模式 = 修剪，半径 = 0.0000（系统提示）

选择第一个对象或 [放弃(U)/多段线(P)/半径(R)/修剪(T)/多个(M)]:（选择如图 14.2.8（a）所示图形中的边 AB）

输入圆角半径 <0.0000>: 10（输入圆角半径）

选择边或 [链(C)/半径(R)]:（按回车键结束命令）

已选定 1 个边用于圆角。（系统提示）

对实体边圆角后的效果如图 14.2.8（b）所示。

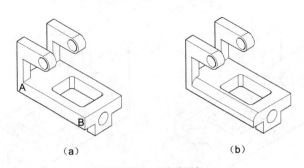

图 14.2.8　对实体圆角

（a）原始图形；（b）效果图

四、剖切实体

使用剖切命令可以将指定的实体以平面进行剖切。在 AutoCAD 2007 中，执行剖切命令的方法有以下两种：

（1）选择 修改(M) → 三维操作(3) → 剖切(S) 命令。

（2）在命令行中输入命令 slice。

执行该命令后，命令行提示如下：

命令：_slice

选择对象：（选择要进行剖切的实体对象）

选择对象：（按回车键结束对象选择）

指定切面上的第一个点，依照 [对象(O)/Z 轴(Z)/视图(V)/XY 平面(XY)/YZ 平面(YZ)/ZX 平面(ZX)/三点(3)] <三点>：（指定切面上的第一个点）

指定平面上的第二个点：（指定切面上的第二个点）

指定平面上的第三个点：（指定切面上的第三个点）

在要保留的一侧指定点或 [保留两侧(B)]：（指定要保留的一侧实体）

其中各命令选项功能介绍如下：

（1）对象(O)：选择此命令选项，将指定圆、椭圆、圆弧、椭圆弧、二维样条曲线或二维多段线为剪切面。

（2）Z 轴(Z)：选择此命令选项，通过平面上指定一点和在平面的 Z 轴（法向方向）上指定另一点来定义剪切平面。

（3）视图(V)：选择此命令选项，将指定当前视口的视图平面为剪切平面，指定一点定义剪切平面的位置。

（4）XY 平面(XY)：选择此命令选项，将指定当前用户坐标系（UCS）的 XY 平面为剪切平面。指定一点定义剪切平面的位置。

（5）YZ 平面(YZ)：选择此命令选项，将指定当前 UCS 的 YZ 平面为剪切平面，指定一点定义剪切平面的位置。

（6）ZX 平面(ZX)：选择此命令选项，将指定当前 UCS 的 ZX 平面为剪切平面，指定一点定义剪切平面的位置。

（7）三点(3)：选择此命令选项，指定三点来定义剪切平面，此选项为系统默认的定义剪切面的方法。

（8）在要保留的一侧指定点：选择此命令选项，定义一点从而确定图形将保留剖切实体的哪一侧，该点不能位于剪切平面上。

（9）保留两侧(B)：选择此命令选项，将剖切实体的两侧均保留。

例如，使用剖切命令对如图 14.2.9（a）所示图形进行剖切操作，并保留部分剖切后的实体，具体操作步骤如下：

命令：_slice

选择要剖切的对象：找到 1 个（选择如图 14.2.9（a）所示的图形）

选择要剖切的对象：（按回车键结束对象选择）

指定切面的起点或 [平面对象(O)/曲面(S)/Z 轴(Z)/视图(V)/XY/YZ/ZX/三点(3)] <三点>:（捕捉如图 14.2.9（a）所示图形中的中点 A）

指定平面上的第二个点：（捕捉如图 14.2.9（a）所示图形中的中点 B）

在所需的侧面上指定点或 [保留两个侧面(B)] <保留两个侧面>:（捕捉如图 14.2.9（a）所示图形中的中点 C）

该点不可以在剖切平面上。（系统提示）

在所需的侧面上指定点或 [保留两个侧面(B)] <保留两个侧面>:（捕捉如图 14.2.9（a）所示图形中的角点 D）

剖切实体后的效果如图 14.2.9（b）所示。

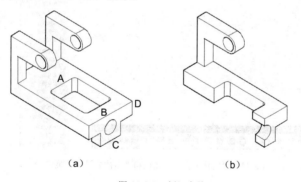

（a）   （b）

图 14.2.9 剖切实体

（a）原始图形；（b）效果图

五、加厚实体

使用加厚命令为曲面添加厚度，使其转换成实体对象。在 AutoCAD 2007 中，执行加厚命令的方法有以下两种：

（1）选择 修改(M) → 三维操作(3) ▶ 加厚(T) 命令。

（2）在命令行中输入命令 Thicken。

命令：_Thicken

选择要加厚的曲面：（选择要加厚的曲面）

选择要加厚的曲面：（按回车键结束对象选择）

指定厚度 <0.0000>:（输入厚度值）

例如，对如图 14.2.10（a）所示曲面图形添加厚度，使其转换成实体对象，效果如图 14.2.10（b）所示。

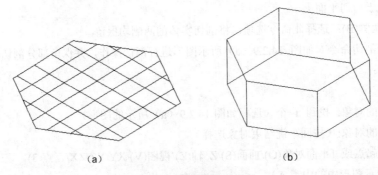

（a）　　　　　　　　　　　　　　　（b）

图 14.2.10　对曲面添加厚度

（a）原始图形；（b）效果图

六、编辑实体的面

AutoCAD 允许用户对实体的面单独进行编辑，单击"实体编辑"工具栏中的相应按钮，或选择
修改(M) → 实体编辑(N) ▶菜单子命令即可执行相应的操作，如图 14.2.11 所示。

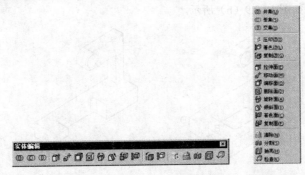

图 14.2.11　"实体编辑"工具栏和"实体编辑"子菜单

1. 拉伸面

使用拉伸面可以将实体的面拉伸指定的高度，或沿指定路径进行拉伸。在 AutoCAD 2007 中，执行拉伸面命令的方法有以下两种：

（1）单击"实体编辑"工具栏中的"拉伸面"按钮 [图]。

（2）选择 修改(M) → 实体编辑(N) ▶ → [图] 拉伸面(E) 命令。

执行该命令后，命令行提示如下：

命令：_solidedit

实体编辑自动检查：　SOLIDCHECK=1

输入实体编辑选项 [面(F)/边(E)/体(B)/放弃(U)/退出(X)] <退出>: _face

输入面编辑选项[拉伸(E)/移动(M)/旋转(R)/偏移(O)/倾斜(T)/删除(D)/复制(C)/颜色(L)/材质(A)/放弃(U)/退出(X)] <退出>: _extrude

选择面或 [放弃(U)/删除(R)]:（选择要拉伸的实体面）

选择面或 [放弃(U)/删除(R)/全部(ALL)]:（按回车键结束对象选择）

指定拉伸高度或 [路径(P)]:（指定拉伸的高度或选择拉伸的路径）

指定拉伸的倾斜角度 <0>:（指定拉伸的倾斜角度）

拉伸面的效果如图 14.2.12 所示。

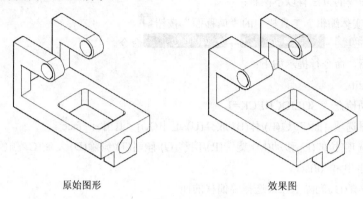

原始图形　　　　　　　　　　　　　效果图

图 14.2.12　拉伸面

2. 移动面

使用移动面命令可以按指定的高度或距离移动选定的实体面。在 AutoCAD 2007 中，执行移动面命令的方法有以下两种：

（1）单击"实体编辑"工具栏中的"移动面"按钮。

（2）选择 修改(M) → 实体编辑(N) → 移动面(M) 命令。

执行此命令后，命令行提示如下：

命令: _solidedit

实体编辑自动检查:　SOLIDCHECK=1

输入实体编辑选项 [面(F)/边(E)/体(B)/放弃(U)/退出(X)] <退出>: _face

输入面编辑选项[拉伸(E)/移动(M)/旋转(R)/偏移(O)/倾斜(T)/删除(D)/复制(C)/颜色(L)/材质(A)/放弃(U)/退出(X)] <退出>: _move

选择面或 [放弃(U)/删除(R)]:（选择要移动的面）

选择面或 [放弃(U)/删除(R)/全部(ALL)]:（按回车键结束对象选择）

指定基点或位移:（指定移动的基点）

指定位移的第二点:（指定位移的第二点）

移动面的效果如图 14.2.13 所示。

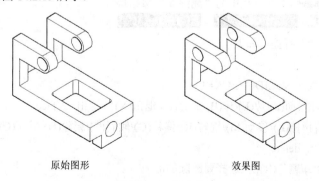

原始图形　　　　　　　　　　　　　效果图

图 14.2.13　移动面

3. 偏移面

使用偏移面命令可以按指定的距离或通过指定的点将实体的面均匀地移动。在 AutoCAD 2007 中，执行偏移面命令的方法有以下两种：

（1）单击"实体编辑"工具栏中的"偏移面"按钮 回 。

（2）选择 修改(M) → 实体编辑(N) → 偏移面(O) 命令。

执行此命令后，命令行提示如下：

命令: _solidedit

实体编辑自动检查:　SOLIDCHECK=1

输入实体编辑选项 [面(F)/边(E)/体(B)/放弃(U)/退出(X)] <退出>: _face

输入面编辑选项[拉伸(E)/移动(M)/旋转(R)/偏移(O)/倾斜(T)/删除(D)/复制(C)/颜色(L)/材质(A)/放弃(U)/退出(X)] <退出>: _offset

选择面或 [放弃(U)/删除(R)]:（选择要偏移的面）

选择面或 [放弃(U)/删除(R)/全部(ALL)]:（按回车键结束对象选择）

指定偏移距离:（指定偏移的距离）

偏移面的效果如图 14.2.14 所示。

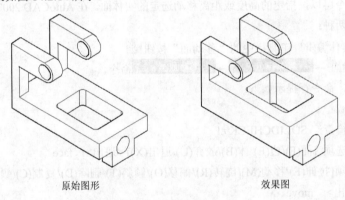

原始图形　　　　　　　　　　　　　　　　效果图

图 14.2.14　偏移面

4. 删除面

使用删除面命令可以将实体表面不用的对象清除掉，包括圆角和倒角等对象。在 AutoCAD 2007 中，执行删除面命令的方法有以下两种：

（1）单击"实体编辑"工具栏中的"删除面"按钮 図 。

（2）选择 修改(M) → 实体编辑(N) → 删除面(D) 命令。

执行此命令后，命令行提示如下：

命令: _solidedit

实体编辑自动检查:　SOLIDCHECK=1

输入实体编辑选项 [面(F)/边(E)/体(B)/放弃(U)/退出(X)] <退出>: _face

输入面编辑选项[拉伸(E)/移动(M)/旋转(R)/偏移(O)/倾斜(T)/删除(D)/复制(C)/颜色(L)/材质(A)/放弃(U)/退出(X)] <退出>:_delete

选择面或 [放弃(U)/删除(R)]:（选择要删除的面）

选择面或 [放弃(U)/删除(R)/全部(ALL)]:（按回车键结束命令）

删除面的效果如图 14.2.15 所示。

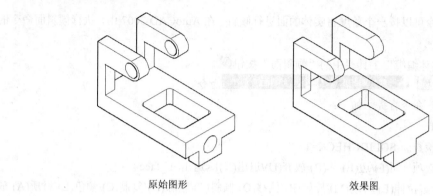

原始图形　　　　　　　　效果图

图 14.2.15　删除面

5．旋转面

使用旋转面命令可以绕指定的轴旋转一个或多个面或实体的某些部分。在 AutoCAD 2007 中，执行旋转面命令的方法有以下两种：

（1）单击"实体编辑"工具栏中的"旋转面"按钮 。

（2）选择 修改(M) → 实体编辑(N) → 旋转面(A) 命令。

执行此命令后，命令行提示如下：

命令: _solidedit

实体编辑自动检查：　SOLIDCHECK=1

输入实体编辑选项 [面(F)/边(E)/体(B)/放弃(U)/退出(X)] <退出>: _face

输入面编辑选项[拉伸(E)/移动(M)/旋转(R)/偏移(O)/倾斜(T)/删除(D)/复制(C)/颜色(L)/材质(A)/放弃(U)/退出(X)] <退出>: _rotate

选择面或 [放弃(U)/删除(R)]：（选择要旋转的面）

选择面或 [放弃(U)/删除(R)/全部(ALL)]：（按回车键结束对象选择）

指定轴点或 [经过对象的轴(A)/视图(V)/X 轴(X)/Y 轴(Y)/Z 轴(Z)] <两点>：（指定旋转轴的第一点）

在旋转轴上指定第二个点：（指定旋转轴的第二点）

指定旋转角度或 [参照(R)]：（指定旋转角度）

旋转面的效果如图 14.2.16 所示。

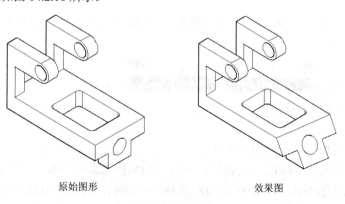

原始图形　　　　　　　　效果图

图 14.2.16　旋转面

6. 倾斜面

使用倾斜面命令可以按一个角度将实体的面进行倾斜。在 AutoCAD 2007 中，执行倾斜面命令的方法有以下两种：

（1）单击"实体编辑"工具栏中的"倾斜面"按钮 。

（2）选择 修改(M) → 实体编辑(N) → 倾斜面(T) 命令。

执行此命令后，命令行提示如下：

命令: _solidedit

实体编辑自动检查: SOLIDCHECK=1

输入实体编辑选项 [面(F)/边(E)/体(B)/放弃(U)/退出(X)] <退出>: _face

输入面编辑选项[拉伸(E)/移动(M)/旋转(R)/偏移(O)/倾斜(T)/删除(D)/复制(C)/颜色(L)/材质(A)/放弃(U)/退出(X)] <退出>: _taper

选择面或 [放弃(U)/删除(R)]:（选择要倾斜的面）

选择面或 [放弃(U)/删除(R)/全部(ALL)]:（按回车键结束对象选择）

指定基点:（指定倾斜轴的第一点）

指定沿倾斜轴的另一个点:（指定倾斜轴的第二点）

指定倾斜角度:（指定倾斜角）

倾斜面的效果如图 14.2.17 所示。

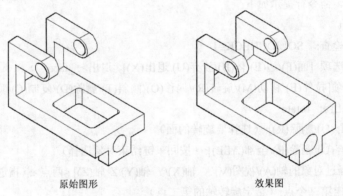

原始图形　　　　　　　　　　　　　效果图

图 14.2.17　倾斜面

7. 着色面

使用着色面命令可以为实体的面选择指定的颜色。在 AutoCAD 2007 中，执行着色面命令的方法有以下两种：

（1）单击"实体编辑"工具栏中的"着色面"按钮 。

（2）选择 修改(M) → 实体编辑(N) → 着色面(C) 命令。

执行此命令后，命令行提示如下：

命令: _solidedit

实体编辑自动检查: SOLIDCHECK=1

输入实体编辑选项 [面(F)/边(E)/体(B)/放弃(U)/退出(X)] <退出>: _face

输入面编辑选项[拉伸(E)/移动(M)/旋转(R)/偏移(O)/倾斜(T)/删除(D)/复制(C)/颜色(L)/材质(A)/放弃(U)/退出(X)] <退出>: _color

选择面或 [放弃(U)/删除(R)]:（选择要着色的面）

系统弹出 选择颜色 对话框，在该对话框中为实体的面选择一种颜色，然后单击 确定 按钮结束命令。着色面的效果如图 14.2.18 所示。

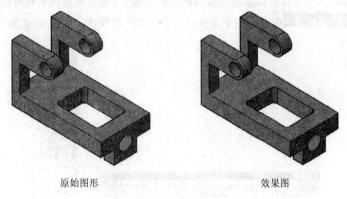

原始图形　　　　　　　　　　　　效果图

图 14.2.18　着色面

8．复制面

使用复制面命令可以为三维实体的面创建副本。在 AutoCAD 2007 中，执行复制面命令的方法有以下两种：

（1）单击"实体编辑"工具栏中的"复制面"按钮 。

（2）选择 修改(M) → 实体编辑(N) → 复制面(F) 命令。

执行此命令后，命令行提示如下：

命令: _solidedit

实体编辑自动检查： SOLIDCHECK=1

输入实体编辑选项 [面(F)/边(E)/体(B)/放弃(U)/退出(X)] <退出>: _face

输入面编辑选项[拉伸(E)/移动(M)/旋转(R)/偏移(O)/倾斜(T)/删除(D)/复制(C)/颜色(L)/材质(A)/放弃(U)/退出(X)] <退出>: _copy

选择面或 [放弃(U)/删除(R)]:（选择要复制的面）

选择面或 [放弃(U)/删除(R)/全部(ALL)]:（按回车键结束对象选择）

指定基点或位移:（指定复制面的基点）

指定位移的第二点:（指定位移的第二点）

复制面的效果如图 14.2.19 所示。

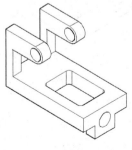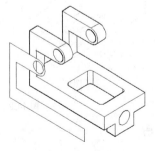

原始图形　　　　　　　　　　　　效果图

图 14.2.19　复制面

七、编辑实体的边

在 AutoCAD 2007 中，不仅可以单独对实体的面进行编辑，而且还可以单独对实体的边进行编辑。选择 修改(M) → 实体编辑(N) 菜单中的子命令即可执行相应的操作，如图 14.2.20 所示。

图 14.2.20　"实体编辑"工具栏和"实体编辑"子菜单

1. 对实体压印边

使用压印命令可以在实体的表面压制出一个对象。在 AutoCAD 2007 中，执行压印命令的方法有以下两种：

（1）单击"实体编辑"工具栏中的"压印"按钮 。

（2）选择 修改(M) → 实体编辑(N) → 压印边(I) 命令。

执行该命令后，命令行提示如下：

命令: _imprint

选择三维实体：（选择要压印的三维实体）

选择要压印的对象：（选择要压印的对象）

是否删除源对象 [是(Y)/否(N)] <N>：（选择是否删除源对象）

选择要压印的对象：（按回车键结束命令）

压印的效果如图 14.2.21 所示。

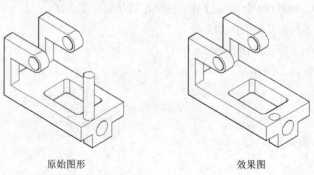

原始图形　　　　　　　　　　效果图

图 14.2.21　压印效果

2. 对实体着色边

使用着色边命令可以对实体的边进行着色。在 AutoCAD 2007 中，执行着色边命令的方法有以下两种：

（1）单击"实体编辑"工具栏中的"着色边"按钮 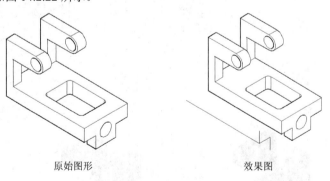。

（2）选择 修改(M) → 实体编辑(N) ▶ 着色边(L) 命令。

执行此命令后，命令行提示如下：

命令：_solidedit

实体编辑自动检查：　SOLIDCHECK=1

输入实体编辑选项 [面(F)/边(E)/体(B)/放弃(U)/退出(X)] <退出>：_edge

输入边编辑选项 [复制(C)/着色(L)/放弃(U)/退出(X)] <退出>：_color

选择边或 [放弃(U)/删除(R)]：（选择要着色的边后按回车键）

系统弹出 选择颜色 对话框，在该对话框中为实体的边选择一种颜色，然后单击 确定 按钮结束命令。

3．对实体复制边

使用复制边命令可以复制实体的边。在 AutoCAD 2007 中，执行复制边命令的方法有以下两种：

（1）单击"实体编辑"工具栏中的"复制边"按钮 。

（2）选择 修改(M) → 实体编辑(N) ▶ 复制边(G) 命令。

执行此命令后，命令行提示如下：

命令：_solidedit

实体编辑自动检查：　SOLIDCHECK=1

输入实体编辑选项 [面(F)/边(E)/体(B)/放弃(U)/退出(X)] <退出>：_edge

输入边编辑选项 [复制(C)/着色(L)/放弃(U)/退出(X)] <退出>：_copy

选择边或 [放弃(U)/删除(R)]：（选择要复制的边）

选择边或 [放弃(U)/删除(R)]：（按回车键结束对象选择）

指定基点或位移：（指定复制边的基点）

指定位移的第二点：（指定位移的第二点）

复制边的效果如图 14.2.22 所示。

原始图形　　　　　　　　　　　　　　　效果图

图 14.2.22　复制边

第三节　视觉样式

视觉样式决定了三维实体的显示效果。在 AutoCAD 2007 中，单击"视觉样式"工具栏中的相应按钮，或选择 视图(V) → 视觉样式(S) ▶ 菜单中的子命令，可以改变三维实体的视觉样式，如

图 14.3.1 所示。

图 14.3.1　"视觉样式"工具栏和"视觉样式"子菜单

一、应用视觉样式

AutoCAD 2007 为用户提供了 5 种视觉样式，分别为"二维线框"、"三维线框"、"三维隐藏"、"真实"和"概念"。在这些视觉样式下，用户对实体的平移和缩放等操作都不会影响实体的显示效果。

（1）二维线框：该模式用于显示直线和曲线表示边界的对象。光栅和 OLE 对象、线型和线宽均可见。

（2）三维线框：该模式用于显示用直线和曲线表示边界的对象，同时显示三维坐标球和已经使用的材质颜色。

（3）三维隐藏：该模式用于显示用三维线框表示的对象，并隐藏当前视图中看不到的直线。

（4）真实：该模式用于着色多边形平面间的对象，并使对象的边平滑化，同时显示已附着到对象的材质。

（5）概念：该模式用于着色多边形平面间的对象，并使对象的边平滑化。着色使用古氏面样式，一种冷色和暖色之间的过渡而不是从深色到浅色的过渡。该模式下显示的对象效果缺乏真实感，但可以更方便地查看对象的细节。

各种视觉样式显示的效果如图 14.3.2 所示。

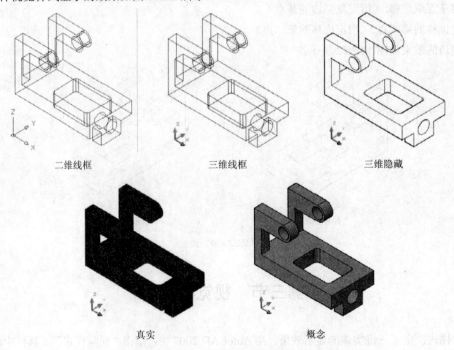

图 14.3.2　三维实体在不同视觉样式下的显示效果

二、管理视觉样式

在 AutoCAD 2007 中可以使用多种视觉样式显示三维实体，而且还可以创建新的视觉样式。选择 视图(V) → 视觉样式(S) → 视觉样式管理器(V)... 命令，或单击"视觉样式"工具栏中的"管理视觉样式"按钮，在打开的 视觉样式管理器 选项板中对各种视觉样式进行管理，如图 14.3.3 所示。

该选项板中各选项功能介绍如下：

（1） 图形中的可用视觉样式 列表框：该列表框中列出了当前所有可以使用的视觉样式，选中某一种视觉样式后，单击该列表框下边的"将选定的视觉样式应用于当前视口"按钮，即可改变当前视口中实体的显示效果。

（2）"创建新视觉样式"按钮：单击此按钮，弹出 创建新的视觉样式 对话框，如图 14.3.4 所示，在该对话框中的 名称: 文本框中输入新建视觉样式的名称，在 说明: 文本框中输入新建文本框的说明，单击 确定 按钮后即可创建新的视觉样式。

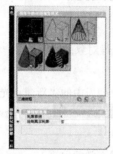

图 14.3.3　"视觉样式管理器"选项板　　图 14.3.4　"创建新的视觉样式"对话框

（3）"将选定的视觉样式应用于当前视口"按钮：在 图形中的可用视觉样式 列表框中选中一种视觉样式后，单击此按钮即可改变当前视口中实体的显示效果。

（4）"将选定的视觉样式输出到工具选项板"按钮：单击此按钮，在"工具选项板"中创建视觉样式按钮。

（5）"删除选定的视觉样式"按钮：在 图形中的可用视觉样式 列表框中选定创建的视觉样式，单击此按钮后即可将其删除。

在 视觉样式管理器 选项板的参数选项区中可以设置选定样式的面设置、环境设置、边设置等参数的相关信息，以进一步设置视觉样式。

第四节　渲染对象

使用渲染命令可以创建出更加逼真的三维效果。选择 视图(V) → 渲染(E) 命令中的子命令或单击"渲染"工具栏中的相应按钮，即可执行渲染以及在渲染前的各项操作，如图 14.4.1 所示。

"渲染"子菜单命令　　　　　　　"渲染"工具栏

图 14.4.1　"渲染"子菜单命令和"渲染"工具栏

一、设置光源

光源是渲染过程中非常重要的一个条件，它由强度和颜色两个因素决定，直接反映了三维实体表面的光照情况。在 AutoCAD 2007 中，用户可以为三维实体设置自然光、点光源、平行光和聚光灯等一种或多种光源。单击"渲染"工具栏中的"光源"按钮，或选择 视图(V) → 渲染(E) → 光源(L) → 菜单中的子命令可以创建和管理光源，如图 14.4.2 所示。

图 14.4.2　"光源"下拉列表和"光源"子菜单

1．创建光源

AutoCAD 系统默认的光源为自然光，如果要突出表现三维对象的光照效果，还可以创建点光源、聚光灯或平行光，具体操作方法如下：

（1）创建点光源：单击"渲染"工具栏中"光源"下拉列表中的"新建点光源"按钮，或选择 视图(V) → 渲染(E) → 光源(L) → 新建点光源(P) 命令，命令行提示如下：

命令：_pointlight

指定源位置 <0，0，0>:（用鼠标指定光源位置或直接输入光源位置）

输入要更改的选项 [名称(N)/强度(I)/状态(S)/阴影(W)/衰减(A)/颜色(C)/退出(X)] <退出>:（按回车键结束命令或选择设置其他选项）

（2）创建聚光灯：单击"渲染"工具栏中"光源"下拉列表中的"新建聚光灯"按钮，或选择 视图(V) → 渲染(E) → 光源(L) → 新建聚光灯(S) 命令，命令行提示如下：

命令：_spotlight

指定源位置 <0，0，0>:（指定光源位置）

指定目标位置 <128，256，143>:（指定目标对象位置）

输入要更改的选项 [名称(N)/强度(I)/状态(S)/聚光角(H)/照射角(F)/阴影(W)/衰减(A)/颜色(C)/退出(X)]:（按回车键结束命令）

（3）创建平行光：单击"渲染"工具栏中"光源"下拉列表中的"新建平行光"按钮，或选择 视图(V) → 渲染(E) → 光源(L) → 新建平行光(D) 命令，命令行提示如下：

命令：_distantlight

指定光源方向 FROM <0，0，0> 或 [矢量(V)]:（指定光源来的方向）

指定光源方向 TO <1，1，1>:（指定光源去的方向）

输入要更改的选项[名称(N)/强度(I)/状态(S)/阴影(W)/颜色(C)/退出(X)]<退出>:（按回车键退出命令）

2．管理光源

当在图形中创建多个光源时，可以通过单击"渲染"工具栏中"光源"下拉列表中的"光源列表"按钮，或选择 视图(V) → 渲染(E) → 光源(L) → 光源列表(L) 命令，在弹出的 模型中的光源 选项板中查看和管理所有光源，如图 14.4.3 所示。

二、设置材质

在渲染对象时,可以为对象附着合适的材质,增强渲染对象的真实感。单击"渲染"工具栏中的"材质"按钮 █,或选择 视图(V) → 渲染(E) → ░ 材质(M)... 命令,在弹出的 █ ░ 材质 选项板中可以为对象附着材质,如图 14.4.4 所示。

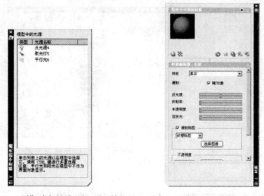

图 14.4.3 "模型中的光源"选项板 　　图 14.4.4 "材质"选项板

三、设置贴图

贴图是指在渲染对象时将材质映射到对象上。在 AutoCAD 2007 中,贴图的方式有 4 种,分别为平面贴图、长方体贴图、柱面贴图和球面贴图,单击"渲染"工具栏中的"贴图"下拉列表中的相应按钮,或选择 视图(V) → 渲染(E) → 贴图(A) 菜单中的子命令即可设置贴图方式,如图 14.4.5 所示。

四、渲染环境

渲染环境是指在渲染对象时进行的雾化和深度设置,单击"渲染"工具栏中的"渲染环境"按钮 █,或选择 视图(V) → 渲染(E) → 渲染环境(E)... 命令,在弹出的 渲染环境 对话框中可以设置雾化和深度的启用或关闭、颜色、背景和距离等,如图 14.4.6 所示。

图 14.4.5 "贴图"下拉列表和"贴图"子菜单 　　图 14.4.6 "渲染环境"对话框

五、设置高级渲染环境

渲染环境设置只对雾化和深度进行设置,如果要进一步对渲染环境进行设置,可以单击"渲染"工具栏中的"高级渲染设置"按钮 █,或选择 视图(V) → 渲染(E) → 高级渲染设置(D)...

命令，在弹出的  选项板中进行设置，如图 14.4.7 所示。

高级渲染设置包括了渲染类型的基本、光线跟踪间接发光、诊断、处理等参数设置。高级渲染设置可以分为"草稿"、"低"、"中"、"高"和"演示" 5 种，同时还可以在"选择渲染预设"下拉列表中选择"管理渲染预设"选项，在弹出的渲染预设管理器对话框中自定义渲染预设，如图 14.4.8 所示。

图 14.4.7 "高级渲染设置"选项板　　　　图 14.4.8 "渲染预设管理器"对话框

第五节　绘制固件连接架

本节综合运用本章所学的知识绘制如图 14.5.1 所示的固件连接架，操作步骤如下：

图 14.5.1

（1）选择 视图(V) → 三维视图(D) → 东南等轴测(E) 命令，转换视图。单击"建模"工具栏中的"长方体"按钮，在绘图窗口中绘制一个长为 130，宽为 130，高为 15 的长方体。然后单击"修改"工具栏中的"圆角"按钮，设置圆角半径为 4，对绘制的长方体的 4 条棱边进行圆角操作，效果如图 14.5.2 所示。

（2）单击"建模"工具栏中的"圆柱体"按钮，以如图 14.5.3 所示图形中的端点为圆心，绘制一个底面半径为 10，高为 15 的圆柱体，效果如图 14.5.4 所示。然后单击"修改"工具栏中的"移动"按钮，将圆柱体移动到（@-10，20，0）点，效果如图 14.5.5 所示。

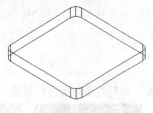

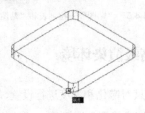

图 14.5.2　　　　　　　　　　　　图 14.5.3

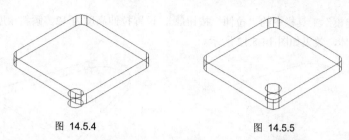

图 14.5.4　　　　　　　　　图 14.5.5

（3）单击"修改"工具栏中的"阵列"按钮 ▦，在弹出的 █阵列 对话框中设置各项参数如图 14.5.6 所示，单击 确定 按钮对步骤（2）创建的圆柱体进行矩形阵列，效果如图 14.5.7 所示。

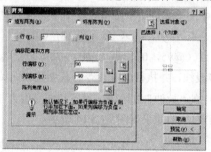

图 14.5.6　"阵列"对话框

（4）单击"建模"工具栏中的"差集"按钮 ⊙，用创建的圆角长方体减去阵列后的圆柱体，消隐后的效果如图 14.5.8 所示。

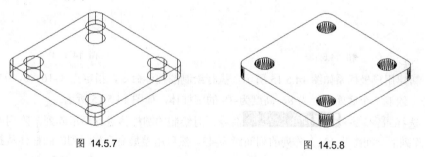

图 14.5.7　　　　　　　　　图 14.5.8

（5）执行绘制圆柱体命令，以长方体底面中心点为圆柱体底面圆心，绘制一个半径为 40，高为 170 的圆柱体，如图 14.5.9 所示。

（6）单击"修改"工具栏中的"复制"按钮 ⊙，复制创建的长方体底板到圆柱体的另一个底面，效果如图 14.5.10 所示。

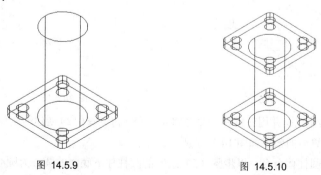

图 14.5.9　　　　　　　　　图 14.5.10

（7）在绘图窗口的空白处绘制如图 14.5.11 所示的图形，然后单击"绘图"工具栏中的"面域"按钮 ◙，将绘制的图形创建成面域对象。

（8）单击"建模"工具栏中的"拉伸"按钮 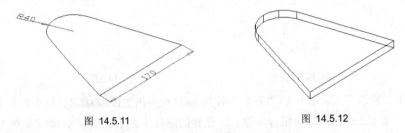，设置拉伸高度为 12，倾斜角度为 0，将创建的面域图形拉伸成实体，效果如图 14.5.12 所示。

图 14.5.11　　　　　　　　　　　　　　图 14.5.12

（9）单击"绘图"工具栏中的"多段线"按钮 ，在绘图窗口的空白处指定一点，然后依次指定多段线的端点为点（@6，0）、点（@0，40）、点（@-18，0）、点（@0，78）、点（@-95，0）、点（@-95，0）、点（@0，15）、点（@95，0）、点（@0，-78）、点（@18，0）、点（@0，40）和点（@-6，0），最后闭合绘制的多段线，并执行面域命令将其创建成面域对象，效果如图 14.5.13 所示。

（10）单击"建模"工具栏中的"拉伸"按钮 ，设置拉伸高度为 75，倾斜角度为 0，将图 14.5.13 所示的面域对象拉伸成实体，消隐后的效果如图 14.5.14 所示。

图 14.5.13　　　　　　　　　　　　　　图 14.5.14

（11）新建用户坐标系如图 14.5.15 所示。执行绘制圆柱体命令，指定点（-16，0，0）为圆柱体底面的圆心，绘制一个底面半径为 8，高度为-18 的圆柱体，如图 14.5.15 所示。

（12）选择 修改(M) → 阵列(A)... 命令，对绘制的圆柱体进行矩形阵列，阵列的行数和列数均为 2，阵列的行间距为 131，阵列的列间距为-43。然后用差集命令将阵列的圆柱体从拉伸的实体中减去，如图 14.5.16 所示。

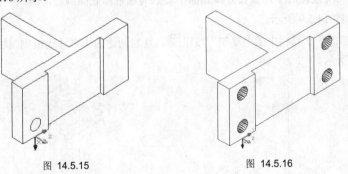

图 14.5.15　　　　　　　　　　　　　　图 14.5.16

（13）恢复世界坐标系，并用三维移动命令将步骤（8）和步骤（12）创建的实体移动到如图 14.5.17 所示的位置，并集运算后的效果如图 14.5.17 所示。

（14）执行绘制圆柱体命令，以步骤（5）绘制的圆柱体下底面的圆心为圆心，绘制一个底面半径为 34，高为 170 的圆柱体，用步骤（13）生成的实体减去该圆柱体，效果如图 14.5.18 所示。

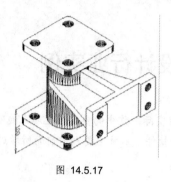

图 14.5.17

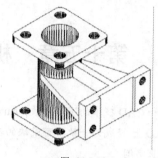

图 14.5.18

（15）为创建的实体附着材质，并添加合适的光源，渲染后的效果如图 14.5.1 所示。

习题十四

一、填空题

1. 在 AutoCAD 2007 中，对三维对象的操作包括_____、_____、_____、三维镜像和_____。

2. 在 AutoCAD 2007 中，可以使用_____、_____、_____、_____和_____5 种视觉样式显示三维对象。

二、选择题

1. 在 AutoCAD 2007 中，可以对实体的面单独进行编辑，如（　　）等。

    A．移动面　　　　　　　　　　　　B．旋转面

    C．倾斜面　　　　　　　　　　　　D．着色面

2. 光源是渲染过程中非常重要的一个条件，它由（　　）两个因素决定，直接反映了三维实体表面的光照情况。

    A．强度　　　　　　　　　　　　　B．颜色

    C．角度　　　　　　　　　　　　　D．时间

三、上机操作

绘制如题图 14.1 和题图 14.2 所示的三维图形。

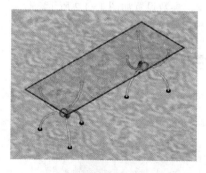

题图 14.1

题图 14.2

第十五章 机械设计行业实例

随着计算机和 CAD 技术的不断发展，AutoCAD 在实际工作中的重要性也越来越明显。在机械设计领域，AutoCAD 已经成为一款不可或缺的辅助设计软件。本章主要利用前面所学过的知识来绘制一些机械设计行业实例。

本章主要内容：

➥ 绘制圆螺母。

➥ 绘制蜗杆。

➥ 绘制轴承保持架。

实例 1　绘制圆螺母

1. 实例说明

本例将绘制圆螺母，如图 15.1.1 所示。在制作过程中，将用到直线、圆、偏移和修剪等命令。

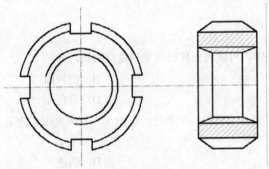

图 15.1.1　圆螺母

2. 创作步骤

（1）单击"标准"工具栏中的"图层特性管理器"按钮 ▓，在弹出的 **图层特性管理器** 对话框中新建"中心线"、"轮廓线"和"图案填充" 3 个图层，参数设置如图 15.1.2 所示。

图 15.1.2　"图层特性管理器"对话框

（2）设置"中心线"层为当前图层，单击"绘图"工具栏中的"直线"按钮✎，在绘图窗口中绘制两条相互垂直的直线，效果如图 15.1.3 所示。

（3）设置"轮廓线"层为当前图层，单击"绘图"工具栏中的"圆"按钮⊘，以中心线的交点为圆心，绘制一个直径为 17 的圆，效果如图 15.1.4 所示。

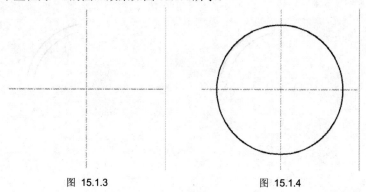

图 15.1.3   图 15.1.4

（4）单击"修改"工具栏中的"修剪"按钮✂，以中心线为修剪边，修剪绘制的圆，效果如图 15.1.5 所示。

（5）单击"修改"工具栏中的"偏移"按钮⬗，设置偏移距离为 1，将如图 15.1.5 所示图形中的圆弧向内进行偏移，偏移后的效果如图 15.1.6 所示。

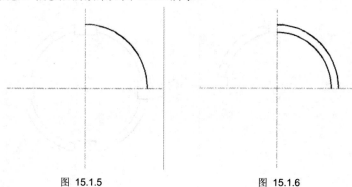

图 15.1.5   图 15.1.6

（6）执行偏移命令，设置偏移距离为 1.45，分别将水平中心线和垂直中心线向上和向右进行偏移，偏移后的效果如图 15.1.7 所示。

（7）执行修剪命令，以中心线为修剪边，对如图 15.1.7 所示图形中的圆弧进行修剪，修剪后的效果如图 15.1.8 所示。

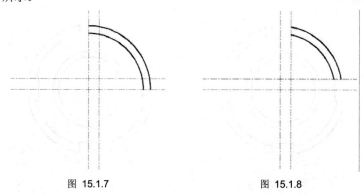

图 15.1.7   图 15.1.8

（8）执行偏移命令，设置偏移距离为 7，分别将步骤（2）绘制的中心线向右和向上进行偏移，偏移后的效果如图 15.1.9 所示。

（9）执行修剪命令，对如图 15.1.9 所示图形中的中心线进行修剪，修剪后的效果如图 15.1.10 所示。

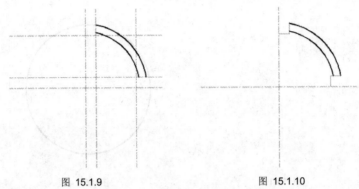

图 15.1.9　　　　　　　　　　　　图 15.1.10

（10）单击"标准"工具栏中的"特性匹配"按钮 ✐，将修剪后的中心线匹配到轮廓线层。

（11）单击"修改"工具栏中的"阵列"按钮 ▦，在弹出的 ▦阵列 对话框中选中 ⊙ 环形阵列(P) 单选按钮，设置阵列的中心点为中心线的交点，阵列的数目为 4，对如图 15.1.11 所示图形中轮廓线上的图形对象进行环形阵列，阵列后的效果如图 15.1.12 所示。

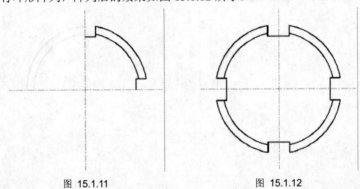

图 15.1.11　　　　　　　　　　　　图 15.1.12

（12）执行绘制圆命令，以中心线的交点为圆心，分别绘制直径为 8.5 和 10 的两个圆，效果如图 15.1.13 所示。

（13）单击"修改"工具栏中的"打断"按钮 ▭，将如图 15.1.13 所示图形中半径为 10 的圆打断其 1/4，效果如图 15.1.14 所示。

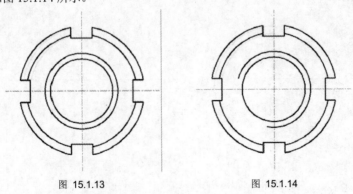

图 15.1.13　　　　　　　　　　　　图 15.1.14

（14）执行偏移命令，将如图 15.1.14 所示图形中的垂直中心线依次向右进行偏移，偏移距离分别为 16，2，4 和 2，效果如图 15.1.15 所示。

（15）单击"修改"工具栏中的"延伸"按钮 ，以如图 15.1.15 所示图形中最右边的垂直中心线为延伸边，延伸如图 15.1.15 所示图形中的直线和中心线，效果如图 15.1.16 所示。

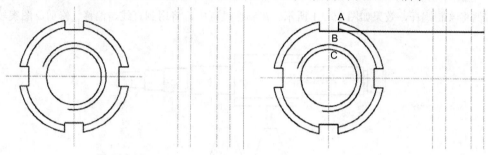

图 15.1.15　　　　　　　　　　　　　　图 15.1.16

（16）执行绘制直线命令，以如图 15.1.16 所示图形中的 A，B 和 C 点为起点，分别绘制 3 条水平的直线，然后再用直线连接如图 15.1.17 所示图形中的直线，效果如图 15.1.17 所示。

（17）执行修剪命令，对如图 15.1.17 所示图形进行修剪操作，效果如图 15.1.18 所示。

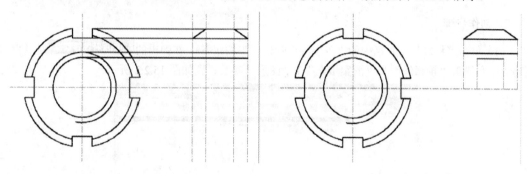

图 15.1.17　　　　　　　　　　　　　　图 15.1.18

（18）执行特性匹配命令，将修剪后的图形匹配到轮廓线层，然后再用直线连接 DE 和 FG，效果如图 15.1.19 所示。

（19）单击"修改"工具栏中的"镜像"按钮 ，以水平中心线为镜像线，对如图 15.1.19 所示图形进行镜像操作，效果如图 15.1.20 所示。

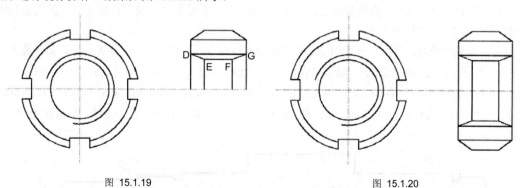

图 15.1.19　　　　　　　　　　　　　　图 15.1.20

（20）设置"图案填充"层为当前图层，单击"绘图"工具栏中的"图案填充"按钮 ，对如图 15.1.20 所示图形填充图案，效果如图 15.1.1 所示。

实例 2　绘制蜗杆

1. 实例说明

本例将绘制蜗杆，效果如图 15.2.1 所示。在制作过程中，将用到直线、偏移、修剪、图案填充等命令。

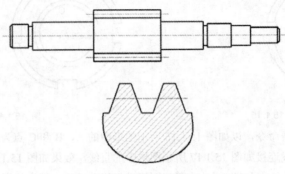

图 15.2.1　蜗杆

2. 创作步骤

（1）单击"标准"工具栏中的"图层特性管理器"按钮 ▓，在弹出的 图层特性管理器 对话框中新建"中心线"、"轮廓线"和"图案填充"3 个图层，参数设置如图 15.2.2 所示。

图 15.2.2　"图层特性管理器"对话框

（2）设置"中心线"层为当前图层，单击"绘图"工具栏中的"直线"按钮 ✏️，在绘图窗口中绘制一条长为 73 的水平中心线。

（3）设置"轮廓线"层为当前图层，执行绘制直线命令，以中心线左端点为起点，依次输入以下各点坐标（@0, 2.5）,（@0.5, 0.5）,（@4, 0）,（@0, -0.5）,（@1, 0）,（@0, 1）,（@16, 0）,（@0, 3）,（@17.5, 0）,（@0, 3）,（@11, 0）,（@0, 1）,（@1, 0）,（@0, 0.5）,（@6, 0）,（@0, -0.5）,（@5, 0）,（@0, -0.5）,（@7, 0）和（@0.5, -0.5），最后捕捉中心线的垂线，效果如图 15.2.3所示。

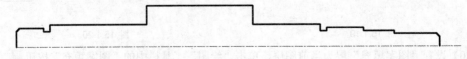

图 15.2.3

（4）单击"修改"工具栏中的"移动"按钮 ✛，将中心线水平向左移动两个单位。然后执行绘制直线命令，绘制如图 15.2.4 所示的垂线，效果如图 15.2.4 所示。

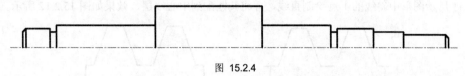

图 15.2.4

（5）单击"修改"工具栏中的"偏移"按钮，将中心线向上进行偏移，偏移距离为 5.5，利用打断命令将偏移后的中心线打断，效果如图 15.2.5 所示。

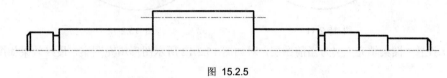

图 15.2.5

（6）执行偏移命令，将打断后的中心线向下进行偏移，偏移距离为 1，然后将其匹配到轮廓线层，修剪后的效果如图 15.2.6 所示。

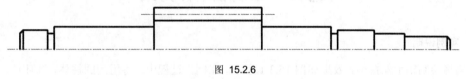

图 15.2.6

（7）单击"修改"工具栏中的"镜像"按钮，以下边中心线为镜像线，对绘制的图形进行镜像操作，效果如图 15.2.7 所示。

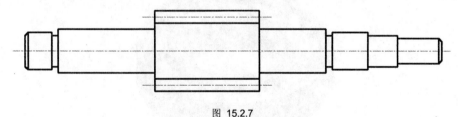

图 15.2.7

（8）执行绘制直线命令，在如图 15.2.7 所示图形下方的适合位置指定一点，依次输入坐标点(@3，0)，（@8<-70）和（@3，0)，按回车键结束命令，效果如图 15.2.8 所示。

（9）执行镜像命令，以如图 15.2.8 所示下边水平直线的中点和点（@0，3）所在直线为镜像线，对左边的两段直线进行镜像操作，效果如图 15.2.9 所示。

（10）再次执行镜像命令，对如图 15.2.9 所示图形进行镜像操作，最后删除多余的直线，效果如图 15.2.10 所示。

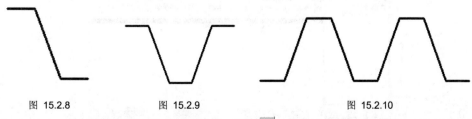

图 15.2.8   图 15.2.9   图 15.2.10

（11）单击"绘图"工具栏中的"样条曲线"按钮，在如图 15.2.10 所示图形中绘制样条曲线，效果如图 15.2.11 所示。

（12）执行修剪命令，对如图 15.2.11 所示的图形进行修剪。然后执行绘制直线命令，通过如图 15.2.11 所示图形中斜线的中点绘制直线，并将其匹配到中心线层，效果如图 15.2.12 所示。

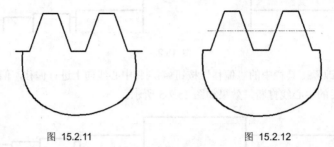

　　　　　图 15.2.11　　　　　　　　　　　　　　图 15.2.12

（13）设置"图案填充"层为当前图层，对如图 15.2.12 所示图形填充图案，最终效果如图 15.2.1 所示。

实例 3　绘制轴承保持架

1. 实例说明

本例将绘制轴承保持架，效果如图 15.3.1 所示。在制作过程中，将用到圆柱体、圆环体、球体、布尔运算、阵列、倒角等命令。

图 15.3.1　轴承保持架

2. 创作步骤

（1）单击"图层"工具栏中的"图层特性管理器"按钮 ，在弹出的 **图层特性管理器** 对话框中新建"外圈造型"、"内圈造型"和"保持架"3 个图层，参数设置如图 15.3.2 所示。

图 15.3.2　"图层特性管理器"对话框

　　（2）设置"外圈造型"层为当前图层，单击"建模"工具栏中的"圆柱体"按钮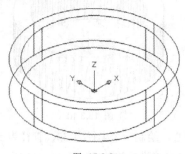，以当前坐标系原点为圆心，分别绘制底面半径为 **42.5** 和 **36.6**，高为 **19** 的圆柱体，效果如图 15.3.3 所示。

　　（3）单击"建模"工具栏中的"差集"按钮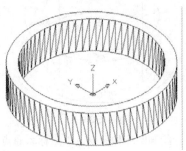，对步骤（1）绘制的两个圆柱体进行差集运算，消隐后的效果如图 15.3.4 所示。

图 15.3.3　　　　　　　　　　　　　　　　　　　图 15.3.4

　　（4）单击"建模"工具栏中的"圆环体"按钮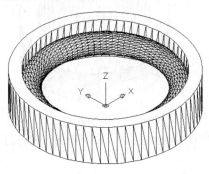，以坐标系原点为圆心，绘制一个半径为 **33**，管径为 **5** 的圆环体，并用移动命令将其向 Z 轴正方向移动，移动距离为 **9.5**，效果如图 15.3.5 所示。

　　（5）执行差集运算命令，对步骤（3）生成的实体与步骤（4）创建的圆环体进行差集运算，消隐后的效果如图 15.3.6 所示。

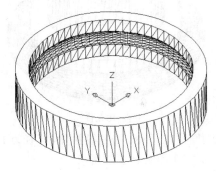

图 15.3.5　　　　　　　　　　　　　　　　　　　图 15.3.6

　　（6）单击"修改"工具栏中的"圆角"按钮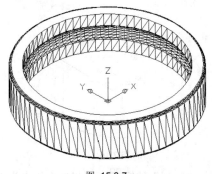，设置圆角半径为 **1.1**，对如图 15.3.6 所示图形的外圈进行圆角操作，效果如图 15.3.7 所示。

　　（7）再次执行圆角命令，设置圆角半径为 **0.5**，对如图 15.3.7 所示图形的内圈进行圆角操作，效果如图 15.3.8 所示。

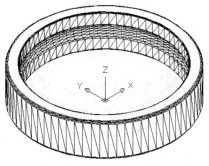

图 15.3.7　　　　　　　　　　　　　　　　　　　图 15.3.8

　　（8）设置"内圈造型"层为当前图层，关闭"外圈造型"层，执行绘制圆柱体命令，以坐标系原点为圆心，分别绘制底面直径为 58.5 和 45，高为 19 的圆柱体，效果如图 15.3.9 所示。

（9）执行差集命令，对步骤（8）创建的圆柱体进行差集运算，消隐后的效果如图 15.3.10 所示。

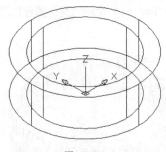
图 15.3.9

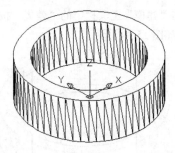
图 15.3.10

（10）执行绘制圆环体命令，以坐标系原点为圆心，绘制一个半径为 33，管径为 5 的圆环体，并用移动命令将其向 Z 轴正方向移动，移动距离为 9.5，消隐后的效果如图 15.3.11 所示。

（11）执行差集命令，对步骤（9）生成的实体和步骤（10）创建的圆环体进行差集运算，效果如图 15.3.12 所示。

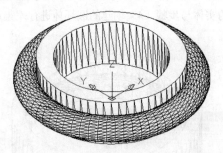
图 15.3.11

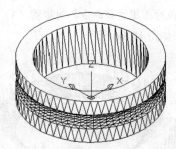
图 15.3.12

（12）执行圆角命令，分别设置圆角半径为 1.1 和 0.5，对如图 15.3.12 所示图形的外圈和内圈进行圆角操作，效果如图 15.3.13 所示。

（13）设置"保持架"层为当前图层，关闭"内圈造型"图层。执行绘制圆柱体命令，以坐标系原点为圆心，绘制一个底面半径为 40，高为 30 的圆柱体。

（14）新建坐标系如图 15.3.14 所示，执行绘制圆柱体命令，以坐标系原点为圆心，绘制一个底面半径为 5，高为 50 的圆柱体，效果如图 15.3.14 所示。

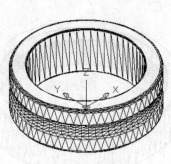
图 15.3.13

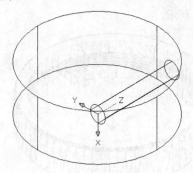
图 15.3.14

（15）恢复世界坐标系，单击"修改"工具栏中的"阵列"按钮，以坐标系原点为中点，对步骤（14）绘制的圆锥体进行环形阵列，阵列的数目为 12，阵列后的效果如图 15.3.15 所示。

（16）执行差集命令，对步骤（13）和阵列后的圆柱体进行差集运算，效果如图15.3.16所示。

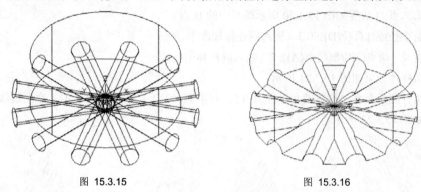

图 15.3.15　　　　　　　　　　　　　　图 15.3.16

（17）单击"实体编辑"工具栏中的"抽壳"按钮▣，设置抽壳距离为1，抽壳后的效果如图15.3.17所示。

（18）执行绘制圆柱体命令，以坐标系原点为圆心，分别绘制底面半径为31和35，高为20的圆柱体，效果如图15.3.18所示。

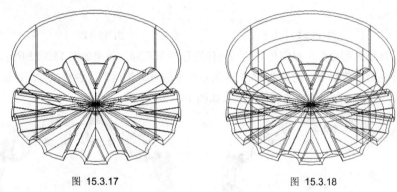

图 15.3.17　　　　　　　　　　　　　　图 15.3.18

（19）执行差集运算命令，对步骤（18）创建的圆柱体进行差集运算，然后执行并集运算命令，对所有实体进行并集运算，消隐后的效果如图15.3.19所示。

（20）单击"标准"工具栏中的"窗口缩放"按钮🔍，局部放大图形，效果如图15.3.20所示。

图 15.3.19　　　　　　　　　　　　　　图 15.3.20

（21）执行绘制圆柱体命令，命令行提示如下：

命令: _cylinder

指定底面的中心点或 [三点(3P)/两点(2P)/相切、相切、半径(T)/椭圆(E)]:（按住"Shift"键，单击鼠标右键，在弹出的快捷菜单中选择 两点之间的中点(T) 命令）

_m2p 中点的第一点:（捕捉如图 15.3.20 所示图形中的 A 点）

中点的第二点:（捕捉如图 15.3.20 所示图形中的 B 点）

指定底面半径或 [直径(D)]: 0.5（输入圆柱体底面半径）

指定高度或 [两点(2P)/轴端点(A)]: 2（输入圆柱体的高度）

绘制的圆柱体效果如图 15.3.21 所示。

（22）执行圆角命令，设置圆角半径为 0.5，对步骤（21）绘制的圆柱体的上底面边缘进行圆角操作，效果如图 15.3.22 所示。

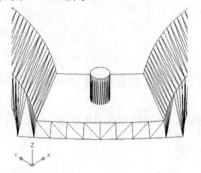 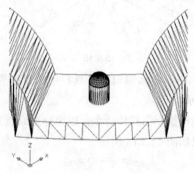

图 15.3.21　　　　　　　　　　　　　　　图 15.3.22

（23）执行环形阵列命令，对圆角后的圆柱体进行环形阵列，效果如图 15.3.23 所示。

（24）执行并集运算命令，对如图 15.3.23 所示图形进行并集运算。然后执行三维镜像命令，以 XY 面为镜像面，三维镜像并集后的实体，效果如图 15.3.24 所示。

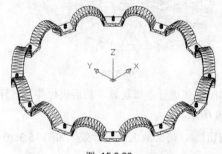 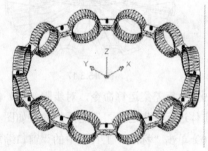

图 15.3.23　　　　　　　　　　　　　　　图 15.3.24

（25）执行移动命令，将三维镜像后的保持架向 Z 轴正方向移动，移动距离为 9.5，然后打开"外圈造型"和"内圈造型"图层，效果如图 15.3.25 所示。

（26）执行绘制球体命令，以点（33，0，9.5）为圆心，绘制半径为 5 的球体，效果如图 15.3.26 所示。

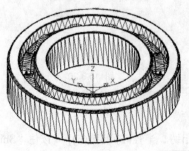 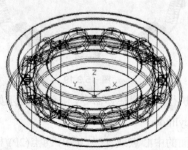

图 15.3.25　　　　　　　　　　　　　　　图 15.3.26

（27）执行环形阵列命令，对绘制的球体进行环形阵列，效果如图 15.3.27 所示，局部放大后的效果如图 15.3.28 所示。

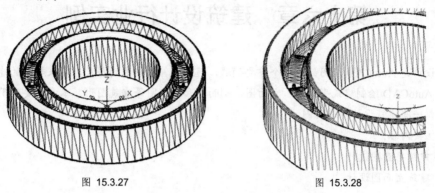

图 15.3.27　　　　　　　　　　　　　　　图 15.3.28

（28）对绘制的图形附着材质并添加光源，渲染后的效果如图 15.3.1 所示。

第十六章　建筑设计行业实例

建筑设计是 AutoCAD 应用的另一个重要领域，随着计算机技术的普及，越来越多的建筑工程师开始使用 AutoCAD 绘制建筑平面图、立面图、剖面图和施工图等建筑图形。本章主要利用前面学过的知识绘制一些建筑设计行业实例。

本章主要内容:

◆　建筑平面图设计。

◆　建筑立面图设计。

◆　经典户型设计。

实例 1　建筑平面图设计

1. 实例说明

本例将绘制如图 16.1.1 所示的建筑平面图。在制作过程中，将用到直线、多线、偏移、复制、修剪、旋转、镜像等命令。

2. 创作步骤

(1) 单击"图层"工具栏中的"图层特性管理器"按钮 ▧，在弹出的 **图层特性管理器** 对话框中新建 9 个图层，其参数设置如图 16.1.2 所示。

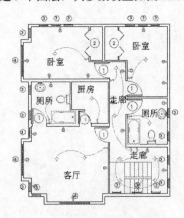

图 16.1.1　建筑平面图设计

图 16.1.2　"图层特性管理器"对话框

(2) 设置"轴线"层为当前图层，单击"绘图"工具栏中的"直线"按钮 ✏，在命令行中绘制两条相互垂直的直线，水平直线长约 14 100，垂直直线长约 16 500，效果如图 16.1.3 所示。

(3) 单击"修改"工具栏中的"偏移"按钮 ▣，将垂直的轴线依次向右偏移，偏移距离分别为 720，1 440，3 020，2 550 和 6 210，将水平的轴线依次向上偏移，偏移距离分别为 720，1 440，3 100，520，1 400，4 100，3 620 和 1 440，偏移后的效果如图 16.1.4 所示。

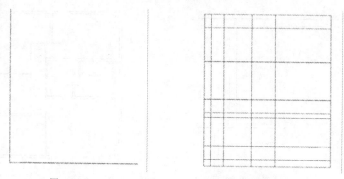

图 16.1.3　　　　　　　　　　　　图 16.1.4

（4）设置"墙线"层为当前图层。选择 绘图(D) ➡ 多线(M) 命令，设置多线的对正方式为"无"，多线比例为 240，绘制主墙体线，效果如图 16.1.5 所示。

（5）单击"修改"工具栏中的"偏移"按钮 🕮，将如图 16.1.5 所示轴线 AB 向左偏移，偏移距离为 600，然后选择 绘图(D) ➡ 多线(M) 命令，设置多线的对正方式为"无"，多线比例为 120，绘制墙体线，效果如图 16.1.6 所示。

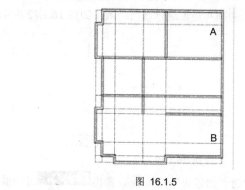
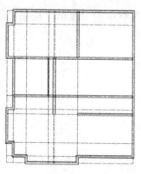

图 16.1.5　　　　　　　　　　　　图 16.1.6

（6）参照步骤（5），绘制其他的墙体线，结果如图 16.1.7 所示。

（7）关闭"轴线"层，单击"修改"工具栏中的"分解"按钮 🖊，将绘制的所有多线进行分解，然后单击"修改"工具栏中的"修剪"按钮 ⊬，对绘制的墙线进行修剪，效果如图 16.1.8 所示。

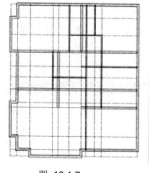
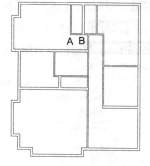

图 16.1.7　　　　　　　　　　　　图 16.1.8

（8）单击"修改"工具栏中的"复制"按钮 ❀，将如图 16.1.8 所示图形中的直线 AB 向上复制，复制的距离分别为 490 和 2 400，然后单击"修改"工具栏中的"修剪"按钮 ⊬，对绘制的直线进行修剪，效果如图 16.1.9 所示。

（9）参照步骤（8）绘制其他的门洞，效果如图 16.1.10 所示。

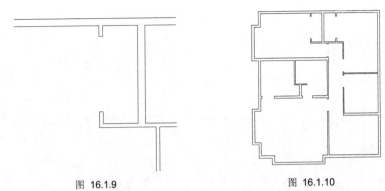

图 16.1.9　　　　　　　　　　　　　　图 16.1.10

（10）打开"轴线"层并将其设置为当前图层，在绘图窗口的空白区域绘制两条相互垂直的直线。设置"图层 0"为当前图层，以直线的交点为圆心，绘制一个半径为 1 360 的圆，效果如图 16.1.11 所示。

（11）单击"绘图"工具栏中的"矩形"按钮▢，指定如图 16.1.11 所示图形中的圆心为矩形的第一个交点，指定点（@1 360，60）为矩形的第二个交点，绘制一个长为 1 360，宽为 60 的矩形，然后单击"修改"工具栏中的"修剪"按钮ᐟ，对绘制的圆和矩形进行修剪，效果如图 16.1.12 所示。

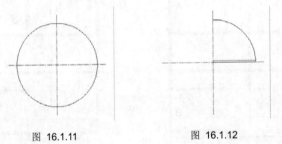

图 16.1.11　　　　　　　　　　　　图 16.1.12

（12）关闭"轴线"层，单击"绘图"工具栏中的"创建块"按钮🗗，弹出 █块定义 对话框，在该对话框中的 名称(A): 文本框中输入块名"门"；单击该对话框中的"拾取点"按钮🞂，切换到绘图窗口，指定矩形的左下角点为基点，系统自动返回到 █块定义 对话框；单击该对话框中的"选择对象"按钮🞂，切换到绘图窗口，选择绘制的门后按回车键返回到 █块定义 对话框；选中该对话框中的 ☑ 在块编辑器中打开 (U) 复选框，如图 16.1.13 所示。

（13）单击 █块定义 对话框中的 确定 按钮后，切换到块编辑器中，同时打开 ▦ ⁺ 块编写选项板 - 所有选项板 面板，如图 16.1.14 所示。

图 16.1.13

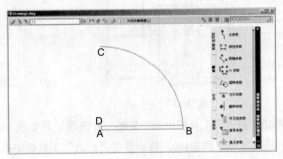

图 16.1.14

（14）打开 ▦ ⁺ 块编写选项板 - 所有选项板 面板中的 参数 选项板，单击该选项板中的"XY

参数"按钮🔘，捕捉如图16.1.14所示编辑器中的B点和C点为参数的基点和端点；单击该选项板中的"翻转参数"按钮🔽，依次捕捉如图16.1.14所示编辑器中的A点和B点为翻转参数投影线的基点和端点，再次单击选项板中的"翻转参数"按钮🔽，捕捉如图16.1.14所示编辑器中的D点和C点为翻转投影线的基点和端点；单击该选项板中的"旋转参数"按钮🔄，捕捉如图16.1.14所示图形中的A点为旋转基点，按回车键确定初始角度为0，效果如图16.1.15所示。

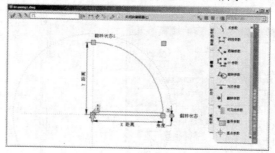

图 16.1.15

（15）打开 **▣ ± 块编写选项板 - 所有选项板** 面板中的 **动作** 选项板，单击该选项板中的"翻转动作"按钮🔽，捕捉插入编辑器中的"翻转参数"参数，然后选择绘制的门；再次单击"翻转动作"按钮🔽，捕捉编辑器中的另一个"翻转参数"参数，然后选择绘制的门；单击该选项板中的"缩放动作"按钮🗂，捕捉编辑器中的"XY参数"参数，然后选择绘制的门；单击该选项板中的"旋转动作"按钮🔄，捕捉编辑器中的"旋转参数"参数，然后选择绘制的门，效果如图16.1.16所示。

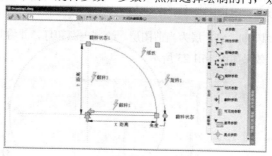

图 16.1.16

（16）单击"绘图"工具栏中的"圆"按钮⊙，在编辑器中绘制一个半径为150的圆。然后单击编辑器工具栏中的"定义属性"按钮✎，弹出 **属性定义** 对话框，在该对话框的 **属性** 选项组中的 **标记(T):** 文本框中输入属性标记"门"，在 **提示(M):** 文本框中输入提示"请输入编号"，在 **值(L):** 文本框中输入属性的初始值"1"，其他参数如图16.1.17所示，单击 **确定** 按钮，指定绘制的圆的圆心为属性的插入点，效果如图16.1.18所示。

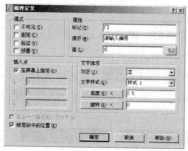

图 16.1.17

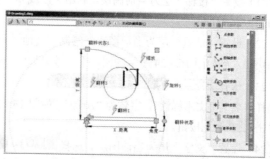

图 16.1.18

（17）单击块编辑器工具栏中的"保存块定义"按钮 ，然后单击该编辑器中的 关闭块编辑器(C) 按钮，关闭块编辑器。设置"门"层为当前图层，单击"绘图"工具栏中的"插入块"按钮 ，弹出 插入 对话框，在该对话框中设置各项参数如图 16.1.19 所示。单击 插入 对话框中的 确定 按钮，指定如图 16.1.20 所示图形中的 A 点为插入点，在命令行"请输入编号<1>"的提示下输入 1，插入块后的效果如图 16.1.20 所示。

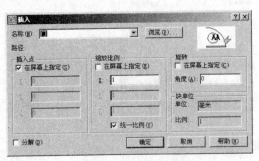

图 16.1.19

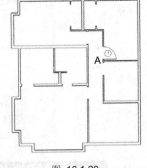

图 16.1.20

（18）再次执行插入块命令，在如图 16.1.20 所示图形中插入其他的门，并为其指定编号为 1，然后选中插入的块，单击其"旋转夹点"图标 或"翻转夹点"图标 ，调整插入块的方向，效果如图 16.1.21 所示。

（19）参照以上操作绘制双开门和窗，并将其创建成动态块，插入到如图 16.1.21 所示的图形中，效果如图 16.1.22 所示。

（20）分别设置"电源"和"灯"层为当前图层，绘制电源和灯，并将其创建成动态块插入到如图 16.1.22 所示的图形中，效果如图 16.1.23 所示。

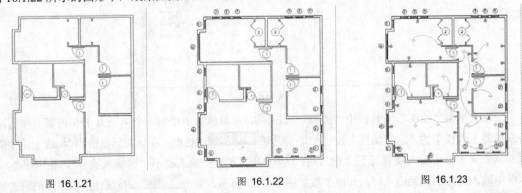

图 16.1.21　　　　　　　　　图 16.1.22　　　　　　　　　图 16.1.23

（21）设置"楼梯"层为当前图层，利用多段线和修剪命令在如图 16.1.23 所示图形中绘制楼梯，效果如图 16.1.24 所示。

（22）设置"洁具"层为当前图层，绘制盥洗池、马桶和浴缸，如图 16.1.25 所示，并将其创建成动态块插入到如图 16.1.24 所示的图形中，效果如图 16.1.26 所示。

（23）选择 格式(O) → 文字样式(S)... 命令，在弹出的 文字样式 对话框中新建文字样式，设置该样式名为"文本标注"，字体为"Arial"，如图 16.1.27 所示，单击该对话框中的 应用(A) 按钮，然后单击 关闭(C) 按钮。

（24）设置"文字"层为当前图层。选择 绘图(D) → 文字(X) → 单行文字(S) 命令，对如图 16.1.26 所示的图形进行文字标注，最终效果如图 16.1.1 所示。

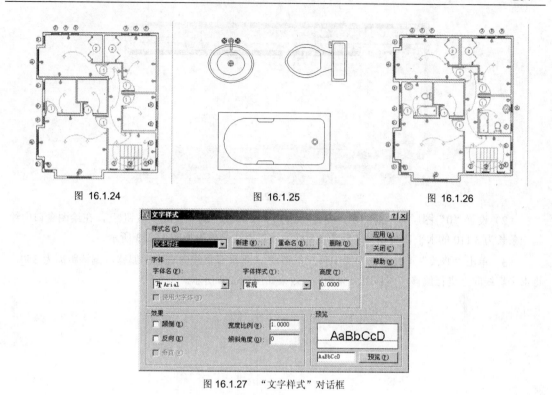

图 16.1.24　　　　　　　　　　图 16.1.25　　　　　　　　　　图 16.1.26

图 16.1.27　"文字样式"对话框

实例 2　衣柜立面图设计

1．实例说明

本例将绘制如图 16.2.1 所示的衣柜立面图。在制作过程中，将用到直线、偏移、修剪、圆、尺寸标注、文字标注等命令。

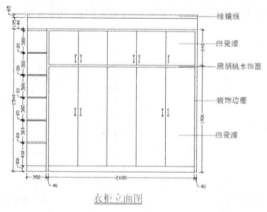

图 16.2.1　衣柜立面图

2．创作步骤

（1）单击"标准"工具栏中的"图层特性管理器"按钮，在弹出的 **图层特性管理器** 对话框中新建"尺寸标注"和"文字标注"两个新图层，参数设置如图 16.2.2 所示。

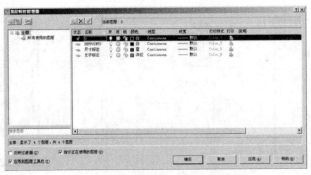

图 16.2.2

（2）设置 "0" 图层为当前图层，单击 "绘图" 工具栏中的 "直线" 按钮 ✏，在绘图窗口中绘制一条长为 3 110 的水平直线和一条长为 2 800 的垂直直线，效果如图 16.2.3 所示。

（3）单击 "修改" 工具栏中的 "偏移" 按钮 ▣，将垂直直线向右进行偏移，偏移距离为 350，将水平直线向上进行偏移，偏移距离为 100，效果如图 16.2.4 所示。

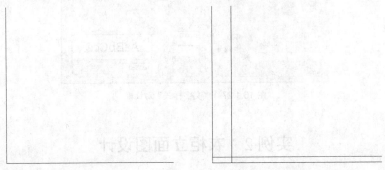

图 16.2.3　　　　　　　　　　　　　　图 16.2.4

（4）单击 "修改" 工具栏中的 "修剪" 按钮 ✂，对偏移后的直线进行修剪，修剪后的效果如图 16.2.5 所示。

（5）执行偏移命令，设置偏移距离分别为 400，20，380，20，380，20，380，20，380，20，380 和 40，依次对修剪后的直线进行偏移，偏移后的效果如图 16.2.6 所示。

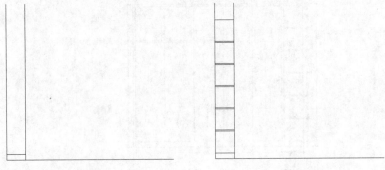

图 16.2.5　　　　　　　　　　　　　　图 16.2.6

（6）执行偏移命令，设置偏移距离分别为 2 540，195 和 65，将最下边的水平直线依次向上进行偏移，偏移后的效果如图 16.2.7 所示。

（7）执行修剪命令，对如图 16.2.7 所示图形进行修剪，修剪后的效果如图 16.2.8 所示。

（8）执行偏移命令，将如图 16.2.8 最左边的垂直直线依次向右进行偏移，偏移距离分别为 390，

536，536，536，536，536 和 40，偏移后的效果如图 16.2.9 所示。

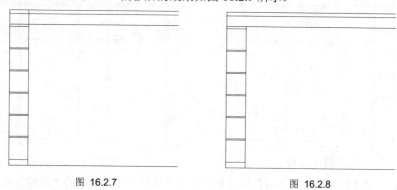

图 16.2.7　　　　　　　　　　　　　图 16.2.8

（9）执行修剪命令，对偏移后的直线进行修剪操作，修剪后的效果如图 16.2.10 所示。

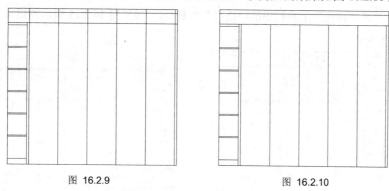

图 16.2.9　　　　　　　　　　　　　图 16.2.10

（10）单击"修改"工具栏中的"延伸"按钮 ，延伸如图 16.2.10 所示图形中下边的短直线到右边倒数第二条垂直直线，延伸后的效果如图 16.2.11 所示。

（11）执行修剪命令，对延伸后的直线进行修剪，然后执行偏移命令，将修剪后的直线依次向上进行偏移，偏移距离分别为 1 770，30 和 600，效果如图 16.2.12 所示。

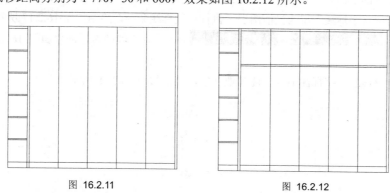

图 16.2.11　　　　　　　　　　　　　图 16.2.12

（12）执行修剪命令，对如图 16.2.12 所示图形进行修剪，修剪后的效果如图 16.2.13 所示。

（13）单击"绘图"工具栏中的"圆"按钮 ，利用圆和直线命令在如图 16.2.13 所示图形中绘制衣柜的手柄，效果如图 16.2.14 所示。

（14）单击"样式"工具栏中的"标注样式"按钮 ，在弹出的 标注样式管理器 对话框中新建尺寸标注样式，设置样式文字大小为 50，文字从尺寸线偏移距离为 20，尺寸箭头为"建筑标记"格式，大小为 30，并设置新建的文字样式为当前文字样式。

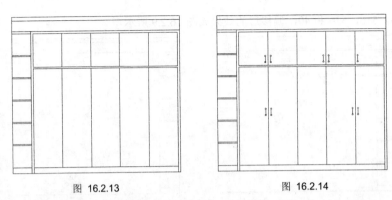

图 16.2.13　　　　　　　　　　　图 16.2.14

（15）设置"尺寸标注"层为当前图层，单击"尺寸标注"工具栏中的"线性"按钮，对绘制的衣柜立面图形标注线性尺寸，效果如图 16.2.15 所示。

（16）单击"尺寸标注"工具栏中的"继续"按钮，对如图 16.2.15 所示图形标注线性尺寸，效果如图 16.2.16 所示。

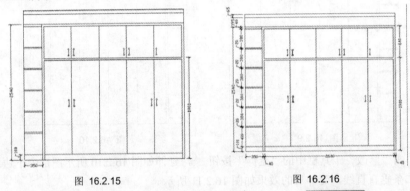

图 16.2.15　　　　　　　　　　　图 16.2.16

（17）单击"样式"工具栏中的"文字样式"按钮，在弹出的 文字样式 对话框中新建一个文字样式，设置文字的字体为"宋体"，文字的高度为 96，并设置新建的文字样式为当前文字样式。

（18）设置"文字标注"层为当前图层，执行绘制直线命令，绘制如图 16.2.17 所示的直线，然后选择 绘图(D) → 文字(X) → 单行文字(S) 命令，在直线的右边创建如图 16.2.17 所示的文字标注。

（19）利用直线和文字标注命令标注其他文字，效果如图 16.2.18 所示。

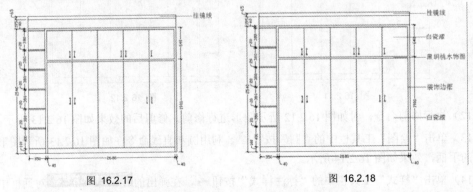

图 16.2.17　　　　　　　　　　　图 16.2.18

（20）执行绘制直线命令，在如图 16.2.18 所示图形底部绘制两条直线，然后利用文字标注命令在直线上创建图名，最终效果如图 16.2.1 所示。

实例 3　经典户型设计

1．实例说明

本例将绘制如图 16.3.1 所示的经典户型。在制作过程中，将用到直线、多线、偏移、修剪、圆、圆弧等命令。

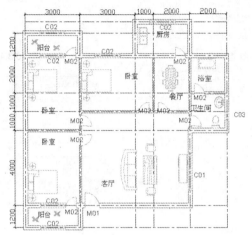

图 16.3.1　经典户型设计

2．创作步骤

（1）单击"图层"工具栏中的"图层特性管理器"按钮 ，在弹出的 **图层特性管理器** 对话框中新建如图 16.3.2 所示的图层，参数设置如图 16.3.2 所示。

图 16.3.2　"图层特性管理器"对话框

（2）设置"辅助线"层为当前图层，执行绘制直线命令，在绘图窗口中绘制两条相互垂直的辅助线，辅助线长为 10 000，效果如图 16.3.3 所示。

（3）执行偏移命令，将水平辅助线依次向上进行偏移，偏移距离分别为 1 200，4 000，1 000，1 000，2 000，1 200 和 600，偏移后的效果如图 16.3.4 所示。

（4）执行偏移命令，将垂直辅助线依次向右进行偏移，偏移距离分别为 3 000，3 000，1 000，2 000 和 2 000，偏移后的效果如图 16.3.5 所示。

（5）设置"墙体"层为当前图层，选择 **绘图(D)** → **多线(M)** 命令，设置多线的对正方式为"无"，多线比例为 240，在如图 16.3.5 所示的辅助线上绘制如图 16.3.6 所示的多线。

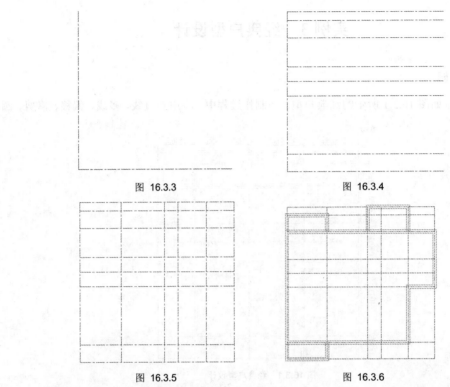

图 16.3.3

图 16.3.4

图 16.3.5

图 16.3.6

（6）再次执行绘制多线命令，设置多线对正方式为"无"，多线比例为120，绘制如图16.3.7所示的多线。

（7）选择 修改(M) → 对象(O) → 多线(M)... 命令，弹出 多线编辑工具 对话框，如图16.3.8所示，利用该对话框中的多线编辑命令对绘制的多线进行编辑，效果如图16.3.9所示。

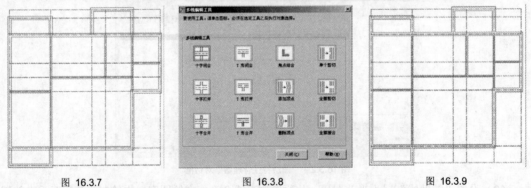

图 16.3.7

图 16.3.8

图 16.3.9

（8）设置"门窗"层为当前图层，单击"绘图"工具栏中的"矩形"按钮，在绘图窗口的空白区域绘制一个长为100，宽为240的矩形，效果如图16.3.10所示。

（9）执行分解命令，将绘制的矩形进行分解，然后用偏移命令分别将矩形的上边线和下边线向中间进行偏移，偏移的距离均为80，效果如图16.3.11所示。

图 16.3.10

图 16.3.11

（10）单击"绘图"工具栏中的"创建块"按钮 ，将如图 16.3.11 所示的图形创建成块，块名为"窗"。

（11）执行绘制直线命令，在绘图窗口中绘制一条长为 240 的垂直直线，然后用偏移命令将其向右进行偏移，偏移距离为 100，效果如图 16.3.12 所示。

（12）执行创建块命令，将如图 16.3.12 所示的图形创建成块，块名为"门洞"。

（13）利用直线、圆和修剪命令绘制如图 16.3.13 所示的门，然后将其创建成块，块名为"门"。

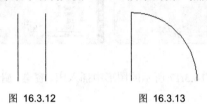

图 16.3.12　　　　　图 16.3.13

（14）单击"绘图"工具栏中的"插入块"按钮 ，在如图 16.3.9 所示图形中插入创建的块"窗"，X 比例为 14，Y 比例为 1，效果如图 16.3.14 所示。

（15）继续执行插入块命令，在如图 16.3.14 所示图形中插入创建的块"门洞"，X 比例为 8，Y 比例为 1，效果如图 16.3.15 所示。

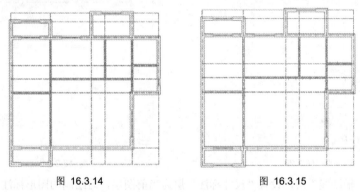

图 16.3.14　　　　　图 16.3.15

（16）执行分解命令，对插入的块"门洞"进行分解，然后利用修剪命令对图形进行修剪，关闭"辅助线"层后的效果如图 16.3.16 所示。

（17）执行插入块命令，在如图 16.3.16 所示的图形中插入创建的块"门"，X 与 Y 的比例均为 8，效果如图 16.3.17 所示。

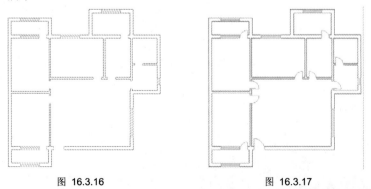

图 16.3.16　　　　　图 16.3.17

（18）单击"标准"工具栏中的"设计中心"按钮 ，在打开的 设计中心 面板中选中如图 16.3.18 所示的图库，双击该图库中的"块"按钮 ，弹出如图 16.3.19 所示的图块。

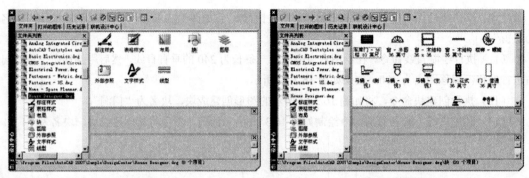

图 16.3.18　　　　　　　　　　　　　　　图 16.3.19

（19）利用设计中心在如图 16.3.17 所示的图形中插入床、餐桌、厨房用具等块，效果如图 16.3.20 所示。

（20）设置"文字标注"层为当前图层，利用单行文字命令在如图 16.3.20 所示图形中创建文字标注，效果如图 16.3.21 所示。

图 16.3.20

图 16.3.21

（21）打开"辅助线"层，设置"尺寸标注"层为当前图层，为绘制的图形标注图形尺寸，最终效果如图 16.3.1 所示。

第十七章 上机实验

实验 1 绘制简单二维图形

1．目的和要求

（1）掌握基本二维图形的创建命令。
（2）掌握基本二维图形的编辑命令。

2．上机准备

（1）复习基本二维图形的创建方法。
（2）复习基本二维图形的编辑方法。

3．实验内容

绘制如图 17.1.1 所示的转角楼梯。

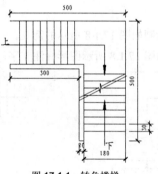

图 17.1.1 转角楼梯

4．上机操作

（1）执行多段线命令，绘制如图 17.1.2 所示的多段线。
（2）执行偏移命令，偏移绘制的多段线，效果如图 17.1.3 所示。

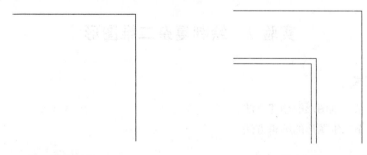

图 17.1.2   图 17.1.3

（3）用直线命令绘制如图 17.1.4 所示的直线。
（4）矩形阵列步骤（3）绘制的直线，效果如图 17.1.5 所示。

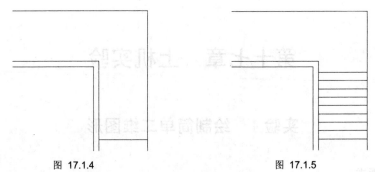

图 17.1.4　　　　　　　　　　　　　　　图 17.1.5

（5）重复步骤（3）和步骤（4）的操作，绘制如图 17.1.6 所示图形。

（6）利用直线、偏移和修剪命令绘制如图 17.1.7 所示的断面。

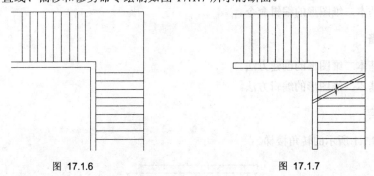

图 17.1.6　　　　　　　　　　　　　　　图 17.1.7

（7）执行绘制多段线命令，绘制如图 17.1.8 所示的箭头。

（8）执行文字标注命令，对如图 17.1.8 所示图形标注文字，效果如图 17.1.9 所示。

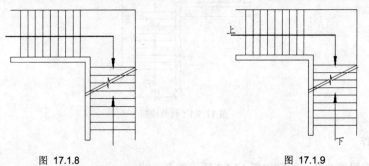

图 17.1.8　　　　　　　　　　　　　　　图 17.1.9

（9）执行尺寸标注命令，对绘制的图形标注尺寸，最终效果如图 17.1.1 所示。

实验 2　绘制复杂二维图形

1．目的和要求

（1）掌握复杂二维图形的创建方法。

（2）掌握复杂二维图形的编辑方法。

2．上机准备

（1）复习椭圆的绘制方法。

（2）复习图案填充的使用方法。

3. 实验内容

绘制如图 17.2.1 所示的洗手池。

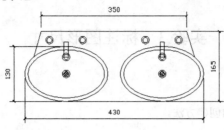

图 17.2.1 洗手池

4. 上机操作

（1）利用椭圆和偏移命令绘制如图 17.2.2 所示图形。

（2）利用直线命令绘制洗手池的边沿，再用圆命令绘制下水孔，效果如图 17.2.3 所示。

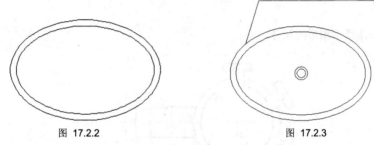

图 17.2.2   图 17.2.3

（3）执行绘制圆命令，绘制如图 17.2.4 所示的同心圆。

（4）执行镜像命令，镜像步骤（3）绘制的圆，效果如图 17.2.5 所示。

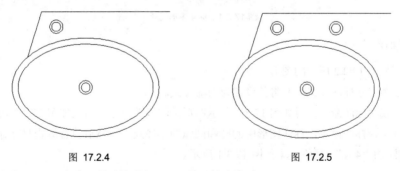

图 17.2.4   图 17.2.5

（5）执行矩形和圆命令，绘制如图 17.2.6 所示的水龙头。

（6）执行图案填充命令，填充下水孔，效果如图 17.2.7 所示。

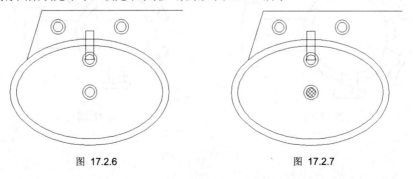

图 17.2.6   图 17.2.7

（7）执行镜像命令，镜像如图 17.2.7 所示图形，并对镜像后的图形标注尺寸，最终效果如图 17.2.1 所示。

实验 3　标注图形尺寸

1．目的和要求

（1）掌握尺寸标注样式的创建方法。

（2）掌握尺寸标注的方法。

2．上机准备

（1）复习尺寸标注样式的创建步骤。

（2）复习各种尺寸标注命令的使用方法。

3．实验内容

标注如图 17.3.1 所示图形的尺寸。

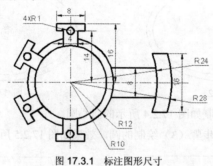

图 17.3.1　标注图形尺寸

4．上机操作

（1）绘制如图 17.3.2 所示的图形。

（2）创建新尺寸标注样式，并将其设置为当前样式。

（3）执行线性标注命令，对如图 17.3.2 所示图形标注线性尺寸，结果如图 17.3.3 所示。

（4）执行半径标注命令，标注图形中的圆和圆弧的半径尺寸。然后执行编辑尺寸命令，对半径为 1 的标注前添加"4×"，最终效果如图 17.3.1 所示。

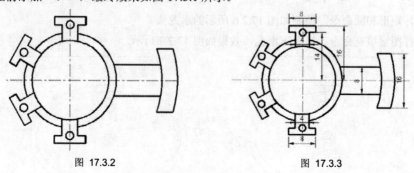

图 17.3.2　　　　　　　　　　　图 17.3.3

实验 4　户型平面设计

1．目的和要求

（1）掌握多线和块的创建方法。

（2）掌握多线的编辑方法和块的插入方法。

2．上机准备

（1）复习多线和块的创建方法。

（2）复习多线的编辑命令和插入块的方法。

3．实验内容

绘制如图 17.4.1 所示的户型平面图。

图 17.4.1　户型平面设计

4．上机操作

（1）执行直线和偏移命令，绘制如图 17.4.2 所示的辅助线。

（2）执行绘制多线命令，设置多线比例为 240，绘制如图 17.4.3 所示多线。

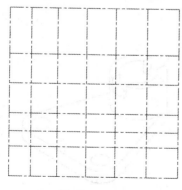

图 17.4.2

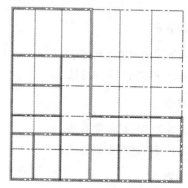

图 17.4.3

（3）执行多线编辑命令，对绘制的多线进行编辑，并对编辑后的墙线进行填充，效果如图 17.4.4 所示。

（4）绘制门窗，并将其创建成块插入到图形中，效果如图 17.4.5 所示。

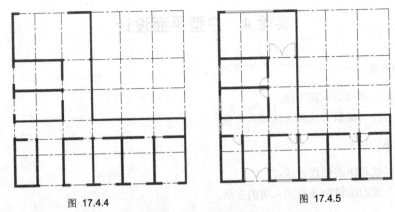

图 17.4.4　　　　　　　　　　　　　　图 17.4.5

（5）执行文字标注命令，对绘制的图形添加文字，效果如图 17.4.6 所示。

（6）执行多段线命令，绘制如图 17.4.7 所示的楼梯。

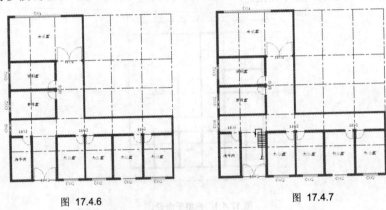

图 17.4.6　　　　　　　　　　　　　　图 17.4.7

（7）标注图形尺寸，最终效果如图 17.4.1 所示。

实验 5　绘制等轴测图

1. 目的和要求

（1）掌握等轴测图的绘制方法。

（2）掌握标注等轴测图的方法。

2. 上机准备

（1）复习等轴测图的绘制方法。

（2）复习尺寸标注的编辑方法。

3. 实验内容

绘制如图 17.5.1 所示的等轴测图。

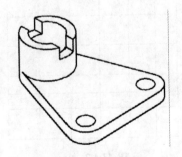

图 17.5.1　绘制等轴测图

4. 上机操作

（1）新建"轴线"和"轮廓线"两个图层，将轴线线型设置为 CENTER，设置"轴线"层为当前图层。

（2）打开 草图设置 对话框，在该对话框中的 捕捉和栅格 选项卡中设置等轴测捕捉。

（3）打开正交功能，按"F5"键转换等轴测图。执行直线和偏移命令，绘制如图 17.5.2 所示的直线。

（4）设置"轮廓线"层为当前图层，执行绘制椭圆命令，绘制如图 17.5.3 所示的等轴测圆。

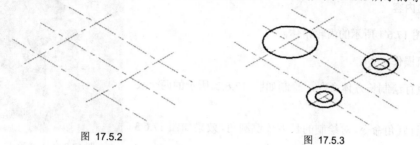

图 17.5.2   图 17.5.3

（5）执行绘制直线命令，绘制等轴测圆的切线，效果如图 17.5.4 所示。

（6）执行复制命令，复制等轴测圆，效果如图 17.5.5 所示。

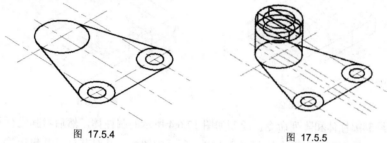

图 17.5.4   图 17.5.5

（7）执行修剪命令，对如图 17.5.5 所示图形进行修剪操作，效果如图 17.5.6 所示。

（8）执行复制和修剪命令，绘制如图 17.5.7 所示图形。

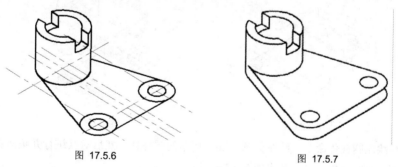

图 17.5.6   图 17.5.7

（9）执行绘制直线命令，绘制圆角的切边，最终效果如图 17.5.1 所示。

实验 6 绘制三维图形

1．目的和要求

（1）掌握基本三维实体的创建方法。

（2）掌握基本三维实体的编辑方法。

2．上机准备

（1）复习长方体、圆柱体等实体的创建方法。

（2）复习布尔运算、圆角等编辑命令的使用方法。

3．实验内容

绘制如图 17.6.1 所示的齿轮箱体。

4．上机操作

（1）执行绘制长方体命令，绘制如图 17.6.2 所示的两个长方体。

（2）执行圆角命令，对绘制的长方体倒圆角，效果如图 17.6.3 所示。

图 17.6.1　齿轮箱体

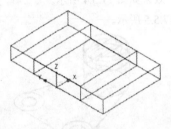

图 17.6.2

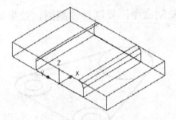

图 17.6.3

（3）执行绘制圆柱体和阵列命令，绘制如图 17.6.4 所示的圆柱体，然后对其进行差集运算。

（4）利用长方体和圆柱体命令绘制如图 17.6.5 所示的图形，并对其进行并集运算。

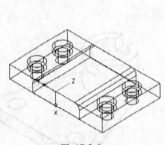

图 17.6.4

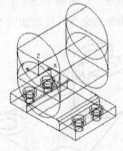

图 17.6.5

（5）执行绘制圆柱体命令，绘制如图 17.6.6 所示的圆柱体，然后对其进行并集运算，再与步骤（4）绘制的实体进行差集运算，效果如图 17.6.7 所示。

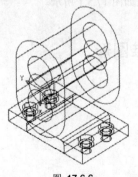

图 17.6.6

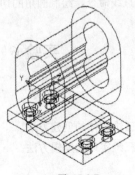

图 17.6.7

（6）执行圆角命令，对如图 17.6.7 所示图形进行圆角操作，效果如图 17.6.8 所示。

（7）用圆柱体和差集命令绘制如图 17.6.9 所示的圆孔。

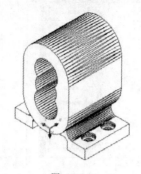 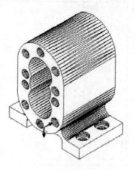

图 17.6.8　　　　　　　　　　　　　　　　　图 17.6.9

（8）分别执行圆柱体、长方体和布尔运算命令，绘制如图 17.6.10 所示图形。

（9）执行旋转面命令，旋转如图 17.6.10 所示图形中圆柱体的边，效果如图 17.6.11 所示。

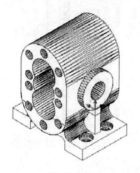 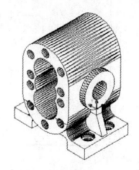

图 17.6.10　　　　　　　　　　　　　　　　　图 17.6.11

（10）为绘制的三维实体附着合适的材质并添加光源，渲染后的效果如图 17.6.1 所示。

实验 7　创建动态块

1．目的和要求

（1）掌握块的创建方法。

（2）掌握块的编辑方法

2．上机准备

（1）复习动态块的特性。

（2）复习动态块的创建方法。

3．实验内容

绘制如图 17.7.1 所示的图形，并将其创建成动态块。

4．上机操作

（1）绘制如图 17.7.1 所示图形。

图 17.7.1　创建动态块

（2）执行创建内部块命令，将如图 17.7.1 所示图形创建成内部块。

（3）在块编辑器中打开创建的块，如图 17.7.2 所示。

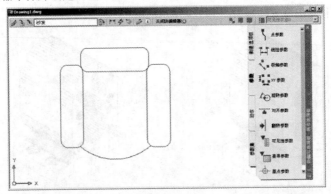

图 17.7.2

（4）在块编辑器中为创建的块添加参数并关联动作，效果如图 17.7.3 所示。

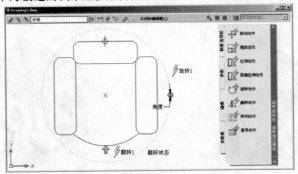

图 17.7.3

（5）保存定义的动态块。